# Methoden und Probleme der Wettervorhersage

Von

Dr. Heinz Reuter

Privatdozent an der Universität Wien, Observator an der Zentralanstalt für Meteorologie und Geodynamik in Wien

Mit 46 Textabbildungen

Springer-Verlag Wien GmbH

1954

Ursprünglich erschienen bei Springer-Verlag in Vienna 1954
Softcover reprint of the hardcover 1st edition 1954

ISBN 978-3-662-23288-0 ISBN 978-3-662-25321-2 (eBook)
DOI 10.1007/978-3-662-25321-2

## Vorwort.

Die Methodik der Wettervorhersage wird immer eine weitgehende Abhängigkeit von dem jeweiligen Stand des Wetterbeobachtungsnetzes aufweisen. In dieser Hinsicht wurden in den letzten Jahren gewaltige Fortschritte erzielt. Die Aufstellung ortsfester Wetterschiffe auf den Weltmeeren, die Errichtung zahlreicher neuer Wetterstationen in den unwegsamen Gebieten der Arktis und die Erweiterung des Radiosondennetzes haben die früher vorhandenen empfindlichen Lücken im weltweiten Beobachtungsnetz wesentlich verringert. Der moderne Wetterdienst ist heute in der Lage, mehrmals täglich die flächenmäßige und räumliche Verteilung der verschiedenen meteorologischen Elemente durch eine eingehende dreidimensionale Analyse des synoptischen Wetterzustandes in hinreichend großen Gebieten zu studieren. Durch diese rein organisatorischen Fortschritte wurde auch die Methodik der Wetterprognose vor neue Aufgaben und neue Möglichkeiten gestellt. Insbesondere die systematische Verarbeitung des von den Radiosonden gelieferten aerologischen Materials erwies sich als sehr wichtig für die Entwicklung neuer Methoden. Zu den bewährten älteren Theorien, die sich im wesentlichen auf das Bodenbeobachtungsnetz stützten, sind auf Grund zahlreicher Untersuchungen über die Strömungsfelder in der freien Atmosphäre und über die Wechselwirkung zwischen Boden- und Höhendruckfeld andere getreten, die einen tieferen Einblick in den Mechanismus der atmosphärischen Vorgänge vermittelten. Ihren sichtbaren Ausdruck fand diese Entwicklung in der Ableitung objektiver Methoden für die Voraussage der Boden- und Höhendruckverteilung, d. h. für die Konstruktion von sogenannten Vorhersagekarten.

Das Studium der großräumigen von den orographischen Verhältnissen der Erdoberfläche bedeutend weniger beeinflußten Strömungsfelder der mittleren und hohen Troposphäre hatte überdies noch den Vorteil, daß die Erfassung der zeitlichen und räumlichen Veränderlichkeit solcher Bewegungen durch rein theoretische Überlegungen unter Zuhilfenahme der (vereinfachten) Gleichungen der atmosphärischen Dynamik ermöglicht wurde. Auf diese Weise gelangte die theoretische (dynamische) Meteorologie in jüngster Zeit für die Belange der Wetterprognose zu nicht zu unterschätzender Bedeutung. Es hat sich eine rein theoretische Forschungsrichtung entwickelt, die sich neuerdings wieder ernsthaft mit dem Problem der mathematischen Wettervorhersage beschäftigt, wobei zur Bewältigung der großen Rechenarbeit von den modernen schnell arbeitenden Elektronenrechenmaschinen Gebrauch gemacht wird. Noch ist das Ende dieser Entwicklung nicht abzusehen; doch scheint es durchaus wünschenswert, daß sich der Praktiker der Wetterprognose in Hinkunft etwas mehr als bisher mit theoretischen Problemen abzugeben bereit ist. Allerdings dürfte dies nicht immer ganz einfach sein, da die Literatur hierüber für den nicht entsprechend geschulten Leser vielfach schwer verständlich ist.

Das vorliegende Buch will einen Überblick über die wichtigsten objektiven Vorhersagemethoden geben, wobei den eben erwähnten modernen empirischen und theoretischen Forschungsergebnissen ein besonderer Platz eingeräumt wurde, zumal darüber noch keine zusammenhängenden Darstellungen vorliegen. Es wurde getrachtet, die in den verschiedenen Ländern Europas und Amerikas größtenteils unabhängig voneinander entwickelten Methoden und Theorien in gleicher Weise zu berücksichtigen. Daß dabei die theoretische Meteorologie stärker hervortritt als in den meisten älteren Darstellungen der Probleme der Wettervorhersage, wird nach den obigen Ausführungen verständlich sein.

Es war nicht die Absicht des Verfassers, eine erschöpfende Aufzählung der in der umfangreichen Literatur angeführten zahllosen für Zwecke der Wetterprognose abgeleiteten Regeln und Formeln zu geben, sondern die verschiedenen *grundsätzlichen* Wege aufzuzeigen, die zur Lösung des schwierigen Problems beschritten wurden. Daß dabei eine gewisse subjektive Auswahl getroffen werden mußte, war sicher nicht vermeidbar. Das Buch soll daher kein Lehrbuch der synoptischen Meteorologie ersetzen, sondern in erster Linie mit den modernsten Problemen der Wettervorhersage bekannt machen. Die den einzelnen Kapiteln beigefügten Regeln sollen in gedrängter, für die Praxis verwendbarer Form die Ergebnisse der in den vorangegangenen Abschnitten behandelten Theorien zum Ausdruck bringen, ohne daß ein Anspruch auf Vollständigkeit erhoben wird. Die etwas schwierigeren theoretischen Probleme sind in einem eigenen Kapitel (VI) behandelt. Dort finden sich auch Ableitungen bzw. Beweise für die meisten in den früheren Kapiteln verwendeten Formeln und Beziehungen. Allerdings war es nicht zu umgehen, ohne zu weitläufig zu werden, die grundlegenden Gleichungen der Dynamik, wie Bewegungsgleichungen, Kontinuitätsgleichung usw. als bekannt vorauszusetzen, zumal sich dafür Beweise in jedem leicht zugänglichen Lehrbuch der dynamischen Meteorologie oder der theoretischen Physik finden. Es wurde auch in dem rein theoretischen Teil versucht, mit einem möglichst geringen Aufwand an Mathematik auszukommen, um einem größeren Leserkreis die nicht immer einfachen Probleme zugänglich zu machen.

Das Buch wendet sich in erster Linie an den in der Praxis tätigen Fachmeteorologen, um ihn mit den modernen Problemen vertraut zu machen, ohne daß dabei die älteren bewährten Methoden zu vernachlässigen wären. Es ist aber auch für die Dozenten der Meteorologie als Unterstützung für die Vorbereitung von Vorlesungen gedacht und für die Studenten der höheren Semester als Einführung in die Problematik der modernen Wetterprognose. Aus didaktischen Gründen weicht die Darstellung in vielem von den Originalarbeiten ab. Dies gilt sowohl für den empirischen als auch für den theoretischen Teil.

Auf rein technische Einzelheiten, wie Erklärung des für die Übermittlung der Wettermeldungen verwendeten Zahlenschlüssels oder der in der aerologischen Praxis benützten Diagramme (Adiabatenpapiere) wurde verzichtet. Bei den Literaturhinweisen wurde nach Möglichkeit auf zusammenfassende Darstellungen bzw. Lehrbücher Wert gelegt, da die Originalarbeiten einen kaum mehr zu überblickenden Umfang angenommen haben.

Für wertvolle Ratschläge und Anregungen bin ich Herrn Univ.-Prof. Dr. H. FICKER und Herrn Direktor Univ.-Prof. Dr. F. STEINHAUSER zu großem Dank verpflichtet. Dr. J. DRIMMEL half mir beim Lesen der Korrekturen und der Anfertigung des Sachverzeichnisses, Herr Sekretär A. SOUCEK verfertigte den Großteil der Zeichnungen. Ihnen sei an dieser Stelle ebenfalls der herzlichste Dank ausgesprochen. Nicht zuletzt gebührt mein Dank dem Springer-Verlag in Wien, der dem Buch die bekannte gediegene Ausstattung gegeben hat.

Wien, im Juli 1954.

**H. Reuter.**

# Inhaltsverzeichnis.

# I. Der synoptische Wetterzustand.

## 1. Die Wetterkarte.

Die Geburtsstunde der modernen Lehre vom Wetter und der wissenschaftlichen Wettervorhersage fällt mit dem Zeitpunkt zusammen, von dem ab man die früher gehandhabte Methode der mehr statistischen Beobachtungen des *Nacheinander* des Geschehens in der Atmosphäre an einem bestimmten Orte aufgab und das *gleichzeitige Nebeneinander* der Wettererscheinungen über einem größeren Gebiet der Erdoberfläche in den Kreis der Betrachtung zog. Erst durch diese *gleichzeitige* (*synoptische*) Betrachtungsweise war es möglich, sowohl durch empirische als auch durch theoretische Untersuchungen tieferen Einblick in die großräumige Verteilung der einzelnen meteorologischen Elemente, wie Luftdruck, Temperatur, Wind, Feuchtigkeit etc. zu gewinnen und daraus für die zeitliche Änderung der Witterung an einem bestimmten Ort grundlegende Kenntnisse zu erwerben. Da derzeit praktisch jeder Staat über einen gut organisierten Wetterdienst verfügt und durch internationale Organisationen die rasche und vollständige Übermittlung der meteorologischen Elemente der Beobachtungsstationen mit den modernsten Nachrichtenmitteln mehrmals täglich gewährleistet ist, bietet das zeitgerechte Eintragen der Wettermeldungen auf gewöhnliche geographische Karten keine Schwierigkeiten. Eine solche Karte bezeichnet man als *synoptische Wetterkarte*. Aus Gründen der raschen und möglichst korrekten Übermittlung hat man dabei einen Zahlenschlüssel eingeführt, der in Form von mehreren Zahlengruppen zu je fünf Ziffern die international verständliche Sprache der Meteorologen darstellt. Es ist dadurch möglich, auch Einzelheiten des Wetterzustandes in gedrängter Form zum Ausdruck zu bringen. Desgleichen wird die Eintragung in die Wetterkarte nach allgemein verständlichen, vereinfachenden Gesichtspunkten durchgeführt, so daß die Übersicht über die besonderen Witterungserscheinungen für ein größeres Gebiet erleichtert wird.

Die Größen, die in der synoptischen Karte zur Darstellung gelangen, sind teils *vektorieller* (gerichteter), teils *skalarer* Natur. Zur Festlegung einer skalaren Größe genügt ein Zahlenwert (z. B. Luftdruck, Temperatur), während ein Vektor mindestens zwei Angaben benötigt (z. B. horizontale Windgeschwindigkeit und Windrichtung). Die Untersuchung der Feldverteilung skalarer Größen ist natürlich wesentlich einfacher als diejenige von Vektoren.

Die Größe des Teiles der Erdoberfläche, den eine synoptische Karte, die als Grundlage für eine Wetterprognose Verwendung findet, enthalten soll, hängt vornehmlich von zwei Gesichtspunkten ab:

1. Von dem Ausmaß der Veränderlichkeit des Wetters und
2. Vom Vorhersagezeitraum.

Für kurzfristige, z. B. nur halbtägige, Prognosen wird man mit einem relativ kleinen Gebiet das Auslangen finden. Für eine 24- bis 36stündige Vorhersage ist bereits in vielen Fällen eine Wetterkarte von der Größe ganz Europas und eines Teiles des nordatlantischen Ozeans erforderlich. Synoptische Prognosen darüber hinaus müssen schließlich bereits auf Karten basieren, die den überwiegenden Teil der betreffenden Hemisphäre umfassen. Es hat sich nämlich herausgestellt, daß unter Umständen in größeren Höhen derartige Windstärken auftreten können, daß Luftversetzungen von dem erwähnten Ausmaß innerhalb der betreffenden Vorhersagezeiträume stattfinden können.

Naturgemäß bilden den überwiegenden Teil der Wettermeldungen solche von Stationen an der Erdoberfläche, wobei die letzteren meist keinen allzu großen gegenseitigen Höhenunterschied aufweisen. Daher bildet auch die „*Bodenwetterkarte*“ die hauptsächliche Grundlage jeder synoptischen Betrachtungsweise. Die internationale meteorologische Organisation hatte sich daher zunächst die Aufgabe gestellt, das Beobachtungsnetz derart zu verdichten, daß ein möglichst kontinuierlicher Übergang der einzelnen meteorologischen Elemente an der Erdoberfläche in der Wetterkarte zum Ausdruck kommt. Über Land war dieses Problem relativ einfach zu lösen, während über dem Ozean das ziemlich spärliche Beobachtungsnetz der einzelnen Inseln erst in neuester Zeit unter erheblichen Kosten durch Aufstellung ortsfester Wetterschiffe erweitert wurde. Da man frühzeitig die große Bedeutung der Wettermeldungen von Bergobservatorien für die Wetterentwicklung erkannt hatte, ging man systematisch an die Erforschung der „*freien Atmosphäre*“, wobei direkte Messungen und Beobachtungen von Flugzeugen aus und später vornehmlich mit Hilfe der sogenannten *Radiosonden* die Unterlagen für synoptische „*Höhenkarten*“ lieferten. Heute ist das Radiosondennetz in vielen Teilen der Erdoberfläche bereits so ausgebaut, daß hinreichend Daten zur Verfügung stehen, um Höhenkarten mit der erforderlichen Genauigkeit zeichnen zu können. Dadurch erhält man in den wichtigsten Gebieten Aufschluß über die vertikale Temperatur- und Feuchteverteilung. Durch Anvisierung der die Radiosonde tragenden Ballone gelingt es weiters, direkte Messungen der Windrichtung und Windgeschwindigkeit mit Hilfe einfacher trigonometrischer Überlegungen zu erhalten. Dabei war es ein wesentlicher Fortschritt, als man an Stelle von optischen elektrische Meßgeräte (*Radargeräte*) einführte, die eine Ortsbestimmung auch durch Wolkendecken hindurch ermöglichten. Dank allen diesen technischen Fortschritten sind wir also derzeit in der Lage, synoptische Wetterkarten verschiedener Niveaus mehrmals täglich, in verhältnismäßig kurzer Zeit und mit hinreichenden Meldungen ausgestattet, zu zeichnen.

Der nächste wichtige Schritt besteht nunmehr in der Verarbeitung dieses ungeheuren Materials nach den für die Wetterprognose maßgebenden Gesichtspunkten. Man bezeichnet diesen Vorgang als

*Analyse des synoptischen Zustandes.* Es ist verständlich, daß man dabei weitgehend von den theoretisch abgeleiteten Beziehungen zwischen den einzelnen skalaren und vektoriellen Größen Gebrauch macht, ohne daß natürlich auf gewisse empirisch gewonnene Zusammenhänge verzichtet werden kann. Es würde den Rahmen des Buches, das den Methoden der Wettervorhersage gewidmet sein soll, überschreiten, Beweise für *alle* theoretischen Beziehungen zu geben, die wir im folgenden verwenden werden, so daß es notwendig sein wird, fallweise auf Lehrbücher der theoretischen (dynamischen) Meteorologie, bzw. auf Originalarbeiten zu verweisen[1].

## 2. Analyse des Druckfeldes.

Die Analyse des Druckfeldes erfolgt durch das Zeichnen der Linien gleichen Luftdruckes (*Isobaren*). Es ist überflüssig, besonders zu betonen, daß bereits die gemeldeten Werte des Luftdruckes der verschiedenen Stationen allgemein auf Meeresniveau reduziert und die vorhandenen Höhenunterschiede dadurch weitgehend eliminiert sind. Daß diese Reduktion für höher liegende Stationen manchmal ins Gewicht fallende Fehler ergeben kann, derart, daß bei extremen Temperaturverhältnissen ein gegenüber der Umgebung zu hoher oder zu tiefer Luftdruck vorgetäuscht wird, ist mitunter zu bedenken. Es wird dann nötig sein, solche Werte bei der Analyse überhaupt fortzulassen.

Für das Zeichnen der Isobaren ist es wichtig, sich folgende Tatsachen vor Augen zu halten: Das Luftdruckfeld ist eine stetige Funktion des Ortes $p = p\,(x, y)$. Es kann daher keine Diskontinuitäten nullter Ordnung, d. h. der Funktion $p(x, y)$ selbst aufweisen. Es können jedoch solche erster Ordnung, d. h. der ersten Ableitung dieser Funktion auftreten. Mit anderen Worten: Es kann Knicke der einzelnen Isobaren geben und wir werden noch sehen, daß diesen eine reale Bedeutung zukommt. Weiters ist die Funktion $p(x, y)$ eindeutig, was besagt, daß sich nicht zwei verschiedene Isobaren schneiden können.

Trotz den in vielen Kartenteilen zahlreich vorhandenen, zuverlässigen Meldungen bleibt das Zeichnen der Isobaren ein Problem der Interpolation zwischen den gemeldeten Luftdruckwerten. Zur Erleichterung dieser Interpolation verwendet man die wichtige theoretische Beziehung zwischen Luftdruck und Windvektor. Im praktischen Wetterdienst sind nur zwei durch gewisse Vereinfachungen aus den allgemeinen Bewegungsgleichungen abzuleitende Zusammenhänge zwischen dem Luftdruckgradienten und den Komponenten des Windvektors von Bedeutung, nämlich der sogenannte *geostrophische Wind* und der *Gradient-Wind.* In der dynamischen Meteorologie wird gezeigt, daß die allgemeinen Bewegungsgleichungen auf der

---

[1] Die in eckiger Klammer angeführten Zahlen beziehen sich auf das Literaturverzeichnis, S. 154.

rotierenden Erde bei Vernachlässigung der Reibungs- und Turbulenzkräfte folgende Gestalt annehmen[1]:

$$\begin{aligned} \frac{du}{dt} - 2\,\Omega \sin\varphi \,.\, v &= -\frac{1}{\varrho}\frac{\partial p}{\partial x} \\ \frac{dv}{dt} + 2\,\Omega \sin\varphi \,.\, u &= -\frac{1}{\varrho}\frac{\partial p}{\partial y} \\ \frac{dw}{dt} + g \qquad\qquad &= -\frac{1}{\varrho}\frac{\partial p}{\partial z} \end{aligned} \tag{I, 1}$$

Dabei sind $u$, $v$, $w$ die Geschwindigkeitskomponenten in der $x$ (Ost-), $y$ (Nord-) und $z$ (Vertikal-)Richtung, $\Omega$ ist die Winkelgeschwindigkeit der Erde, nämlich $7{,}29.10^{-5}$ sek$^{-1}$, $\varphi$ die geographische Breite, $\varrho$ die Luftdichte, $g$ die Gravitationsbeschleunigung und $p$ der Luftdruck. Der erste Term in den drei Gln. (I, 1) stellt die substantielle Beschleunigung der Luftpartikel dar. Der zweite Term in den ersten beiden Gleichungen ist die $x$- bzw. $y$-Komponente der durch die Erdrotation hervorgerufenen Coriolisbeschleunigung. Bei vollständig exakter Ableitung der Bewegungsgleichungen ergibt sich in der dritten Gleichung auch noch eine Vertikalkomponente dieser Coriolisbeschleunigung, die jedoch gegenüber der Gravitationsbeschleunigung $g$ zu vernachlässigen ist. Ebenso müßte, streng genommen, noch in der ersten Gleichung ein mit der Vertikalbeschleunigung $w$ multiplizierter Term. nämlich $2\,\Omega \cos \varphi .\, w$ hinzugefügt werden, der aber wegen der tatsächlich in allen praktischen Fällen auftretenden geringen Vertikalgeschwindigkeiten ebenfalls zu vernachlässigen ist. Die Ausdrücke auf der rechten Seite von (I, 1) stellen die Druckkräfte pro Masseneinheit dar. Man kann zeigen, daß für den Fall $w = 0$ (oder sehr klein) eine Drehung des Koordinatensystems um die vertikale Achse keine Änderung der Gestalt der Gln. (I, 1) nach sich zieht. Bezüglich näherer Details muß auf die Lehrbücher der Dynamischen Meteorologie verwiesen werden.

Werden in (I, 1) die Beschleunigungen $du/dt$, $dv/dt$ und $dw/dt$ gleich Null gesetzt, so ergibt sich für die ersten zwei Gleichungen die früher erwähnte geostrophische Windrelation, nämlich

$$\begin{aligned} 2\,\Omega \sin\varphi \,.\, v_g &= \frac{1}{\varrho}\frac{\partial p}{\partial x} \\ 2\,\Omega \sin\varphi \,.\, u_g &= -\frac{1}{\varrho}\frac{\partial p}{\partial y}, \end{aligned} \tag{I, 2}$$

während die dritte Gleichung in die *statische Grundgleichung* übergeht:

$$-g\varrho = \frac{\partial p}{\partial z}. \tag{I, 3}$$

Aus (I, 2) läßt sich für jede geographische Breite und jede Luftdichte bei bekanntem Druckgradienten (Isobarenabstand) der Wind-

[1] Bezüglich der Ableitung s. z. B. KOSCHMIEDER [40] oder EXNER [25].

vektor berechnen. In Mitteleuropa ist es üblich, einen Isobarenabstand von 5 mb (1 mb [Millibar] gleich 1000 dyn/cm²) zu wählen und den Wind in km/h (Kilometer pro Stunde) anzugeben. Man kann auf diese Weise zweckentsprechende Diagramme der geostrophischen Windrelation konstruieren. Es ist jedoch wichtig, sich vor Augen zu halten, daß die geostrophische Beziehung wegen der angebrachten Vereinfachungen nur für ***geradlinige*** Isobaren und oberhalb der Bodenreibungsschicht Gültigkeit haben kann[1]. Sind die Isobaren gekrümmt, so ist die Vernachlässigung der Terme $du/dt$ und $dv/dt$ nicht mehr statthaft, da Zentrifugalkräfte auftreten. Allerdings sind die in der Praxis vorkommenden Krümmungen der Laufbahnen in den meisten Fällen so gering, daß die Abweichungen von der geostrophischen Relation klein bleiben. Wird jedoch die Krümmung berücksichtigt, so bezeichnet man den daraus folgenden Wind als *Gradient-Wind* schlechtweg.

Aus (I, 2) folgt, daß beim geostrophischen Wind die Isobarenrichtung mit der Windrichtung zusammenfällt, d. h. daß der Wind normal zum Druckgradienten weht, wobei der tiefere Druck zur Linken liegt[2]. Man kann zeigen, daß auch für den Gradientwind diese Aussage zutrifft.

In Abb. 1 ist ein im Österreichischen Wetterdienst gebräuchliches sogenanntes Gradientwindlineal zu sehen. Es ist dort für verschiedene geographische Breiten der geostrophische und der Gradientwind berechnet worden, wobei beim letzteren nur ein mittlerer Krümmungsradius der Isobaren von 1000 km berücksichtigt wurde. Man muß dabei nach dem eben Gesagten auf der nördlichen Halbkugel eine Bewegung im Uhrzeigersinn um ein Gebiet hohen Luftdruckes (antizyklonale Bewegung) von einer solchen entgegengesetzt dem Uhrzeigersinn um ein Gebiet tiefen Druckes (zyklonale Bewegung) unterscheiden. In der Beschriftung des Gradientwindlineals der Abb. 1 mag auffallen, daß dort nicht von einem Isobarenabstand von 5 mb, sondern von einem Isohypsenabstand von 40 gdm (geodynamische Meter) die Rede ist. Wir werden später diese Begriffe näher besprechen. Hier begnügen wir uns mit der Feststellung, daß die in Abb. 1 gezeichneten Diagramme für einen Isobarenabstand von 5 mb und eine mittlere Dichte von $1{,}25\,10^{-3}$ g/cm³ Gültigkeit haben. Zur Ergänzung ist am Rande des Gradientwindlineals noch eine Skala angebracht, die den Windweg bei verschiedenen Geschwindigkeiten in dem häufig verwendeten Prognosenzeitraum von 24 Stunden angibt. Dies ist vor allem für die später noch zu besprechende Konstruktion der Vorhersagekarte eine wertvolle Hilfe. Bei einer exakten Konstruktion solcher Gradientwindlineale ist, wie dies in Abb. 1 auch geschehen ist, die Ver-

---

[1] Die Mächtigkeit der „Reibungsschicht" hängt von der Größe der (vertikalen) turbulenten Durchmischung ab und beträgt in den meisten Fällen 1000 bis 1500 m.

[2] Dies bezieht sich alles auf die Nordhalbkugel. Auf der Südhalbkugel herrschen die umgekehrten Verhältnisse.

zerrung durch die gegebene Projektion der synoptischen Karte zu berücksichtigen.

Mit Hilfe der Gradientwindbeziehung gelingt es, das Auszeichnen der Isobaren wesentlich zu erleichtern und zwar sowohl in qualitativer als auch in quantitativer Hinsicht, vor allem wegen der bereits

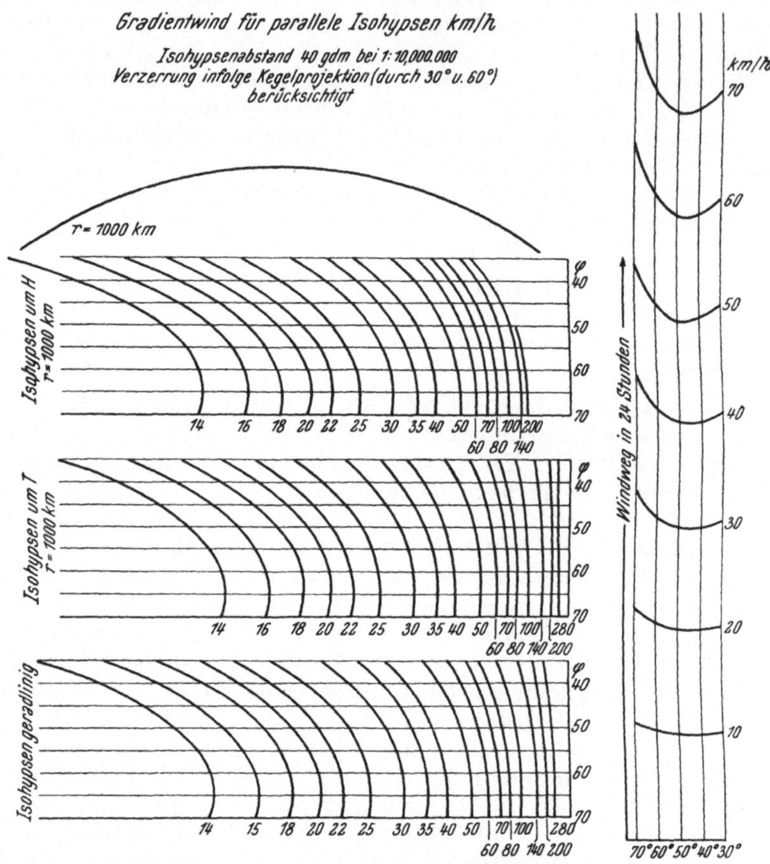


Abb. 1. Gradientwindlineal des österreichischen Wetterdienstes.

erwähnten Tatsache, daß die Windrichtung oberhalb der Reibungsschicht mit der Isobarenrichtung nahezu zusammenfällt. Auf der Bodenkarte ist dies nicht erfüllt, da der Windvektor infolge der Bodenreibung eine Komponente zum tiefen Druck bzw. aus dem hohen Druck heraus aufweist. Trotzdem ist die Berücksichtigung des Windfeldes beim Auszeichnen der Isobaren von großer Bedeutung. Dies gilt vor allem für Gebiete mit relativ wenig oder unzuverlässigen Meldungen, was besonders über den Ozeanen der Fall ist. Dort ist überdies die Bodenreibung gering, so daß weitgehender Gebrauch von der geostrophischen Beziehung gemacht werden kann. In solchen Gebieten wird es auch zweckmäßig sein, die Entfernung der Isobaren untereinander mit Hilfe des Gradientwindlineals zu korrigieren, da meist zuverlässige Windstärkemessungen der einzelnen Wetterschiffe oder Inselstationen vorliegen.

Es ist weiters notwendig, die Isobaren so zu zeichnen, daß die dadurch gekennzeichneten Druckgebilde nicht im Widerspruch zur vorherigen Wetterkarte stehen. Zeichnet man die Isobaren genau nach den gemeldeten Luftdruckwerten, so zeigen sie häufig mehr oder weniger reguläre wellenförmige Deformationen oder Ausbuchtungen. Es wird in vielen Fällen möglich und auch ratsam sein, solche Irregularitäten durch Ausgleichen zu eliminieren, unter der Annahme, daß sie eine Folge von Beobachtungsungenauigkeiten oder von Fehlern der Übermittlung sind. Dabei ist jedoch eine gewisse Vorsicht am Platze. Zeigen nämlich diese Deformationen des allgemeinen Isobarenbildes eine systematische Anordnung, d. h. beruhen sie auf Meldungen mehrerer Stationen, dann müssen sie als real betrachtet und dürfen nicht ausgeglichen werden. Wir haben eingangs erwähnt, daß das *Druckfeld Diskontinuitäten erster Ordnung*, also Knicke der Isobaren prinzipiell aufweisen kann. Wir werden später sehen, daß nach theoretischen Gesichtspunkten diese Knicke dort auftreten müssen, wo das Dichte- bzw. Temperaturfeld mehr oder weniger scharfe Diskontinuitäten aufweist. Dies ist im Grenzgebiet verschiedener Luftmassen, entlang der sogenannten Fronten der Fall. Durch Ausgleichen gelingt es, die Knicke der Isobaren an solchen Fronten herzustellen, insbesondere dadurch, daß man gleichzeitig der Diskontinuität des Windvektors (Windsprung) an einer solchen Grenze verschiedener Luftmassen gerecht wird. Man stellt auf diese Weise eine wichtige Beziehung zwischen dem Isobarenbild und der horizontalen Verteilung anderer skalarer Größen (hier der Dichte und Temperatur) her. Es ist selbstverständlich, daß der *Windvektor* an Stellen, wo die Isobaren Knicke zeigen, eine *Diskontinuität nullter Ordnung* aufweist.

In der Nachbarschaft von Gebirgen werden häufig wellenförmige Deformationen der Isobaren beobachtet, die keinesfalls ausgeglichen werden dürfen, da sie mit den orographischen Verhältnissen im Zusammenhang stehen und von nicht zu unterschätzender prognostischer Bedeutung sind. In Mitteleuropa tauchen solche trog- oder keilartige Gebilde häufig nördlich und südlich der Alpen auf. Sie sind schon dadurch ausgezeichnet, daß die Achse dieser Tröge und Keile nicht, wie es sonst der Fall ist, eine mehr oder weniger nord-südliche Richtung aufweist, sondern west-östlich parallel zum Gebirgskamm liegt. Eine Erklärung dieser lokalen Unregelmäßigkeiten des Isobarenbildes kann u. a. auch in thermischen Effekten gefunden werden, wie dies z. B. Trabert [72] für den sogenannten Föhnkeil südlich der Alpenkette zeigte. Diese keilförmige Ausbuchtung tritt bei sonst nord-südlich verlaufenden Isobaren in Zentraleuropa über der Po-Ebene mit west-östlicher Achse auf. Das Gegenstück zum *Föhnkeil*, nämlich ein West-

Ost-Keil *nördlich* der Alpen, tritt beim Einbruch einer niedrigen Kältewelle auf, die von Westen oder Nordwesten kommend, den Alpennordrand erreicht und eine Zeitlang daselbst gestaut wird, ehe sie die Höhe des Alpenkammes erreicht hat. Auch dieser Effekt wirkt sich im Druckbild der Isobaren entsprechend aus. FICKER [26] gelang es, durch Analyse der bei einem solchen Vorgang in der Niederung und in der Höhe des Alpenkammes auftretenden Druckschwankungen eine befriedigende Erklärung für die Deformationen im Isobarenbild zu geben. Wir kommen auf die FICKERsche Theorie später noch zu sprechen.

Das Studium der Ausbuchtungen der Isobaren im Bereich der Alpen brachte in mehrfacher Hinsicht wertvolle Resultate, die für das Verständnis der Wetterentwicklung, aber auch für die Wettervorhersage in diesem Gebiet von großer Bedeutung sind.

Das wichtigste Ergebnis, das die Wetterkarte durch Auszeichnen der Isobaren liefert, ist die Kenntnis der allgemeinen Druckverteilung, insbesondere die Verteilung der ausgezeichneten Druckgebilde, wie *Hoch- und Tiefdruckgebiete*, auch *Antizyklonen* bzw. *Zyklonen* genannt, *Tröge* und *Keile* und dergleichen mehr. Wegen des Zusammenhanges der Wetterentwicklung mit diesen Druckgebilden, ist die Kenntnis ihrer genauen Lage und ihrer Verlagerungsgeschwindigkeiten für die Wettervorhersage von ausschlaggebender Bedeutung. Es ist daher notwendig, die durch das Auszeichnen der Isobaren sichtbar gemachte Druckverteilung mit derjenigen der vorangegangenen synoptischen Wetterkarte zu vergleichen, um einen ersten Anhaltspunkt für die Richtung und Geschwindigkeit der Verlagerung von Hoch- und Tiefdruckgebieten, Trögen und Keilen zu erhalten. Eine Hilfe bietet bei diesen Betrachtungen die Größe der an den einzelnen Stationen aufgetretenen zeitlichen Druckänderung, die sogenannte Drucktendenz. Wegen der Bedeutung dieser Größe für die Wetterprognose ist es notwendig, eigene Druckänderungskarten zu zeichnen oder wenigstens die Linien gleicher Drucktendenz, die sogenannten *Isallobaren*, zusätzlich zu den Isobaren in die Wetterkarte einzuzeichnen.

## 3. Analyse des Druckänderungsfeldes.

Von besonderem Interesse sind die dreistündigen und die vierundzwanzigstündigen Isallobaren. Die dreistündige Druckänderung ist bereits in den synoptischen Wettermeldungen als direkte Beobachtung enthalten, die zweite Tendenz repräsentiert die Druckänderung während des im allgemeinen üblichen Vorhersagezeitraumes, wobei der tägliche Gang des Luftdruckes eliminiert ist.

Die große Bedeutung eigener Isallobarenkarten für die Konstruktion von sogenannten Vorhersagekarten wird noch später eingehend behandelt werden. Die dreistündigen Isallobaren werden direkt auf Grund der gemeldeten barometrischen Tendenz gezeichnet. Es ist dabei allerdings zu bedenken, daß diese Meldungen häufig weniger zuverlässig sind als die Luftdruckwerte selbst, so daß es manchesmal notwendig sein wird, die Druckwerte einzelner Stationen mit denen der vorangegangenen Wetterkarte zu vergleichen. Besondere Vorsicht ist diesbezüglich bei Schiffsmeldungen am Platze, da die Eigenbewegung des Schiffes während des Zeitraumes, innerhalb dessen die Druckänderung beobachtet wird, das Resultat verfälscht. Bei den derzeit in Betrieb stehenden ortsfesten Wetterschiffen ist dieser Fehler allerdings auf ein Minimum reduziert worden. Ähnlich wie bei der Luftdruckverteilung, die durch das Zeichnen der Isobaren erhalten wird, ergibt die Isallobarenkarte ausgezeichnete Druckänderungsgebilde, vor allem *isallobarische Hochs* und *Tiefs*.

Die geostrophische Windgleichung (I, 2) gilt für den unbeschleunigten Zustand. Wie wir im Kap. VI beweisen werden, kommt es in einem solchen Falle zu keinen Druckänderungen. Sind welche vorhanden, so müssen mehr oder weniger große Abweichungen vom geostrophischen bzw. Gradientwind auftreten, die ihre Ursache nicht in der Bodenreibung, sondern in einer Änderung der Druckverteilung selbst haben. Die Bedeutung dieser sogenannten *ageostrophischen* Windkomponenten wird im Kap. VI noch eingehend diskutiert werden. Hier interessiert uns lediglich die Erfahrungstatsache, daß die Abweichungen vom geostrophischen Wind klein sind im Vergleich zu dem Wind selbst. Die Theorie liefert auch eine Beziehung über die ageostrophischen Windkomponenten (d. h. den Differenzvektor zwischen dem tatsächlichen Wind und dem geostrophischen) und die Isallobaren, ähnlich jener über den geostrophischen Wind und die Isobaren. Doch die Verhältnisse liegen hier wesentlich komplizierter. Wie Brunt und Douglas [8] unter Annahme gewisser Vereinfachungen berechneten, müßte der Differenzvektor zwischen dem wahren Wind und dem Gradientwind in die Richtung des isallobarischen Gradienten weisen, also *normal* zu den Isallobaren stehen. Für die Praxis des Auszeichnens der Isallobaren spielen jedoch derartige Überlegungen keineswegs die gleiche Rolle, wie die geostrophische Relation bei der Analyse des Druckfeldes.

Auch die Isallobaren müssen, ähnlich dem Vorgang beim Auszeichnen der Isobaren, ausgeglichen werden, um Fehler der Interpolation, der Beobachtung und Übermittlung auszumerzen. Dabei ist folgende Tatsache zu beachten: Die Isallobaren sind nicht durchwegs stetige Funktionen des Ortes. Sie zeigen an Stellen, wo im Druckfeld Diskontinuitäten erster Ordnung auftreten, also an Fronten, bereits solche nullter Ordnung, also, analog dem Windvektor, richtige Sprünge. Diese dürfen durch Ausgleichen keineswegs zum Verschwinden gebracht werden, da sie unter Umständen wertvolle Hilfe für die Festlegung der Fronten leisten. In der Abb. 2 ist der Verlauf von dreistündigen Isallobaren an der zu einem Tiefdruckgebiet gehörenden Warm- bzw. Kaltfront schematisch nach S. Petterssen [52] wiedergegeben. In diesem Zusammenhang ist es wichtig, bei der Analyse des Tendenzfeldes die in den synoptischen Wettermeldungen enthaltene *Art* der dreistündigen Druckänderung zu berücksichtigen.

Ist nämlich der Verlauf der Tendenz nicht einheitlich, etwa anfangs steigend, dann fallend, so kann die tatsächlich gemeldete Differenz zwischen dem Endwert und dem Anfangswert unter Umständen ein unrichtiges Bild über den wirklichen Verlauf der barometrischen Tendenz ergeben. Es muß mit anderen Worten bei der Analyse der Druckänderungen bedacht werden, daß es sich um Differenzenquotienten, nicht um Differentialquotienten handelt, die tatsächliche Tendenz jedoch nur von den letzteren abzuleiten ist.

Das Zeichnen der 24stündigen Isallobaren geschieht am besten durch graphische Subtraktion. Zu diesem Zwecke werden zwei Isobarenkarten von 24 Stunden auseinanderliegenden Terminen übereinander auf einen Leuchttisch gelegt. Es ist dann sehr leicht, die Druckänderungen aus den Schnittpunkten der Isobaren der beiden Karten unmittelbar auf einer dritten, darübergelegten Karte einzuzeichnen. Durch weitgehendes Ausgleichen wird es hier vor allem darauf ankommen, die Lage der isallobarischen Hochs und Tiefs festzulegen. Die bei den dreistündigen Tendenzen erwähnte Diskontinuität kommt hier nicht zum Ausdruck.

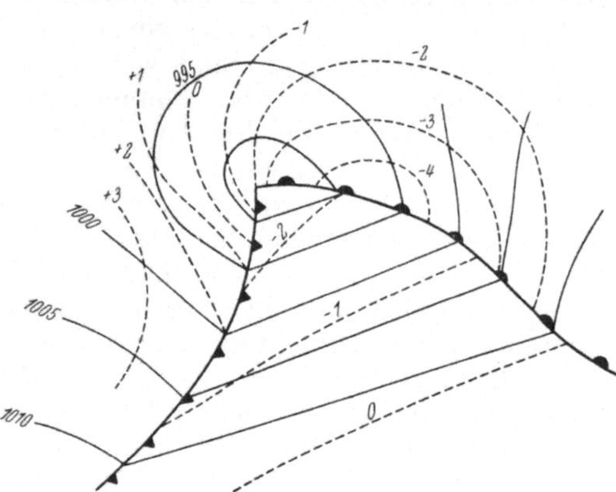

Abb. 2. Dreistündige Drucktendenzen (strichlierte Linien) im Bereich der zu einem Tiefdruckgebiet gehörenden Warm- und Kaltfront.

Da die Analyse des synoptischen Zustandes ein dreidimensionales Problem ist, müssen zur Ergänzung der Bodenkarte Höhenkarten herangezogen werden. Wir wollen im nächsten Abschnitt die Analyse solcher Höhenkarten besprechen.

## 4. Absolute und relative Topographie der Höhendruckflächen.

Um die Verhältnisse in der freien Atmosphäre zu studieren, ist es praktisch und in den meisten Wetterdiensten üblich, Linien gleicher Höhen einer bestimmten Druckfläche, anstelle von Isobaren eines bestimmten Höhenniveaus zu zeichnen. Diese topographische Darstellungsweise geht auf einen Vorschlag von V. Bjerknes [5] zurück. Ihre Vorteile gegenüber den Höhenisobarenkarten sollen hier kurz diskutiert werden.

Wir haben schon erwähnt, daß der Luftdruck in der modernen Meteorologie allgemein in Millibar (mb) anstelle der früher üblichen

Angabe in mm Hg gemessen wird. Für die Höhe einer bestimmten Druckfläche über dem Meeresniveau wird wegen der Abhängigkeit dieser Größe von der Erdanziehung der Begriff des sogenannten „*Dynamischen Meters*“ eingeführt. Diese Größe ist keine Längeneinheit, sondern eine Energie pro Einheitsmasse und wird folgendermaßen definiert: ***Die Höhe z eines Punktes über dem Meeresniveau wird durch die Differenz des Schwerepotentiales im Meeresniveau und in der Höhe des Punktes ausgedrückt.***

Dieses Schwerepotential ergibt sich zu:

$$\psi = \int_0^z g\,dz\,. \tag{I, 4}$$

Bezeichnen wir mit $g_0$ die Gravitationsbeschleunigung im Meeresniveau, so besteht zwischen der Gravitationsbeschleunigung $g$ in der Höhe $z$ und $g_0$ folgende Beziehung

$$g = \frac{g_0}{(1 + z/E)^2}, \tag{I, 5}$$

wenn $E = 6371$ km der mittlere Erdradius ist. Dies liefert, in (I, 4) eingesetzt, sofort:

$$\psi = g_0\,E^2 \int_0^z \frac{dz}{(z + E)^2} = g_0\,\frac{z}{1 + z/E}\,. \tag{I, 6}$$

Da das Verhältnis $z/E$ innerhalb der Atmosphäre verschwindend klein ist, wird der Betrag des *Schwerepotentials* $\psi$ *etwa zehnmal größer als der von* $z$, falls dieses in Metern ausgedrückt wird. Das früher erwähnte „*Dynamische Meter*“ wird daher als der zehnte Teil von $\psi$ definiert, so daß für das Schwerepotential, ausgedrückt in dynamischen Metern, folgende Gleichung gilt:

$$\psi = \frac{g_0}{10}\,\frac{z}{1 + z/E}\,. \tag{I, 7}$$

Das dynamische Meter ist — wegen $g_0 \sim 9.8$ m/sek$^2$ — im Mittel um 2% kleiner als das geometrische.

Um den Unterschied zwischen dem gewöhnlichen Längenmaß und der durch (I, 7) definierten Einheit des Schwerepotentials noch kleiner zu machen, hat man neuerdings das sogenannte „*Geopotentielle Meter*“ eingeführt, das als der 9,80 te Teil von $\psi$ (I, 6) definiert wird.

Die Höhe einer bestimmten Druckfläche über dem Meeresniveau oder über einer anderen Druckfläche kann nun sehr einfach und rasch mit Hilfe eines vorliegenden Radiosondenaufstieges berechnet werden. Sie ist nämlich, ausgedrückt in dynamischen Metern, *nur* eine Funktion der mittleren Dichte der zwischen beiden Flächen liegenden Schicht, wie man aus der statischen Grundgleichung (I, 3) erkennt. Da die Dichte nicht direkt gemessen werden kann, eliminiert man sie mit Hilfe der Gasgleichung $p/\varrho = R.T$ ($R$ individuelle Gaskonstante,

$T$ absolute Temperatur), wodurch die statische Grundgleichung die allgemein bekannte Form der barometrischen Höhenformel (für endliche Schichten) annimmt:

$$\triangle \ln p = -\frac{g}{R\,T_m}\triangle z = -\frac{\triangle\psi}{R T_m} \qquad \text{(I, 8)}$$

$T_m$ bedeutet hier die Mitteltemperatur der Schicht von der Dicke $\triangle z$. Allerdings muß wegen des Wasserdampfgehaltes der Luft für genaue Berechnungen anstelle der aktuellen die sogenannte *virtuelle Temperatur* verwendet werden.

Diese ist definiert als die *Temperatur, bei welcher absolut trockene Luft denselben Druck und dieselbe Dichte haben würde wie Luft mit der tatsächlich vorhandenen Feuchte und Temperatur*[1].

In der Praxis geschieht dies meist derart, daß die Zustandskurven von Temperatur und Feuchte in eines der gebräuchlichen Adiabatenpapiere[2] eingetragen werden, wo die Korrektur der virtuellen Temperatur bereits direkt abzulesen ist. Man kann auch mit eigens konstruierten, sogenannten thermodynamischen Rechenschiebern, die virtuelle Temperatur für die gegebenen Daten rasch bestimmen. Der Abstand der *Hauptisobarenflächen*[3] untereinander als Funktion der mittleren virtuellen Temperatur der Zwischenschicht ist aus entsprechenden Tabellen zu entnehmen, wie sie z. B. in LINKEs Taschenbuch der Meteorologie [41] aufgenommen sind.

Ein weiterer Vorteil der Darstellung der Höhenkarten durch Topographien liegt darin, daß es dadurch möglich wird, für die verschiedenen Höhenflächen dieselbe Gradientwindskala zu benutzen. Dies läßt sich auf folgende Weise zeigen. Wir verwenden die geostrophische Gl. (I, 2), wobei wir — nach dem auf S. 4 Gesagten — voraussetzen können, daß die $x$-Richtung mit dem Druckgradienten zusammenfällt, ohne befürchten zu müssen, auf diese Weise die Allgemeinheit einzuschränken. Wir erhalten dann aus (I, 2) und (I, 3):

$$\begin{aligned} 2\,\Omega \sin\varphi \cdot v_g &= \frac{1}{\varrho}\frac{\partial p}{\partial x} \\ g &= -\frac{1}{\varrho}\frac{\partial p}{\partial z}. \end{aligned} \qquad \text{(I, 9)}$$

---

[1] Bezeichnet man mit $R'$ die Gaskonstante feuchter Luft von der spezifischen Feuchte $q$, so gilt $R' = R\,(1 + 0{,}606\,q)$, wenn $R$ hier die Gaskonstante trockener Luft darstellt. Die *virtuelle* Temperatur wird dann $T_v = T\,(1 + 0{,}606\,q)$. Dabei hängt $q$ mit dem Dampfdruck des Wasserdampfes $e$ und dem Luftdruck $p$ in folgender Weise zusammen: $q = 0{,}622\,e/p$.

[2] Diese sind Diagramme zur Bestimmung von thermodynamischen Zustandsänderungen der Atmosphäre unter der Voraussetzung, daß keine Wärmezufuhr (-abgabe) von (nach) außen stattfindet.

[3] Nach neuen internationalen Vereinbarungen gelten als Hauptisobarenflächen die Flächen für die Luftdruckwerte 1000, 850, 700, 500, 300, 200 und 100 mb.

Multiplizieren wir die erste Gl. (I, 9) mit $dx$, die zweite mit $dz$ und subtrahieren wir die zweite von der ersten, so ergibt sich:

$$2\,\Omega \sin \varphi \,.v_g\, dx - g dz = \frac{dp}{\varrho}. \qquad \text{(I, 10)}$$

Für eine Fläche gleichen Druckes gilt $dp = 0$, so daß für die Topographien sofort folgt:

$$\frac{dz}{dx} = \frac{2\,\Omega \sin \varphi}{g} v_g\,. \qquad \text{(I, 11)}$$

Wird in (I, 11) die vertikale Koordinate in dynamischen Metern ausgedrückt, ergibt sich, falls wir diese Größe mit H bezeichnen:

$$\frac{dH}{dx} = \frac{2\,\Omega \sin \varphi}{10} v_g\,. \qquad \text{(I, 12)}$$

Aus (I, 12) erkennt man, daß die Geschwindigkeit $v_g$ nicht mehr von der Dichte abhängt, also tatsächlich unabhängig vom Druckniveau ist, solange nur die Isopotentialen in demselben Abstand gezeichnet werden. Dies gilt natürlich nicht für Isobaren horizontaler Flächen einer bestimmten Höhe, da dort wegen der geringeren Dichte in höheren Niveaus die Isobaren für eine gegebene Windgeschwindigkeit weiter voneinander entfernt sein müssen als in niedrigeren Höhen.

Zweckmäßigerweise wählt man als gegenseitigen Abstand der Isopotentialen[1] der Druckflächen 40 dynamische Meter (wird mit gdm gleich geodynamische Meter bezeichnet). Dies geschieht aus folgendem Grund. Es zeigt sich aus einem Vergleich der ersten Gleichung von (I, 9) mit (I, 12), daß eine geostrophische Windskala mit 5 mb Isobarenabstand und einer mittleren Dichte von $1{,}25\ 10^{-3}$ g/cm$^3$ einer Windskala der Topographien mit 40 gdm Isohypsenabstand entspricht. Dadurch wird es möglich, das in Abb. 1 wiedergegebene Gradientwindlineal nicht nur für sämtliche Höhenkarten, sondern auch für die Bodenkarte zu verwenden, was im praktischen Wetterdienst eine wesentliche Vereinfachung bedeutet.

Die topographische Darstellungsweise der Höhenkarten gestattet noch eine Nutzanwendung, die ebenfalls für die Praxis sehr wichtig ist. Nach dem eben Gesagten fallen die Isobaren der Bodenkarte praktisch mit den Isopotentialen der 1000 mb Fläche zusammen (Unterschiede ergeben sich nur aus Abweichungen von der mittleren Dichte). Die 1000 mb Isobare entspricht dann der Isopotentiale Null, die 1005 mb Isobare wäre 40 gdm usw. Man erhält also die Topographie der 1000 mb Fläche aus der Bodenkarte durch einfaches Umnumerieren. Nun führt man zu den bisher behandelten Topographien, die auch als *absolute Topographien* bezeichnet werden, den Begriff von *relativen Topographien* ein. Dabei handelt es sich um relative Höhenlinien (Linien gleichen Abstandes) einer bestimmten Druckfläche, z. B. der

[1] Vielfach wird anstelle von Isopotentialen einfach von Isohypsen gesprochen.

500 mb Fläche. über einer anderen, etwa der 1000 mb Fläche. Die Linien einer solchen relativen Topographie stellen also die Verbindung derjenigen Punkte dar, bei denen der Abstand der beiden betrachteten Druckflächen derselbe ist. Nach Formel (I, 8) müssen sie denselben Verlauf zeigen, wie die Isothermen der mittleren virtuellen Temperatur der Zwischenschicht. Kennt man den Verlauf der relativen Isopotentialen 500/1000 mb, so ergibt sich die absolute Topographie der 500 mb Fläche durch graphische Addition dieser relativen Isohypsen zu den umnumerierten Bodenisobaren.

Während die absoluten Topographien Aufschluß über die Strömungsverhältnisse einer bestimmten Druckfläche geben, zeigen die relativen Topographien die großräumige, flächenmäßige Verteilung verschieden temperierter Luftmassen an [1]. Sie sind deswegen für die synoptische Analyse von großer Wichtigkeit. Wir werden bei Besprechung der Luftmassenanalyse im nächsten Abschnitt darauf zurückkommen. Es ist aber auch denkbar, umgekehrt aus einer sorgfältigen Analyse der Bodenkarte Aufschlüsse über den Verlauf der relativen Topographie zu erhalten, ohne daß direkte aerologische Messungen in größerer Anzahl vorliegen müssen. Dies ist deswegen möglich, weil man aus der Erfahrung weiß, daß der vertikale Temperaturgradient in bestimmten Luftmassen eine mehr oder weniger konservative Eigenschaft ist. Auf diese Weise gelingt es, lediglich mit Hilfe der Werte der Bodenkarte und einzelner Radiosonden, die die charakteristischen Temperatur- und Feuchteverhältnisse der Hauptluftmassen anzeigen und nicht einmal von demselben Termin wie die Bodenkarte zu sein brauchen, eine angenäherte Konstruktion der relativen Topographie einer Druckfläche über der 1000 mb Fläche durchzuführen. Ist dies geschehen, so läßt sich auch die absolute Topographie der betreffenden Höhenfläche sofort ermitteln. Diese Methode, die auch als „*Indirekte Aerologie*“ bezeichnet wird, wurde früher vielfach gehandhabt, da in weiten Gebieten keine oder nur äußerst spärliche aerologische Messungen vorlagen. Es ist selbstverständlich, daß dieser Methode erhebliche Mängel anhaften. Heute sind wir dank der verhältnismäßig großen Anzahl von direkten Meßwerten aus der freien Atmosphäre nur mehr in Ausnahmefällen gezwungen, die indirekte Aerologie anzuwenden.

Das Auszeichnen der relativen Isopotentialen wird wesentlich durch Einführen des Begriffes des „*Thermischen Windes*“ erleichtert. Untersucht man, wie sich der geostrophische Wind (I, 2) bei vorhandenem horizontalen Temperaturgradienten innerhalb einer vertikalen Schicht der Dicke $\Delta z$ entsprechend der Gl. (I, 3) mit der Höhe ändert, so zeigt sich, daß der geostrophische Wind an der oberen Begrenzung der Schicht aus zwei Komponenten zusammengesetzt ist, nämlich dem geostrophischen Wind an der unteren Begrenzung und einem

---

[1] Einem Tief oder Trog in der relativen Topographie entspricht Kaltluft, einem Hoch oder Keil Warmluft.

*Differenzvektor*, der mit der mittleren virtuellen Temperatur der Zwischenschicht in folgender Weise zusammenhängt:

$$u_{th} = -\frac{g \triangle z}{2\,\Omega \sin\varphi\, T_m} \frac{\partial T_m}{\partial y}$$
$$v_{th} = \frac{g \triangle z}{2\,\Omega \sin\varphi\, T_m} \frac{\partial T_m}{\partial x} \qquad \text{(I, 13)}$$

Wir werden die Ableitung der Formel (I, 13) in Kap. VI geben. Man sieht, daß zwischen dem Differenzvektor und den mittleren Isothermen der betreffenden Luftsäule eine ähnliche Beziehung besteht wie zwischen dem geostrophischen Wind und den Isobaren, bzw. den Isopotentialen der absoluten Topographien. Er steht normal zum Temperaturgradienten, d. h. er verläuft in der Richtung der mittleren Isothermen. Da aber nach dem früher Gesagten die relativen Isopotentialen parallel zu den mittleren Isothermen sind, kann der thermische Wind (I, 13) mit Erfolg beim Auszeichnen der relativen Topographien verwendet werden. Es wäre auch möglich, ähnlich wie bei einem geostrophischen Windlineal, die Beziehung (I, 13) quantitativ auszuwerten, also auch den gegenseitigen Abstand der relativen Isohypsen bzw. der mittleren Isothermen durch die Größe des thermischen Windvektors auszudrücken. Doch ist diese etwas umständliche Rechnung im praktischen Wetterdienst kaum in Anwendung. Bei der Bestimmung des thermischen Windes ist zu beachten, daß für den „unteren" Windvektor nicht die Windbeobachtung der Bodenstation, sondern der aus dem Isobarenabstand folgende geostrophische Wind zu nehmen ist. Auch eine Windmessung oberhalb der Bodenreibungsschicht (etwa in 850 mb) eignet sich für diese Zwecke.

Beim Auszeichnen der Isophysen der absoluten Topographien leistet das Gradientwindlineal bedeutend größere und wertvollere Hilfe als beim Auszeichnen der Isobaren der Bodenkarte. In der freien Atmosphäre muß nämlich die Gradientwindrelation bzw. die geostrophische Windrelation weitgehend erfüllt sein und es gelingt hier in vielen Fällen, die Entfernung der einzelnen Isohypsen voneinander bei vorliegenden direkten Windmessungen mit Hilfe des Gradientwindlineals zu korrigieren. Im Gegensatz zu der Bodenkarte ist zu beachten, daß die Windrichtung genau in die Richtung der Isopotentialen fällt, da — wie wir früher erwähnt haben — die Abweichungen vom geostrophischen Wind in der freien Atmosphäre jedenfalls sehr klein sind. Trotzdem darf das Auszeichnen nicht gedankenlos erfolgen. Es können ohne weiteres auch Fälle von Übergradientgeschwindigkeiten auftreten, doch ist es notwendig, dies nur in einwandfrei belegten Fällen gelten zu lassen.

In vielen Fällen wird es nötig sein, sowohl bei der absoluten, als auch bei der relativen Topographie durch Ausgleichen gewisse Unregelmäßigkeiten im Verlauf der Isopotentialen auszumerzen. Jedoch auch in der freien Atmosphäre darf dieses Ausgleichen nicht gedankenlos durchgeführt werden. Die höheren Druckflächen sind immer mehr oder weniger von den Störungen des Bodendruckfeldes beeinflußt, d. h. in einem gewissen Abhängigkeitsverhältnis zu diesem. Gerade das Ausmaß dieser Störung innerhalb der oberen Druckflächen ist aber für die meisten Fälle der Wetterprognose von ausschlaggebender Bedeutung. Es ist äußerst wichtig zu wissen, bis zu welcher Höhe z. B. ein Bodentiefdruckgebiet noch als Deformation der Isohypsen in Erscheinung tritt. Durch weitgehendes Ausgleichen könnte gerade eine derartig wichtige Tatsache übersehen werden. Deswegen ist es notwendig, beim Auszeichnen und Ausgleichen der Höhenkarte immer die Bodendruckverteilung mit zu betrachten.

## 5. Frontenanalyse.

Wir kehren nun wieder zur Bodenkarte zurück. Bisher haben wir nur die Luftdruckverteilung mit Berücksichtigung des vektoriellen Windfeldes und die zeitliche Druckänderung betrachtet. Wir werden uns jetzt den anderen skalaren Größen, nämlich der *Temperatur* und der *Luftfeuchte*, zuwenden. Letztere wird neuerdings in Form des *Taupunktes* in den synoptischen Wettermeldungen übermittelt. Der Taupunkt ist bekanntlich diejenige Temperatur, bis zu welcher die Luft von bestimmtem Feuchtigkeitsgehalt abgekühlt werden muß, damit Kondensation eintritt, oder besser gesagt, damit vollkommene Sättigung über einer gleichtemperierten horizontalen Wasserfläche besteht. Zur tatsächlichen Kondensation in der Atmosphäre ist nämlich meist eine Übersättigung notwendig, was u. a. seine Ursache in der Oberflächenkrümmung der Kondensationskerne hat. Diese Tatsache ist bei der Nebelprognose von Wichtigkeit, worauf wir noch in Kap. VII zu sprechen kommen werden.

Es war wohl die bedeutendste Entdeckung der synoptischen Meteorologie, daß Luftkörper mit verschiedenen konservativen Eigenschaften entsprechend den aus der Druckverteilung resultierenden Strömungen über weite Strecken transportiert werden, ohne daß sie die wesentlichen Merkmale ihres Ursprungsgebietes verlieren, so daß sich bei der Annäherung zweier verschiedener Luftmassen mehr oder weniger scharfe Grenz- oder Übergangszonen mitunter ganz geringer horizontaler Ausdehnung einstellen. Man bezeichnet die Schnittlinie der Grenzfläche zweier verschiedener Luftmassen mit der Erdoberfläche als *Front.*

Die Klassifikation der Luftmassen erfolgt gemäß den von T. Bergeron [1] aufgestellten Richtlinien nach zwei wesentlichen Gesichtspunkten. Man unterscheidet eine *geographische* Klassifikation nach dem Ursprungsgebiet und eine *thermodynamische,* die zum Ausdruck bringt, ob die Luftmasse kälter oder wärmer ist als die darunterliegende Erdoberfläche. Wegen der mehr oder weniger großen Transformation der Luftmassen auf ihrem Weg wird eine Unterteilung gemäß der Länge und der Beschaffenheit des Untergrundes entlang dieses Weges notwendig sein.

Die Ursprungsgebiete der Luftmassen sind vorwiegend die großen stationären Antizyklonen, z. B. die subtropischen Hochdruckgebiete oder die mächtigen Antizyklonen über Nordrußland. In Tab. 1 ist eine Übersicht über die wichtigsten europäischen Luftmassen gegeben, wie sie von R. Scherhag [67] zusammengestellt wurde. Die Tabelle enthält eine geographische Klassifikation nach dem Ursprungsgebiet und eine thermodynamische. Die zwei Hauptgruppen der ersten Kolonne, die tropischen Luftmassen $T$ und die polaren Luftmassen $P$, sind in je drei Untergruppen geteilt, deren Bezeichnung aus der zweiten und dritten Kolonne unmittelbar ersichtlich wird. Dabei soll die Bezeichnung $T_S$ andeuten, daß diese Luftmasse aus dem Wüstengebiet der Sahara stammt, während die Schreibweise $T_P$, $P_T$ und $P_A$ einen polaren, tropischen bzw. arktischen Einfluß auf die betreffende Luftmasse zum Ausdruck bringen soll. Diese Luftmassen werden schließlich noch jeweils in zwei Gruppen unterteilt, wobei die Suffixe $c$ bzw. $m$ einen kontinentalen bzw. maritimen Einfluß anzeigen sollen. Die Ursprungsgebiete selbst sind aus der fünften Kolonne abzulesen, während die sechste Kolonne den gewöhnlichen Weg, entlang dem die Luftmassen wandern, bevor sie Mitteleuropa erreichen, angibt.

Zur Charakterisierung der einzelnen Luftmassen wurde in zahlreichen Untersuchungen in dem Bestreben, möglichst konservative Größen einzuführen, eine Reihe von neuen Begriffen geschaffen. Es ist selbstverständlich, daß die Luftmassenanalyse ein wesentlich dreidimensionales Problem darstellt, so daß weitgehend von den Meldungen aus der freien Atmosphäre Gebrauch gemacht werden muß. Um die Temperaturen verschiedener Höhenschichten untereinander vergleichen zu können, bezieht man die Temperatur auf ein bestimmtes Niveau (meistens auf die 1000 mb Fläche) unter der Voraussetzung, daß nur adiabatische Temperaturänderungen stattfinden. Auf diese Weise gelangt man zum Begriff der *potentiellen Temperatur*. Der Feuchtigkeitsgehalt wird unter der Annahme, daß die latente Wärme des enthaltenen Wasserdampfes zu Temperaturänderungen verbraucht wird, in Form eines sogenannten Äquivalentzuschlages zur aktuellen Temperatur sichtbar gemacht, so daß man schließlich zu dem Begriff der sogenannten *Äquivalent-Potentiellen-Temperatur gelangt.* Es ist also hier das Bestreben erkennbar, die Luftmasse durch einen einzigen — wenn auch nicht direkt meßbaren — Temperaturwert darzustellen.

Zum Studium der thermodynamischen Größen in einer Luftmasse wurde eine große Anzahl von aerologischen Diagrammen entworfen, wobei so ziemlich sämtliche Kombinationen verschiedener Größen als unabhängige Variable Verwendung fanden. Eine Zusammenstellung der vor dem letzten Kriege existierenden Diagrammpapiere verdanken wir Weickmann [73], der als damaliger Präsident der internationalen aerologischen Kommission eine diesbezügliche Denkschrift verfaßte. Sie enthält nicht weniger als 40 verschiedene Diagrammpapiere. Alle gestatten u. a. auch die oben erwähnten, die Luftmasse charakteri-

Tabelle 1. *Übersicht über die Hauptluftmassen Europas nach* R. SCHERHAG.

| Gattung | Bezeichnung | Benennung | Luftmasse | Ursprungsgebiet | Weg |
|---|---|---|---|---|---|
| T | $T_S$ | Afrikanische Tropikluft | $cT_S$ | Sahara | — |
| | | | $mT_S$ | Sahara | Mittelmeer |
| | $T$ | Tropikluft | $cT$ | Südlicher Balkan | — |
| | | | $mT$ | Azorenhoch | Atlantik |
| | $T_P$ | Gemäßigte (Tropik)Luft | $cT_P$ | Zentraleuropa | — |
| | | | $mT_P$ | Nordatlantik | — |
| P | $P_T$ | Gealterte Polarluft | $cP_T$ | Polargebiet | Südosteuropa |
| | | | $mP_T$ | | Atlantik südl. 50° Br. |
| | $P$ | Polarluft | $cP$ | | Osteuropa |
| | | | $mP$ | | Westlich Island |
| | $P_A$ | Arktische Polarluft | $cP_A$ | | Nordosteuropa |
| | | | $mP_A$ | | Östlich Island |

sierenden Temperaturgrößen aus den von Radiosondenaufstiegen gelieferten Druck-, Temperatur- und Feuchtewerten graphisch zu bestimmen. Eine eingehende Diskussion dieser thermodynamischen Methoden überschreitet den Rahmen dieses Buches. Es muß diesbezüglich auf die einschlägige Literatur verwiesen werden [1]. Lediglich zwei solche Diagrammpapiere seien kurz erwähnt. Die Auswahl der als Ordinate bzw. Abszisse zu wählenden Variablen geschieht im wesentlichen nach folgenden Gesichtspunkten: Das einfachste wäre natürlich ein Druck-Volumen-Diagramm und die ersten Betrachtungen über den Energiehaushalt der Atmosphäre sind auch von solchen Darstellungen ausgegangen. Die (thermodynamische) Energie läßt sich dabei unmittelbar durch Planimetrieren der von der Kurve eines Kreisprozesses umschlossenen Fläche bestimmen. In der aerologischen Praxis hat sich dieses Diagramm schon deswegen nicht eingebürgert, weil die Bestimmung des spezifischen Volumens nicht ohne weiteres möglich ist. Ein Gesichtspunkt bei der Auswahl anderer Darstellungen ist nun der, daß man das Druck-Volumen-Diagramm flächentreu auf ein anderes System abbildet. REFSDAL [55] hat gezeigt, daß eine Reihe von Transformationen diese Bedingung erfüllt, z. B. auch das derzeit noch in den angelsächsischen Ländern vielfach verwendete *Tephigramm*, welches 1925 von Sir NAPIER SHAW eingeführt wurde. Es hat als Abszisse die absolute Temperatur, als Ordinate den Logarithmus der potentiellen Temperatur. Als Kurvenscharen befinden sich auf diesem Diagramm Isobaren, Feuchtadiabaten und Linien gleicher spezifischer Feuchte. Nicht flächentreu ist dagegen die Transformation der Druck-Volumen-Ebene auf das in Mitteleuropa vielfach benützte Diagramm von STÜVE, das die Temperatur als Abszisse und $p^k$ als Ordinate hat, wobei $k = 0{,}288$ ist, eine Konstante, die aus der *Poissonschen Gleichung* für die Trockenadiabate

$$\frac{T_1}{T_2} = \left(\frac{p_1}{p_2}\right)^k, \quad \Theta = T\left(\frac{p_0}{p}\right)^k \tag{I, 14}$$

folgt. $\Theta$ ist hier die potentielle Temperatur für den Normaldruck $p_0$. Dieses Diagramm hat den großen Vorteil der Anschaulichkeit. Die Trockenadiabaten werden gerade Linien, der $p^k$ Teilung entspricht annähernd eine lineare Höhenskala. Neben den Trockenadiabaten sind noch Linien gleicher maximaler spezifischer Feuchte und Feuchtadiabaten eingetragen.

Die oben auseinandergesetzten Temperaturbegriffe in Verbindung mit den entsprechenden Diagrammen gestatten es weitgehend, die Luftmassen durch objektive Größenangaben zu klassifizieren, soweit Temperatur und Feuchtigkeit dabei in Frage kommen. Natürlich ist damit die Charakterisierung der Luftmasse noch nicht vollständig. Auch andere meteorologische Elemente können mit Erfolg dazu herangezogen werden. Vor allem die in den synoptischen Meldungen ent-

[1] S. z. B. CHROMOW [15] oder HANN-SÜRING [32].

haltene horizontale Sichtweite ist ein weiteres Charakteristikum, ferner auch die vertikale Durchlässigkeit für die direkte Sonnenstrahlung, die durch Einführung eines sogenannten *Trübungsfaktors* beschrieben wird. Auch die Art der Bewölkung gibt Aufschluß über die thermodynamische Klassifizierung einer bestimmten Luftmasse und dergleichen mehr. Man hat in einer großen Anzahl von Untersuchungen die thermodynamische Klassifizierung der Luftmassen sehr weit getrieben und ist dabei bis zu den größten Details vorgedrungen. In Deutschland hat sich besonders SCHINZE [68] mit seinen Mitarbeitern mit diesem Problem befaßt. Allerdings kann im praktischen Wetterdienst diese an sich begrüßenswerte wissenschaftliche Detailarbeit Verwirrung stiften, da eine entsprechend eingehende Luftmassenanalyse auf der synoptischen Wetterkarte einerseits sehr zeitraubend, andererseits aber auch für die Prognose nicht immer fördernd ist. Für die praktische Wetteranalyse sind die Grenzlinien der verschiedenen Luftmassen, also die Fronten, nur dann von ausschlaggebender Bedeutung, wenn der Frontdurchgang, d. h. der Luftmassenwechsel an einer betreffenden Station eine merkbare Wetteränderung hervorruft. Es soll nicht behauptet werden, daß deswegen die Luftmassenanalyse vielleicht nachlässig gehandhabt werden soll, aber man muß unbedingt zwischen ausgeprägten, wetterwirksamen Fronten und solchen, die bereits in Auflösung sind, unterscheiden. Wenn eine Luftmasse auf längerem Wege weitgehend transformiert wurde und dabei ihre wesentlichen Merkmale bereits der Umgebung angepaßt sind, wird eine Abgrenzung gegenüber anderen Luftkörpern, lediglich aus historischen Gründen, kaum zu rechtfertigen sein.

Die Fronten müssen entsprechend ihrer Definition mit Linien oder schmalen Flächenstücken von mehr oder weniger scharfen Diskontinuitäten der, im Bereich der Luftmassen konservativen, meteorologischen Elemente zusammenfallen. Das Studium dieser Diskontinuitätsflächen, deren Schnitt mit der Erdoberfläche eben die Fronten auf der Bodenkarte darstellen, hat äußerst wertvolle Erkenntnisse für die synoptische Meteorologie gebracht. Der stationäre Fall solcher Diskontinuitätsflächen (in erster Näherung handelt es sich um Ebenen) wurde bereits von MARGULES [42] einer theoretischen Behandlung unterworfen. Wir wollen hier die für die Analyse wichtigsten Ergebnisse dieser Untersuchung näher betrachten.

Es muß logischerweise angenommen werden, daß der Druck selbst auch an den Diskontinuitätsflächen einen stetigen Übergang aufweist, wie wir bereits im ersten Abschnitt betont haben. Würden nämlich die Druckwerte in den verschiedenen Luftmassen bei Annäherung an einen beliebigen Punkt der Diskontinuitätsfläche von beiden Seiten her nicht ein und demselben Betrage zustreben, so müßte der Druckgradient in der Grenzfläche über alle Maßen steigen, was offenbar unmöglich ist. Wir wollen im folgenden mit dem Index 1 die kältere, mit dem Index 2 die wärmere Luftmasse kennzeichnen. An der Diskontinuitätsfläche gilt immer:

$$p_1 - p_2 = 0 \tag{I, 15}$$

Bildet man das totale Differential von (I, 15), so folgt:

$$d(p_1 - p_2) = \left[\left(\frac{\partial p}{\partial x}\right)_1 - \left(\frac{\partial p}{\partial x}\right)_2\right] dx + \left[\left(\frac{\partial p}{\partial y}\right)_1 - \left(\frac{\partial p}{\partial y}\right)_2\right] dy + \\ + \left[\left(\frac{\partial p}{\partial z}\right)_1 - \left(\frac{\partial p}{\partial z}\right)_2\right] dz = 0. \tag{I, 16}$$

Für die Neigung der Grenzfläche zur horizontalen Ebene ($x$, $y$) ergibt sich aus (I, 16):

$$\frac{dz}{dx} = -\frac{(\partial p/\partial x)_1 - (\partial p/\partial x)_2}{(\partial p/\partial z)_1 - (\partial p/\partial z)_2} \\ \frac{dz}{dy} = -\frac{(\partial p/\partial y)_1 - (\partial p/\partial y)_2}{(\partial p/\partial z)_1 - (\partial p/\partial z)_2} \tag{I, 17}$$

Wenn wir zur Diskussion von (I, 17) die Koordinatenachsen so orientieren, daß die Front, also die Schnittlinie der Diskontinuitätsfläche mit der $x$, $y$-Ebene, parallel zur $y$-Achse verläuft, dann wird

$$\frac{dx}{dy} = 0 \quad \text{oder} \quad (\partial p/\partial y)_1 - (\partial p/\partial y)_2 = 0. \tag{I, 18}$$

Da die kältere Luft als spezifisch schwerere unter die wärmere (s. Abb. 3) zu liegen kommen muß, ist $dz/dx$ positiv. Es muß aber auch

$$\left(\frac{\partial p}{\partial z}\right)_1 < \left(\frac{\partial p}{\partial z}\right)_2 \tag{I, 19}$$

sein, da der Druck in der Kaltluftmasse rascher mit der Höhe abnimmt als in der warmen. Daher ergibt sich schließlich aus der ersten Gleichung von (I, 17), daß

$$\left(\frac{\partial p}{\partial x}\right)_1 > \left(\frac{\partial p}{\partial x}\right)_2 \tag{I, 20}$$

sein muß. Die Gln. (I, 18) und (I, 20) sagen mithin folgendes aus:

*An einer Front ist die Komponente des Druckgradienten parallel zur Front in beiden Luftmassen dieselbe, dagegen ist die Komponente des Druckgradienten normal zur Front in der Kaltluftmasse größer als in der Warmluftmasse.*

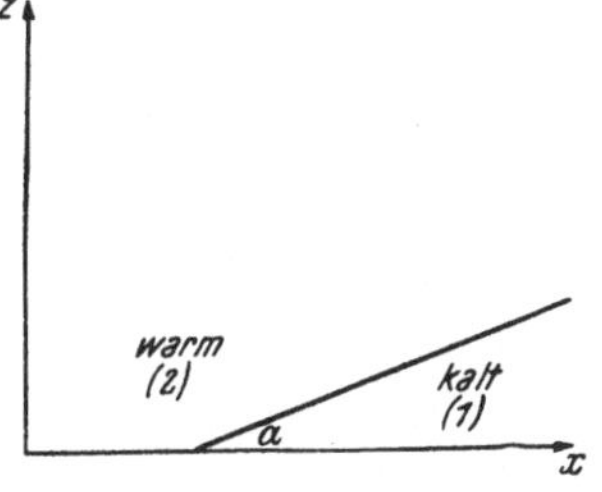

Abb. 3. Luftmassenverteilung im Bereich einer Front.

Aus (I, 18) und (I, 20) folgt auch, daß die *Isobaren, die eine Front schneiden,* nur *Trogform* annehmen können. Man sieht dies leicht ein, wenn man die verschiedenen möglichen Fälle für die Komponente des Druckgradienten normal zur Front, also für $(\partial p/\partial x)_1$ und $(\partial p/\partial x)_2$ betrachtet. Es gibt nur folgende Möglichkeiten: Entweder sind beide Komponenten positiv oder beide negativ oder aber $(\partial p/\partial x)_1 > 0$ und $(\partial p/\partial x)_2 < 0$. Alle Fälle liefern für den Verlauf der Isobaren an der Frontlinie einen Trog.

Setzt man in der ersten Gleichung von (I, 17) die für unsere Wahl des Koordinatensystems gültige geostrophische Beziehung (I, 9) ein, so erhält man die bekannte MARGULESsche Formel für die Neigung der (stationären) Grenzfläche, nämlich

$$tg\,\alpha = \frac{dz}{dx} = \frac{2\,\Omega \sin\varphi}{g} \frac{\varrho_1 v_1 - \varrho_2 v_2}{\varrho_1 - \varrho_2}. \qquad \text{(I, 21)}$$

Mit Hilfe der Zustandsgleichung der Gase $\varrho = p/RT$ kann (I, 21) auch auf die gebräuchlichere Form

$$tg\,\alpha = \frac{2\,\Omega \sin\varphi}{g} \frac{T_2 v_1 - T_1 v_2}{T_2 - T_1} \qquad \text{(I, 22)}$$

gebracht werden.

Für eine Diskussion der an einer Front herrschenden Windverhältnisse wird zweckmäßigerweise (I, 22) noch dadurch vereinfacht, daß man im Zähler den Unterschied zwischen $T_1$ und $T_2$, der gewöhnlich gering ist, durch Einführung einer Mitteltemperatur $T_m = 1/2 \cdot (T_1 + T_2)$ vernachlässigt. Dann wird (I, 22)

$$tg\,\alpha = \frac{2\,\Omega \sin\varphi}{g} T_m \frac{v_1 - v_2}{T_2 - T_1} \qquad \text{(I, 23)}$$

zu schreiben sein. Da wir die Koordinatenachsen in (I, 9) so orientiert haben, daß die $x$-Achse mit der Richtung des Druckgradienten zusammenfällt, d. h. nach (I, 17) die Front parallel zu der $y$-Achse verläuft, sind unter $v_1$ und $v_2$ in (I, 21) bis (I, 23) die Windkomponenten parallel zur Front zu verstehen.

Wir wollen nun einen neuen Begriff einführen. Wenn der Wind in ein und derselben Richtung weht, aber normal zu der Strömungsrichtung (entweder horizontal oder vertikal) eine Änderung seiner Stärke aufweist, so spricht man von einer *Windscherung,* deren Absolutbetrag durch die Größe der Zu- bzw. Abnahme der Windstärke gemessen wird. Blickt man in Richtung des Windes, d. h. weht der Wind von rückwärts auf den Beobachter, so sind zwei Fälle zu unterscheiden, je nachdem ob die Windstärke rechts vom Beobachter zu- oder abnimmt. Man bezeichnet eine *Windzunahme rechts* von dem in der Strömungsrichtung orientierten Beobachter (auf der nördlichen Halbkugel) als *zyklonale,* den umgekehrten Fall als *antizyklonale* Scherung [1].

Wir erinnern uns, daß in Formel (I, 23) die Bezeichnung 2 sich auf die wärmere Luftmasse bezieht. Daher wird der Nenner in (I, 23) immer positiv sein. Ebenso sind $T_m$, $g$ und $2\,\Omega \sin\varphi$ positive Größen [2]. Andererseits muß aber die wärmere Luft über der kälteren liegen. Deswegen ist nicht jede beliebige Kombination der Geschwindigkeits-

---

[1] Auf der Südhalbkugel liegen die Verhältnisse umgekehrt.

[2] Auf der Südhalbkugel ist der Coriolisparameter allerdings negativ.

komponenten $v_1$ und $v_2$ möglich. Das bedeutet nichts anderes, als daß die Windscherung an der Front mit unseren Überlegungen in Einklang stehen muß, da sonst die Gleichgewichtsbedingungen nicht erfüllt sind. Man kann sich leicht überzeugen, daß an *Fronten* nur eine *zyklonale Scherung* möglich ist.

Man muß bei der praktischen Anwendung dieser theoretischen Erkenntnisse immer bedenken, daß sich die gemachten Aussagen auf Komponenten der Windgeschwindigkeit in Richtung der Front beziehen und nicht auf den Windvektor selbst.

Obwohl wir zu Beginn dieses Abschnittes auf die Unzulänglichkeit der aktuellen Temperatur- und Feuchtewerte zur endgültigen Charakterisierung einer Luftmasse hingewiesen haben, wird bei der Festlegung der Fronten auf der Wetterkarte dennoch den ersten Hinweis das bodennahe Temperaturfeld liefern. Wird zum Aufsuchen der Diskontinuitäten das aktuelle Temperaturfeld und der Taupunkt verwendet, so ist es zweckmäßig, oberhalb der Bodenreibungsschicht angestellte Beobachtungen, etwa die Meldungen aus der 850 mb Fläche, heranzuziehen. Dies ist vor allem deswegen ratsam, da die Temperatur unmittelbar in der Nähe der Erdoberfläche zu starken Modifikationen durch die tägliche Einstrahlung und die nächtliche Ausstrahlung des Erdbodens infolge turbulenter Wärmeleitung vom Boden zur Luft ausgesetzt ist. Werden die Fronten mit Hilfe des Temperaturfeldes festgelegt, so sind folgende Gesichtspunkte zu beachten. Handelt es sich um eine Warmfront, d. h. um die Schnittlinie der entsprechend der Abb. 3 in einem kleinen Winkel schräg über der kalten Luft liegenden Grenzfläche mit der Erdoberfläche, so ist bereits in Gebieten *vor* dieser Front ein Temperaturanstieg zu erwarten. Durch die aufgleitende Warmluft wird nämlich eine Zunahme der atmosphärischen, langwelligen Gegenstrahlung verursacht, was einer Verminderung der Wärmeverluste der darunterliegenden kalten Luft gleichkommt. Speziell in der kalten Jahreszeit wird dieser Effekt häufig zu beobachten sein. In so einem Falle ist dann die Warmfront auf der Bodenkarte als diejenige Linie zu zeichnen, an der der Temperaturanstieg aufhört; jenseits der Linie hat die Temperatur einen nahezu konstanten Betrag. Entgegengesetzt liegen die Verhältnisse bei der Kaltfront. Hier beginnt der Temperaturabfall in dem Augenblick, in dem die Front den betreffenden Ort passiert; er hält auch noch jenseits der Frontlinie an.

Der Taupunkt ist zwar nicht in demselben Maße wie etwa die äquivalentpotentielle Temperatur eine konservative Eigenschaft der Luftmasse, eignet sich aber doch in den meisten Fällen recht gut dazu, eine Front in erster Näherung zu lokalisieren.

Entsprechend den Ausführungen bei der Luftmassenklassifikation wird man zur Festlegung der Fronten auch die anderen meteorologischen Elemente heranziehen. Insbesondere gilt dies für die Bewölkungsart, den Niederschlag und die Sichtweite, bei der Warmfront auch für die Wolkenhöhe. Es muß jedoch besonders betont werden, daß hier keine umkehrbar eindeutigen Beziehungen vorliegen. Zum Beispiel wird man im Bereich einer Kaltfront quellende Wolkenformen, Gewitter oder schauerartige Niederschläge finden, alles Erscheinungen, die bekanntlich auch ohne Front auftreten können. Daher bleibt zur endgültigen Entscheidung über die genaue Frontenlage immer die definitionsgemäße Diskontinuität des Dichte- bzw. Temperaturfeldes als wichtigstes Charakteristikum.

Bei der Besprechung der barometrischen Tendenz bzw. der isallobarischen Gebilde haben wir darauf hingewiesen, daß die Tendenz, d. h. die *zeitliche* Änderung des Luftdruckes, an einem bestimmten Ort beim Durchzug einer Front infolge des stattfindenden Luftmassenwechsels eine Diskontinuität aufweisen muß. Dies folgt unmittelbar aus dem in diesem Abschnitt abgeleiteten Satz über die Diskontinuität des *örtlichen* Druckgradienten an einer Frontlinie. Man kann auch diese Tatsache, d. h. die Isallobarenanalyse zur Festlegung der Fronten heranziehen. Dies wurde früher vielfach den anderen Methoden vorgezogen. Es muß jedoch betont werden, daß das eingehende Studium der zeitlichen Druckänderungen gelehrt hat, daß diese Größe keineswegs in allen Fällen eine Frontenlage eindeutig charakterisiert. Der thermische Druckanstieg hinter einer Kaltfront kann z. B. durch Druckänderungen in höheren Niveaus überkompensiert sein. Außerdem ist die Änderung des Luftdruckes zwischen den synoptischen Terminen, also innerhalb von drei Stunden, in manchen Fällen eine zu grobe Annäherung an den tatsächlichen zeitlichen Differentialquotienten, wie S. 10 bereits erwähnt wurde.

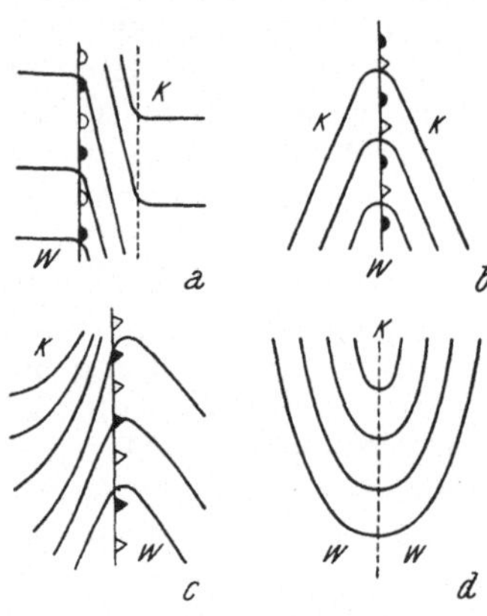

Abb. 4. Verlauf der Linien gleicher relativer Topographie *a)* an einer Warmfront. *b)* an einer Okklusion. *c)* an einer Kaltfront, *d)* an einer Troglinie.

Zur weitgehenden Ausnützung des aerologischen Beobachtungsmaterials für die Frontenfestlegung ist es zweckmäßig, *vertikale Querschnitte* der Verhältnisse in der freien Atmosphäre über größere, ausgewählte Strecken zu zeichnen. Man erhält auch mit Hilfe der relativen Topographie einen sehr guten Überblick über die mutmaßliche Frontenlage. Nach SCHERHAG [67] müssen die Isopotentialen der relativen Topographie 500/1000 mb in der Nähe von Fronten einen Verlauf zeigen, wie er in der Abb. 4 dargestellt ist. Durch das Studium der Kurven in der Abb. 4 wird es in vielen Fällen gelingen, die Front zu identifizieren. Speziell wichtig in dieser Hinsicht ist die Tatsache, daß über einer okkludierten Front die relativen Isohypsen einen Keil zeigen müssen. Unter einer *Okklusionsfront* versteht man bekanntlich eine im Verlauf der Zyklonenentwicklung entstehende zusammengesetzte Frontenart. Es ist dies die Vereinigung der im Jugendstadium des Tiefdruckgebietes weit auseinanderliegenden Kalt- und Warmfront. Abb. 5 veranschaulicht die beiden Haupttypen solcher Okklusionen. Es zeigen sich also hier *zwei* ausgezeichnete Schnittlinien, eine *untere* und eine *obere* Okklusionsfront, wobei an der oberen Front drei verschieden temperierte Luftmassen zusammentreffen. Solche Fronten sind vielfach noch äußerst wetterwirksam. Aus der schematischen Darstellung der Abb. 5 wird ohne weiteres klar, daß die relativen Isohypsen einen Verlauf zeigen müssen, wie er in der Abb. 4 angegeben ist. Die Festlegung der Okklusionsfront mit Hilfe der relativen Topographie ist deswegen so wichtig, weil häufig der Fehler in der Analyse gemacht wird, daß eine *Troglinie*, d. h. eine Rinne tiefen Druckes am Boden unter einem Höhentrog, mit einer Okklusion verwechselt wird. Dies kann bei Betrachtung der relativen Topographie nicht geschehen.

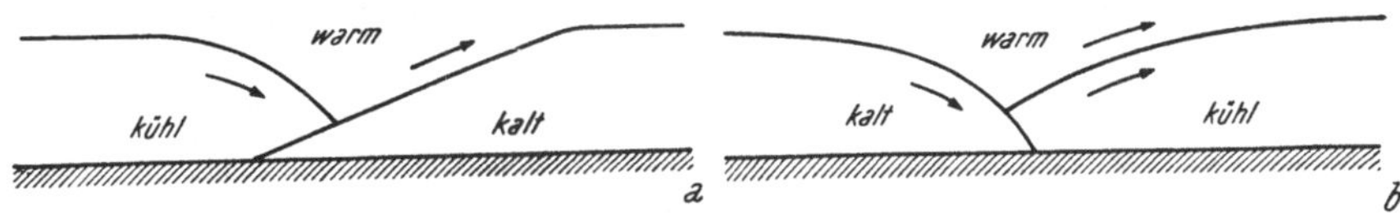


Abb. 5. Die beiden Haupttypen einer Okklusion.

Für die Festlegung der Kaltfront ist es mitunter wichtig zu bedenken, daß hinter der Frontlinie gewöhnlich ein schmales Aufheiterungsgebiet beobachtet werden kann. Es ist dies das sogenannte *postfrontale Aufklaren*, das seinen Grund in einer starken Absinkbewegung der Kaltluft hinter der Front hat.

Für die Bestimmung des *Okklusionspunktes*, d. i. des Punktes auf der Wetterkarte, in welchem sich die zu einem und demselben Tiefdruckgebiet gehörende Warm- und Kaltfront schneidet, ist es wichtig zu wissen, daß dieser Punkt in vielen Fällen nahezu mit dem Zentrum des (dreistündigen) isallobarischen Tiefs, das zu der Druckdepression gehört, zusammenfällt.

Es ist selbstverständlich, daß eine individuelle Front während ihrer Wanderung über die Wetterkarte hinweg auf aufeinanderfolgenden Karten verfolgt werden muß. Die Festlegung der Front auf einer bestimmten Wetterkarte muß dann so erfolgen, daß die Verlagerung seit dem letzten synoptischen Termin nicht im Widerspruch zu den herrschenden Windverhältnissen steht. Die Geschwindigkeit der Fronten im Verhältnis zum umgebenden Druckfeld bzw. auf Grund der gemeldeten Drucktendenzen wird von uns im nächsten Kapitel diskutiert werden. Wenn eine Front von der Wetterkarte verschwindet, so soll ein glaubwürdiger Grund dafür vorliegen, z. B. weitgehende Transformation der Luftmassen.

Manchesmal ist es erforderlich, auch *sekundäre Fronten* außerhalb des bekannten Frontenschemas der Zyklonen in die Wetterkarte mit aufzunehmen. Insbesondere wird dies bei einem mächtigen Kaltluftvorstoß auf der Rückseite eines Tiefdruckgebietes der Fall sein, wo die Kaltluft gewöhnlich staffelweise südwärts vordringt. Es soll jedoch auch in diesem Falle vermieden werden, zu viele sekundäre Fronten einzuführen, um die Übersicht nicht zu verlieren. Außerdem dürfen diese sekundären Fronten nicht mit dem Hauptsystem verbunden bzw. verwechselt werden. Es gilt hier jedenfalls die Regel, daß Fronten nur in zyklonale Ausbuchtungen der Isobaren, entsprechend den früher ausgeführten theoretischen Erkenntnissen, zu legen sind.

Über die Erkennung der für die Entstehung von Tiefdruckgebieten wichtigen sogenannten *Frontalzonen* auf Grund einer besonderen Konfiguration der Druckverteilung werden wir eingehend in Kap. IV sprechen.

Eine *Höhentroglinie* kann am Boden unter Umständen auch angedeutet werden, da in ihrem Bereich markante Wettererscheinungen auftreten können.

*Zusammenhängende Frontensysteme* sollen möglichst miteinander verbunden werden, selbst wenn entlang der so gezeichneten Frontenlinie nicht überall typische Wettererscheinungen beobachtet werden können. Es ist in diesem Zusammenhang wichtig, daß die allgemeine Luftmassenverteilung richtig erkannt wird. Natürlich darf dies nicht so weit gehen, daß durch stationäre Hochdruckgebiete Fronten hindurchgelegt werden, wenn es vielleicht auch mitunter zweckmäßig sein kann, den „*kalten*", veränderlichen Teil eines Hochdruckgebietes von dem „*warmen*", stationären, durch eine *Massengrenze* zu trennen. Taucht ein neues Frontensystem auf der Wetterkarte auf, darf das alte nicht übersehen werden, solange noch die charakteristischen Eigenschaften desselben vorhanden sind. Falls die Luftmassenanalyse und die Festlegung der Fronten auf der Wetterkarte nicht aus rein wissenschaftlichen Detailuntersuchungen hervorgeht, sondern nur für Zwecke der Wetterprognose durchgeführt wird, ist es wesentlich, auf die Wetterwirksamkeit besonderes Augenmerk zu legen, d. h. z. B. schwache Fronten als solche zu kennzeichnen.

## 6. Bestimmung des zonalen Index.

Bei Betrachtung von Wetterkarten innerhalb längerer Zeiträume wird es offensichtlich, daß die allgemeine Zirkulation in den mittleren Breiten mehr oder weniger regelmäßige Schwankungen zwischen einer *zonalen* und einer *meridionalen* Strömung aufweist. Speziell auf Mittelkarten des Luftdruckes kommt dies dadurch zum Ausdruck, daß die Anzahl der *quasistationären* Hoch- und Tiefdruckgebiete entlang der ganzen Hemisphäre von Zeit zu Zeit schwankt, für kürzere Zeiträume jedoch eine gewisse Beständigkeit aufweist. Diese quasistationären, d. h. nur langsam veränderlichen Druckgebilde spielen als sogenannte *Steuerungszentren* für die Wetterentwicklung in ihrer näheren Umgebung eine bedeutende Rolle, wie wir in Kap. III noch zeigen werden. Durch Beobachtungen ist erwiesen, daß solche Steuerungszentren sich bis in große Höhen erstrecken, so daß die Betrachtung von Höhenkarten zum Studium dieser Druckgebilde geeigneter erscheint.

Wie ROSSBY [63] zeigte, kann man bei gewissen vereinfachenden Annahmen die Position der quasistationären Druckgebilde und ihren gegenseitigen Abstand mit der Ausbildung langer Wellen in der freien Atmosphäre in Zusammenhang bringen. Betrachten wir ein rein west-östlich gerichtetes Bewegungsfeld in der Atmosphäre mit einer konstanten zonalen Geschwindigkeit und nehmen wir an, daß dieser die Hemisphäre umkreisende Ringstrom durch eine kleine Störung *in* der zonalen Richtung betroffen wird, so muß die Strömung wellenförmige Deformationen erfahren. ROSSBY [63] konnte zeigen, daß die Entfernung von Trog zu Trog, also die Wellenlänge $L$ einer solchen sinusförmigen Strömung, sich zur ursprünglichen zonalen Geschwindigkeit $U$ und der Verlagerungsgeschwindigkeit $c$ der Wellenstörung mit Hilfe der Formel

$$c = U - \frac{\beta L^2}{4\pi^2} \qquad \text{(I, 24)}$$

in Beziehung setzen läßt. Dabei bedeutet $\beta$ die Änderung des Coriolisparameters $2\,\Omega \sin\varphi$ in der $y$-Richtung, also in der Nord-Südrichtung des allgemein verwendeten Koordinatensystems. Ist $E$ der Erdradius, so wird

$$\beta = \frac{\partial(2\,\Omega \sin\varphi)}{\partial y} = \frac{\partial(2\,\Omega \sin\varphi)}{E\,\partial\varphi} = \frac{2\,\Omega\cos\varphi}{E}. \qquad \text{(I, 25)}$$

Bei der Ableitung von (I, 24), die wir in Kap. VI geben werden, muß $\beta$ als konstant vorausgesetzt werden.

Im Falle stehender Wellen muß $c = 0$ werden, womit aus (I, 24) sofort

$$L_s = 2\pi\sqrt{\frac{U}{\beta}} \qquad \text{(I, 26)}$$

folgt. Man erkennt aus (I, 26), daß die Wellenlänge der stationären Wellen von der zonalen Geschwindigkeit $U$ abhängt. Da $\beta$ sehr klein ist, sind bei den in der Atmosphäre vorkommenden Windgeschwindigkeiten die Wellenlängen sehr groß. Sie liegen z. B. bei 45° Breite zwischen 3000 und 8000 km, falls $U$ zwischen 5 und 25 m/sek schwankt.

Die Formel (I, 24) gilt für eine rein horizontale Bewegung einer inkompressiblen Flüssigkeit, wodurch nur beschränkte Anwendbarkeit auf die Atmosphäre besteht. Trotzdem scheint sie im Zusammenhang mit den eingangs erwähnten quasistationären Druckgebilden recht brauchbare Ergebnisse zu liefern.

Da beobachtet wird, daß die Störungen der zonalen Strömung in der freien Atmosphäre (Tröge und Keile der Isohypsen einer Höhenkarte), also oberhalb der Bodenreibungsschicht, in vielen Fällen keine allzugroße Achsenneigung mehr aufweisen und sich meist in allen Niveaus mit derselben Geschwindigkeit verlagern, andererseits aber die Windgeschwindigkeit mit der Höhe fast immer zunimmt, kann die Formel (I, 24) nur für ein bestimmtes Niveau Gültigkeit haben. Nach den Erfahrungen amerikanischer Meteorologen zeigt die 700 mb Höhenfläche bei Anwendung der Wellenlängenformel die besten Resultate (RIEHL [61]).

Betrachten wir die Formel (I, 26), also diejenige für stehende Wellen, so lehrt sie, daß im Falle einer großen zonalen Windgeschwindigkeit in einer geographischen Breite nur wenige Wellen auftreten können, also die damit gekoppelten quasistationären Druckgebilde nur gering an Zahl sein, aber eine große Fläche bedecken werden. Umgekehrt müssen wir bei geringer zonaler Windgeschwindigkeit zahlreiche kleinere Zentren erwarten. Auf diese Weise läßt sich die synoptische Situation entlang der ganzen Hemisphäre nach dem Gesichtspunkt beurteilen, ob die West-Ostzirkulation stark oder schwach ist. Entsprechend einem solchen Einteilungprinzip gelangte man zur Einführung der Begriffe *hoher* und *niedriger zonaler Index* (*High and Low Index*).

*Der zonale Index wird als mittlere Druckdifferenz zwischen einem ausgewählten Paar von Breitenkreisen definiert.*

Meistens wird es nicht möglich sein, die Verhältnisse über die ganze Hemisphäre zu verfolgen, obwohl dies der Idealfall wäre. Auch die Auswahl der Breitenkreise muß den Anforderungen der betreffenden Wettersituation angepaßt sein. Der 40. und 60. nördliche Breitenkreis kann z. B. dazu benützt werden. Die Mittel des Luftdruckes bzw. die mittleren Höhenwerte einer Höhendruckfläche werden so bestimmt, daß die Werte im Abstand von je fünf Längengraden abgelesen und dann für den betreffenden Breitenkreis gemittelt werden. Die so gewonnenen mittleren Druck- bzw. Isohypsendifferenzen können mit Hilfe der geostrophischen Windrelation als mittlerer zonaler Wind gedeutet werden. Ist $v_m$ die mittlere Windgeschwindigkeit in km/h, die zu der auf diese Weise festgelegten mittleren Druckdifferenz $\triangle\, p_m$ gehören soll, so können wir unter Verwendung des Gradientwindlineals der Abb. 1 die gegenseitige Abhängigkeit ermitteln. Wir erhalten z. B. mit diesem Lineal unter der Annahme eines Druckunterschiedes von 5 mb zwischen dem 40. und 60. Breitenkreis einen geostrophischen Wind von 5,7 km/h, so daß

$$v_m = 5{,}7 \triangle p_m/5 = 1{,}14 \triangle p_m \; km/h \qquad (I,\ 27)$$

wird.

Natürlich läßt sich zur Bestimmung des mittleren zonalen Windes auch ein anderer Weg beschreiten. Man kann nämlich direkt mit Hilfe des Gradientwindlineals für eine gegebene geographische Breite in Abständen von fünf zu fünf Längengraden die zonale Komponente des geostrophischen Windes aus der Druckverteilung ablesen. Zu diesem Zwecke wird in einem gegebenen Punkt $P$ (s. Abb. 6) anstelle des

Normalabstandes $\triangle n$ der Isobaren oder Isohypsen, wie dies bei der Bestimmung des Windes in Richtung der Isobaren (Isohypsen) geschieht, der Abstand normal zur West-Ostrichtung, d. h. zum Breitenkreis $\triangle n'$, abgelesen. Man sieht aus der Abb. 6 sofort, daß $\triangle n' = \triangle n/\cos\alpha$ und daher die zonale Komponente des geostrophischen Windes

$$v_g \cdot \cos\alpha = K \frac{\triangle p}{\triangle n} \cos\alpha = K \frac{\triangle p}{\triangle n'}$$

ist, wobei nach (I, 2)

$$K = \frac{1}{\varrho\, 2\, \Omega \sin\varphi}$$

gilt.

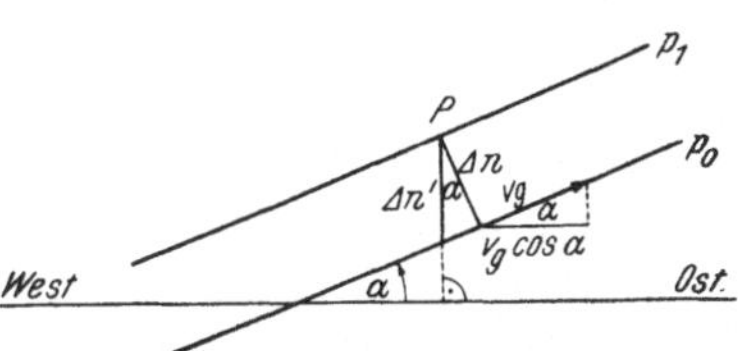

Abb. 6. Bestimmung der zonalen Komponente des geostrophischen Windes.

Den so bestimmten zonalen Index, entweder in Form der mittleren Druck-, bzw. Isohypsendifferenz oder bereits als mittlere zonale Windstärke gedeutet, trägt man als Funktion der Zeit in entsprechender Weise auf. Es hat sich dabei gezeigt, daß das Verhalten dieses zonalen Index in längeren Zeitabschnitten am besten durch übergreifende fünftägige Mittelwerte veranschaulicht wird. Derartige Darstellungen zeigen, daß Perioden mit hohem oder niedrigem Index abwechseln, jedoch im Durchschnitt für eine Anzahl von Tagen anhalten und in den verschiedenen Gebieten ganz charakteristische Wettererscheinungen bedingen. Speziell bewährt hat sich diese Art der Darstellung eines großräumigen Wetterregimes während der kalten Jahreszeit. Im Sommer ist der Unterschied zwischen starker und schwacher zonaler Zirkulation weniger ausgeprägt. In Abb. 7 ist nach NAMIAS [46] der durchschnittliche Verlauf des zonalen Index auf der 700 mb Fläche in m/sek für die Wintermonate der Jahre 1944 bis 1949 — gewonnen aus fünftägigen Mittelwerten — aufgetragen. Man erkennt u. a. die zwei ausgeprägten Minima, Mitte November und Ende Februar. Eine eingehende Diskussion solcher Betrachtungsweisen findet sich bei NAMIAS [46].

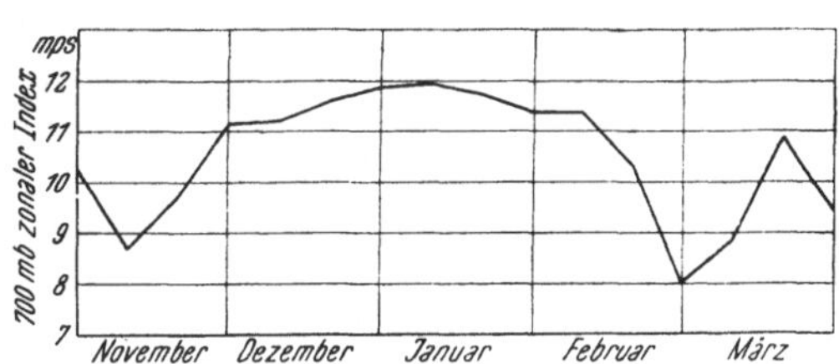

Abb. 7. Durchschnittlicher Verlauf des zonalen Index auf der 700 mb Topographie während der Wintermonate in den Jahren 1944 bis 1949 nach *Namias*.

## 7. Konstruktion zonaler Windprofile.

Die eben geschilderte Bestimmung des zonalen Index wird wohl einen ersten Überblick über die großräumige Zirkulation vermitteln, muß aber in vielen Fällen als zu grobe Approximation angesehen werden, da sich typische — mehrere Tage anhaltende — Wetterlagen nicht immer in die zwei Fälle des hohen und niedrigen Index einordnen lassen. Man wird daher genötigt sein, genauere Windprofile zu konstruieren, die dann gewissermaßen eine Unterteilung der in Abschn. 6 definierten „*klassischen*" Indexfälle liefern. Zu diesem Zweck werden nach vollendeter Analyse der Höhenkarte (neuerdings verwendet man dazu die 500 mb Topographie anstelle der 700 mb Fläche) die Höhenwerte in einem eigens nach Breite und Länge vorgegebenen Netz tabelliert, wobei man in Bezug auf die Länge und Breite von fünf zu fünf Grad fortschreitet. Dadurch erhält man analog zu dem klassischen Index mittlere Höhenwerte der Topographie für jede geographische Breite. Durch Subtraktion der Werte der höheren Breiten von denen der niedrigeren ergibt sich der mittlere Höhengradient pro 5 Grad Breite, wobei ein positiver Betrag einem Westwind, ein negativer einem Ostwind entspricht. Mit Hilfe des Gradientwindlineals werden die Höhengradienten als Wind gedeutet.

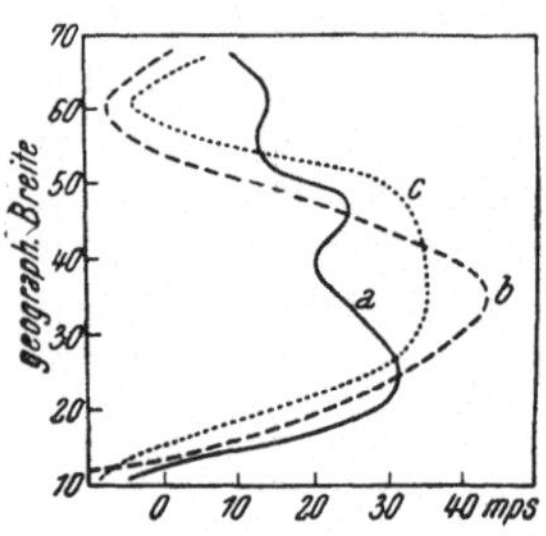

Abb. 8. Zonales Windprofil auf der 300 mb Topographie nach *Riehl: a)* 7. XII. 1945, *b)* 19. XII. 1945. *c)* 29. XII. 1945.

Trägt man die so gewonnenen Windgeschwindigkeiten als Funktion der geographischen Breite auf, so ergibt sich das *zonale Windprofil* der entsprechenden Höhenfläche, wie an einem Beispiel in Abb. 8 gezeigt ist. Man könnte nun die auf diese Weise konstruierten Windprofile mit den für die betreffende Jahreszeit „*normalen*" Verhältnissen vergleichen, um daraus Schlüsse für besondere Wetterentwicklungen zu ziehen. Dies hat sich jedoch nicht als praktisch und erfolgreich erwiesen, da der „*normale*" Zustand in ein und derselben Jahreszeit vergangener Jahre sehr großen Schwankungen unterliegt.

Dagegen hat sich folgende Betrachtungsweise als nützlich herausgestellt: Wenn das zonale Windprofil als Funktion der Zeit (s. Abb. 8) angesehen wird, so kann man in den meisten Fällen erkennen, daß in einem bestimmten Breitengürtel die Windgeschwindigkeit zugenommen hat, während in einem anderen das Gegenteil der Fall war. Diese zeitliche Veränderlichkeit der mittleren zonalen Windgeschwindigkeit in verschiedenen Breitengürteln gestattet es, sogenannte *relative* (zeitliche) *Maxima* und *Minima* der zonalen Windgeschwindigkeit festzulegen, um dadurch zu einer Beurteilung der allgemeinen Zirkulation in dem betreffenden Zeitraum zu gelangen. Ist nur *ein* solches *Maximum* vorhanden, so liegt es gewöhnlich in den mittleren Breiten (Kurve *b* in Abb. 8). In einem solchen Fall beobachtet man die intensivste Westwindzirkulation innerhalb eines Zyklus, ohne daß jedoch die absolut größten Windgeschwindigkeiten notwendigerweise auftreten müssen. Sind *zwei Windmaxima* vorhanden (Kurve *a* und *c* in

Abb. 8), so sind die Westwinde in niedrigen und in hohen Breiten als *„übernormal“* anzusehen.

Wenn man auf diese Weise den zeitlichen Verlauf der relativen Windmaxima in Abhängigkeit von der geographischen Breite betrachtet, so zeigt sich, daß in den meisten Fällen eine einsinnige, entweder nach Norden oder nach Süden gerichtete Verlagerung stattfindet. Diese Neigung der relativen Maxima, in einer einheitlichen Richtung zu wandern, charakterisiert eine Tendenz in der großräumigen Zirkulation, die es erlaubt, nach diesen Gesichtspunkten eine Aufgliederung typischer Wettersituationen vorzunehmen.

Nach RIEHL [61] lassen sich folgende Zustände unterscheiden:

**N I**: Ein relatives Windmaximum taucht von den Tropen kommend im Windprofil auf und wandert allmählich durch die niedrigeren gemäßigten Breiten nordwärts. Ein zweites Maximum, das ursprünglich in den höheren Breiten gelegen war, strebt gegen die Arktis und schwächt sich dabei ab.

**N II**: Die Westwindzirkulation wird in dem Breitengürtel, der in der betreffenden Jahreszeit das Maximum aufweisen soll, stärker als durchschnittlich, schwächt sich dagegen in höheren bzw. niedrigeren Breiten ab. Dies ist der klassische Fall eines hohen Index im Sinne der Überlegungen des vorangegangenen Abschnitts.

**N III**: Das dominierende Windmaximum bewegt sich allmählich durch die höheren Breiten gegen die Arktis, während sich gleichzeitig in den Subtropen ein neues Maximum bildet, das nach Norden wandert und nach Verschwinden des ersten die führende Rolle übernimmt.

Wir haben hier die drei typischen Fälle der Nordwärtswanderung beschrieben. Analog läßt sich auch der Fall einer Südwärtsverlagerung behandeln, doch zeigen sich dabei nicht unwesentliche Unterschiede.

**S I**: Ein relatives Windmaximum taucht von der Arktis her auf und nähert sich allmählich den mittleren Breiten. Ein zweites Maximum, ursprünglich in niedrigen (mittleren) Breiten gelegen, zieht zu den Subtropen und schwächt sich dabei ab.

Auf der Südwärtswanderung entwickelt sich jedoch nur äußerst selten eine Situation, die dem Fall N II vergleichbar wäre. Wir erhalten daher hier nur noch einen Zustand

**S III**: Dieser Fall entspricht dem klassischen niedrigen Index. Das dominierende Maximum bewegt sich südwärts zu niedrigen Breiten, wobei es häufig an Intensität zunimmt. Es ist dies eine Periode, in der die stärksten Winde allgemein nach Süden verschoben werden und die mittleren und hohen Breiten die schwächsten Winde aufweisen. Der subtropische Hochdruckgürtel ist in solchen Perioden relativ schwach ausgeprägt. Nach einigen Tagen verschwindet das Maximum vollständig nach Süden und gleichzeitig taucht ein neues im hohen Norden auf, das denselben Weg einschlägt, so daß der Zyklus geschlossen ist.

Die eben geschilderten Zustände der Zirkulation der gemäßigten Breiten geben an Hand der zonalen Windprofile eine wesentlich eingehendere Charakterisierung als es mit dem eingangs erwähnten klassischen Index möglich wäre. Man erkennt, daß nur der Zustand N II einen „hohen Index" darstellt, während alle übrigen mehr oder weniger große Varianten des „niedrigen Index" sind. Doch zeigen diese Varianten große Unterschiede in ihrer Auswirkung auf den Witterungsablauf. Eine eingehende Beschreibung der zu den entsprechenden Zuständen gehörenden Wetterabläufe findet sich bei RIEHL [61].

Die Analyse des synoptischen Zustandes ist durch die in den vorangegangenen Abschnitten beschriebenen Methoden noch nicht erschöpfend behandelt. Entsprechend den speziellen Erfordernissen der Wettervorhersage können noch mancherlei andere Gesichtspunkte in den Vordergrund treten, wie z. B. die gesonderte Betrachtung von Stromlinien und ihr Verhältnis zur Isobarenrichtung oder das eingehende Studium von Isothermenkarten und dergleichen mehr. Meistens wird man jedoch mit den von uns geschilderten Methoden das Auslangen finden. Sie stellen auch in der Mehrzahl der Fälle eine hinreichende Grundlage für eine erfolgversprechende Wetterprognose dar. Es ist im praktischen Wetterdienst mitunter weniger wichtig, zu viele verschiedene Analysenmethoden anzuwenden, als vielmehr die tatsächlich benützten Methoden entsprechend sorgfältig durchzuführen.

Das Grundprinzip der Wettervorhersage besteht nunmehr darin, zunächst mit Hilfe möglichst objektiver Methoden die zu erwartende Boden- bzw. Höhendruckverteilung vorauszubestimmen. Ist diese Aufgabe gelöst, wird das eigentliche *„Wetter"* aus der prognostizierten Druckverteilung erschlossen. Diese Arbeitsweise setzt voraus, daß mehr oder weniger eindeutige Beziehungen zwischen der Druckverteilung und der Witterung an einem gegebenen Ort bestehen. Wir haben bereits gesehen, daß eine solche umkehrbare Beziehung zwischen der Isobarenrichtung, ihrem gegenseitigen Abstand und der Windrichtung bzw. -stärke vorhanden ist. Leider gelten analoge eindeutige Beziehungen nicht für die anderen meteorologischen Elemente. Wir wissen beispielsweise, daß bei einem Frontdurchgang gewisse typische Wettererscheinungen auftreten, so bei Passage einer sommerlichen Kaltfront Temperaturrückgang, mächtige Quellbewölkung, Regenschauer oder Gewitter usw. Wir können aber nicht umgekehrt schließen, daß das Auftreten dieser Wettererscheinungen immer mit einem Frontdurchgang gekoppelt sein muß. Dieser Mangel an Umkehrbarkeit der bestehenden Relationen zwischen Druck- und Luftmassenverteilung einerseits und dem Wetter andererseits macht die Wettervorhersage trotz gewisser objektiver Methoden immer noch zu einer mehr oder weniger empirischen Wissenschaft. Es wird daher die persönliche Erfahrung des Prognostikers bei jeder Vorhersage eine große Rolle spielen. Allerdings darf dies nicht so weit führen, daß die von der Wissenschaft bisher mühsam erarbeiteten objektiven Methoden beiseite geschoben werden. Ein moderner Wetterdienst soll keine Prognose ohne eine entsprechende *Vorhersagekarte* veröffentlichen. In dieser Vorhersagekarte soll die zu erwartende Druck- und Luftmassenverteilung wenigstens 24 Stunden im voraus auf Grund der dem gegenwärtigen Stand der synoptischen Meteorologie entsprechenden Theorien und Regeln sichtbar zum Ausdruck kommen. Erst bei der Abfassung der eigentlichen Wetterprognose auf Grund der Vorhersagekarte sollen größere Unterschiede, entsprechend den besonderen Gegebenheiten des Prognosenbezirkes, auftreten.

Wir werden uns in den nächsten Kapiteln (II bis VI) mit den wichtigsten Methoden und Theorien beschäftigen, die für eine erfolgversprechende Prognose der Druck- und Luftmassenverteilung herangezogen werden. Das letzte Kapitel (VII) wird dann der Vorhersage des tatsächlichen Wetters mit Hilfe der konstruierten Vorhersagekarte gewidmet sein.

# II. Kinematische Analyse und Extrapolation des Druckfeldes.

## 1. Theorie der kinematischen Analyse.

Es ist möglich, eine Extrapolation von der gegenwärtigen und der vergangenen Druckverteilung auf die zukünftige durchzuführen, ohne von irgendwelchen dynamischen Prinzipien Gebrauch zu machen. Tatsächlich wird eine solche Extrapolation immer einen wesentlichen Teil jeder Wetterprognose ausmachen und sie wird in mehr oder weniger qualitativer Hinsicht von jedem Prognostiker durchgeführt. Es war das Verdienst verschiedener Forscher, insbesondere von S. PETTERSSEN [52], diesen Extrapolationen eine befriedigende theoretische Grundlage gegeben zu haben. Trotzdem können sie natürlich nichts über den ursächlichen Zusammenhang der verschiedenen atmosphärischen Vorgänge aussagen.

Nach PETTERSSEN [1] führen wir zur kinematischen Analyse zwei verschiedene Koordinatensysteme ein: 1. Eines, das mit der Wetterkarte fest verbunden ist und 2. eines, das sich mit dem Drucksystem mitbewegt. Die horizontale Druckverteilung ist eine Funktion des Ortes und der Zeit und kann in der Form

$$p = p(x, y, t) \tag{II, 1}$$

geschrieben werden. Differentiiert man diese Funktion nach der Zeit, so ergibt sich

$$\frac{dp}{dt} = \frac{\partial p}{\partial t} + \boldsymbol{v} \cdot \nabla p, \tag{II, 2}$$

wenn mit $\boldsymbol{v}$ der Windvektor mit den Komponenten $(u, v)$ und mit $\nabla p$ der Druckgradient mit den Komponenten $\left(\frac{\partial p}{\partial x}, \frac{\partial p}{\partial y}\right)$ bezeichnet wird [2]. $\frac{dp}{dt}$ ist dann die tatsächliche (totale) Druckänderung, während $\frac{\partial p}{\partial t}$ die *barometrische Tendenz* an einem bestimmten Ort bedeutet. Wir führen nunmehr dieselbe Operation im bewegten Koordinatensystem durch und erhalten

$$\frac{dp}{dt} = \frac{\delta p}{\delta t} + \boldsymbol{v}' . \nabla p. \tag{II, 3}$$

In dieser Gleichung müssen die Größen $dp/dt$ und $\nabla p$ dieselben wie

---

[1] Die Ausführungen in diesem Kapitel schließen sich eng an die von S. PETTERSSEN in seinem Buch [52] gegebene Darstellung an. Dies gilt auch für die Formulierung der verschiedenen Regeln.

[2] In der Praxis wird meist $-\nabla p$ als Druckgradient bezeichnet.

in (II, 2) sein, da sie von der Wahl des Koordinatensystems offenbar unabhängig sein müssen. $\delta p/\delta t$ gibt hier die Druckänderung pro Zeiteinheit in einem Koordinatensystem, das mit dem über die Karte wandernden Drucksystem mitbewegt wird. Es entspricht mithin $\delta p/\delta t \gtreqless 0$ einer Vertiefung bzw. Auffüllung. $\boldsymbol{v}'$ ist hier der Geschwindigkeitsvektor der Luft relativ zum mitbewegten System. (II, 2) zusammen mit (II, 3) ergibt sofort

$$\frac{\delta p}{\delta t} = \frac{\partial p}{\partial t} + \boldsymbol{c} \cdot \nabla p, \tag{II, 4}$$

wenn $\boldsymbol{c}$ der Differenzvektor $\boldsymbol{v} - \boldsymbol{v}'$ ist, d. h. die Geschwindigkeit, mit der sich das Drucksystem über die Karte hinwegbewegt.

Die Gl. (II, 4) bildet die Grundlage für die kinematische Analyse und die eingangs erwähnte Extrapolation der Druckverteilung. Dazu ist zu bedenken, daß die Beziehung (II, 4) nicht von der besonderen Gestalt der Funktion $p$ abhängt. Sie kann also für jede andere Variable ebenso Verwendung finden. Um dies anzudeuten, wollen wir sie daher symbolisch in Form eines *Operators* schreiben, nämlich:

$$\frac{\delta}{\delta t} = \frac{\partial}{\partial t} + \boldsymbol{c} \cdot \nabla. \tag{II, 5}$$

Im folgenden werden wir nur einige der wichtigsten Anwendungen der Beziehung (II, 5) diskutieren [1].

Aus der Gl. (II, 4) erkennt man, daß die barometrische Tendenz an einem bestimmten Ort der Erdoberfläche, nämlich $\partial p/\partial t$, sich aus zwei Termen zusammensetzt, erstens aus einem, der von der Bewegung des Drucksystems über die Karte hinweg stammt, nämlich $\boldsymbol{c} \cdot \nabla p$, und zweitens aus dem Term $\delta p/\delta t$, der die Vertiefung bzw. Auffüllung des Drucksystems ausdrückt, also von den inneren Änderungen herrührt.

Für besonders ausgezeichnete Druckgebilde lassen sich mit Hilfe des Operators (II, 5) ohne weiteres einfache Geschwindigkeitsformeln ableiten, die auch für die praktische Wettervorhersage von großer Bedeutung sein können. Dies ist deshalb der Fall, weil die Wetterprognose ebenfalls auf diese ausgezeichneten Druckgebilde zurückgreift, wenn die Verbindung zwischen Druckverteilung und Wetterablauf hergestellt werden soll. Wir wollen hier nur für die drei wichtigsten Fälle eine Ableitung der Geschwindigkeitsformeln geben, nämlich für die *Isobaren* selbst, für die *Trog-* und *Keillinien* und für die *Zentren* von *Hoch- und Tiefdruckgebieten.* Wir lassen dabei die $x$-Achse mit der Verlagerungsrichtung zusammenfallen, was keine Einschränkung der Allgemeinheit bedeutet.

*Isobaren:* Für die Linien gleichen Luftdruckes muß $\delta p/\delta t = 0$ werden, da sich im bewegten Koordinatensystem der Luftdruck entlang dieser Linien nicht ändern soll. Dann folgt aber aus (II, 4) sofort:

[1] Für ein eingehendes Studium der mit Hilfe kinematischer Überlegungen abgeleiteten Geschwindigkeits- und Beschleunigungsformeln muß auf die Literatur, insbesondere auf das bereits erwähnte Buch von S. PETTERSSEN [52] verwiesen werden.

$$\frac{\partial p}{\partial t}+c\frac{\partial p}{\partial x}=0 \text{ oder } c=-\frac{\partial p/\partial t}{\partial p/\partial x}. \qquad \text{(II, 6)}$$

*Trog- und Keillinien:* Hier gilt für jeden Punkt einer solchen Linie $\partial p/\partial x=0$ *und* $\frac{\delta}{\delta t}(\partial p/\partial x)=0$, wenn wir die $x$-Achse *normal* zur Troglinie verlaufen lassen. Wenden wir den Operator (II, 5) jetzt statt auf die Funktion $p$ auf ihre erste Ableitung $\partial p/\partial x$ an, so erhalten wir:

$$\frac{\partial^2 p}{\partial x\,\partial t}+c\frac{\partial^2 p}{\partial x^2}=0 \text{ oder } c=-\frac{\partial^2 p/\partial x\,\partial t}{\partial^2 p/\partial x^2}. \qquad \text{(II, 7)}$$

Die Formel (II, 7) gilt sowohl für einen Trog als auch für einen Keil mit dem Unterschied, daß $\partial^2 p/\partial x^2$ an der Troglinie *positiv*, an der Keillinie *negativ* wird.

*Zyklonale und antizyklonale Zentren:* Diese Zentren stellen den Schnittpunkt von Trog- bzw. Keillinien dar, so daß wir mit Hilfe von (II, 7) zwei Geschwindigkeitskomponenten in der $x$ und $y$-Richtung erhalten, nämlich:

$$c_x=-\frac{\partial^2 p/\partial x\,\partial t}{\partial^2 p/\partial x^2}, \quad c_y=-\frac{\partial^2 p/\partial y\,\partial t}{\partial^2 p/\partial y^2}. \qquad \text{(II, 8)}$$

In ähnlicher Weise wie dies hier geschehen ist, können weitere Formeln für die *Isallobaren* und für die ***Fronten*** abgeleitet werden. Man kann auch ohne weiteres Beschleunigungsformeln aufstellen, doch würde dies hier zu weit führen, zumal in den meisten Fällen bei der praktischen Extrapolation mit den obigen Formeln das Auslangen gefunden werden kann. Für Leser, die sich für Einzelheiten interessieren, sei auf das bereits erwähnte Buch von PETTERSSEN verwiesen.

## 2. Praxis der kinematischen Extrapolation.

Wir wollen uns nunmehr mit der praktischen Anwendung der abgeleiteten Formeln (II, 6), (II, 7) und (II, 8) beschäftigen. Wegen des relativ großen zeitlichen Abstandes der Wetterkartentermine (im besten Fall drei Stunden) können keine Differentialquotienten, wie sie in den Formeln auftauchen, gebildet werden. Die kleinste Zeiteinheit ist, wie erwähnt, drei Stunden. Es ist also erforderlich, die Differentiale durch entsprechende Differenzen zu ersetzen. Das kommt natürlich einer gewissen Einschränkung der allgemeinen Gültigkeit gleich. Ferner ist bei der Anwendung der Formeln zu bedenken, daß auch die sorgfältigste Analyse Fehler enthält, speziell in Gebieten, wo die Wettermeldungen nur in beschränktem Umfang zur Verfügung stehen. Solche Gebiete sollen für die Verwendung der Formeln nach Möglichkeit nicht herangezogen werden. — Schließlich geben die Formeln immer nur die *momentane* Geschwindigkeit an. Wird daher die Extrapolation auf größere Zeiträume erstreckt, sind Fehler unvermeidlich. In solchen Fällen kann man eine weitere Approximation durch Ableitung von *Beschleunigungsformeln* erreichen. Doch ist hier zu bedenken, daß die

Beschleunigung bzw. Verzögerung eines wandernden Druckgebildes wesentlich von den Reibungsverhältnissen der Unterlage abhängt. Da diese vor allem beim Übergang vom Ozean auf das Festland große Änderungen aufweisen können, wird auch eine Extrapolation der Beschleunigung zu größeren Fehlern führen. Im praktischen Wetterdienst wird man in den meisten Fällen kaum genötigt sein, Beschleunigungsformeln anzuwenden, da die hier geschilderte kinematische Extrapolation keineswegs die einzige Methode zur Vorausbestimmung der Druckverteilung ist, wie wir in den nächsten Kapiteln noch sehen werden. Außerdem wird die numerische Näherung der in den Beschleunigungsformeln auftretenden Differentialquotienten dritter Ordnung durch die tatsächlich beobachteten Druckwerte bereits äußerst problematisch. Ist die Wahl der Koordinatenachsen frei, so soll die $x$-Achse nach Möglichkeit so gewählt werden, daß sie in die Richtung der geringsten Beschleunigung fällt. Dies ist vor allem bei nahezu kreisförmigen Druckzentren von Bedeutung, da hier die Wahl der Achsen beliebig vorgenommen werden kann. Bei stark elliptischen Zentren ist dagegen, ähnlich wie bei den Trögen und Keilen, nach dem früher Gesagten die Wahl der Koordinatenachsen nicht mehr willkürlich, da die Verlagerungsrichtung, für welche die Geschwindigkeitsformel Gültigkeit hat, normal zur Trog- bzw. Keillinie verlaufen muß. Bei Tiefdruckgebieten soll ferner darauf geachtet werden, daß die Achsen für die Geschwindigkeitsberechnungen so gewählt werden, daß sie keine Front schneiden. Dies ist wegen der auf S. 9 besprochenen Diskontinuität der Drucktendenz an der Front zu vermeiden.

Zusammenfassend kann über die Anwendung der in dem vorigen Abschnitt abgeleiteten Geschwindigkeitsformeln gesagt werden, daß sie nur dort erfolgversprechend sein wird, wo *erstens* die Analyse zuverlässig ist und *zweitens* die Möglichkeit besteht, die Differentiale durch endliche Differenzen zu ersetzen, d. h., wo die Beschleunigung ein Minimum aufweist. Sind diese Bedingungen jedoch erfüllt, so leistet die kinematische Extrapolation für die Praxis der Wettervorhersage in vielen Fällen wertvolle Hilfe.

Bedeutet $b$ die barometrische Tendenz und $H$ den Abstand zweier von 5 zu 5 mb gezeichneter Isobaren, so wird nach (II, 6) unter den eben angeführten Voraussetzungen:

$$\frac{\triangle p}{\triangle x} = \frac{5}{H} \quad \text{oder} \quad c = -\frac{b \, . \, H}{5} \, . \qquad \text{(II, 9)}$$

Da $b$ die Änderung des Luftdruckes innerhalb von drei Stunden ist, folgt, daß der auf der Isobare betrachtete Punkt sich in *drei Stunden* um $-b \, . \, H/5$ verlagern wird. In der Praxis führt man zweckmäßigerweise $H$ als Längeneinheit und drei Stunden als Zeiteinheit ein. Dann wird die Verlagerungsgeschwindigkeit in diesen Einheiten

$$c = -\frac{b}{5} n, \qquad \text{(II, 10)}$$

wenn $n$ die Anzahl der drei Stunden-Intervalle im Prognosenzeitraum ist. Die barometrische Tendenz $b$ wird am besten mit Hilfe der ausgezeichneten Isallobaren, der Abstand $H$ aus den ausgeglichenen Isobaren bestimmt. In der Nähe von Fronten ist $b$ nicht genügend genau festzulegen, so daß bei Anwendung der Formel (II, 10) Vorsicht am Platze ist. Die Erfahrung hat gelehrt, daß die Isobarenformel im besten Fall geeignet ist, einigermaßen brauchbare Resultate für vier Tendenzintervalle (12 Stunden) zu liefern. Die oben aufgestellte Forderung nach einem Minimum der Beschleunigung kann mit Hilfe der (hier nicht abgeleiteten) Beschleunigungsformeln diskutiert werden. Wir wollen hier nur ein für die Praxis wichtiges Ergebnis solcher Überlegungen anführen. Es zeigt sich nämlich, daß folgender Satz Gültigkeit hat:

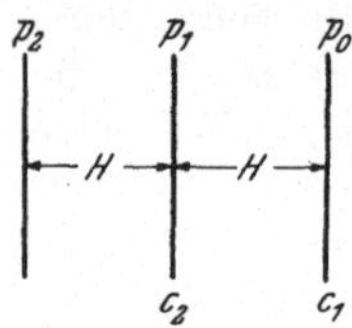

Abb. 9. Verlagerung äquidistanter Isobaren mit verschiedener Geschwindigkeit.

*Die Beschleunigung der Isobaren wird null, wenn ein isallobarisches Zentrum mit einem Gebiet von maximalem Druckgradienten zusammenfällt.*

Es wird daher ratsam sein, die Formel (II, 10) möglichst nur in solchen Teilen der Wetterkarte zu verwenden.

Man kann die Formel (II, 10) auch dazu benützen, vorauszusagen, ob der Gradient sich verschärfen und damit der Wind zunehmen wird. Dazu betrachten wir in Abb. 9 zwei äquidistante Isobaren. Nach (II, 9) muß gelten:

$$c_1 = -\frac{b_1 \cdot H}{5}, \quad c_2 = -\frac{b_2 \cdot H}{5}$$

oder (II, 11)

$$c_1 - c_2 = -\frac{H}{5}(b_1 - b_2)\,.$$

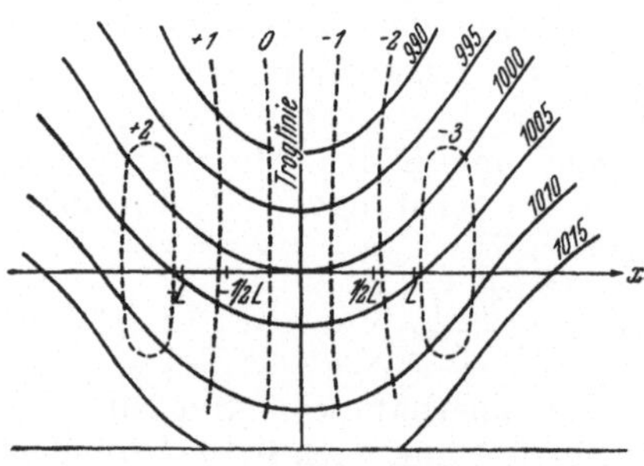

Abb. 10. Verwendung der kinematischen Geschwindigkeitsformel für die Verlagerung einer Troglinie. Ausgezogene Linien: Isobaren, strichlierte Linien: Isallobaren.

Dies liefert uns einen für die Praxis verwendbaren Satz. Nur wenn $b_1 = b_2$ ist, bleiben äquidistante Isobaren bei der Wanderung über die Karte in ihrem ursprünglichen Zustand. Ist $(b_1 - b_2)$ positiv, das heißt hat der *isallobarische Gradient* eine *Komponente in der Richtung des Druckgradienten*, so wird $(c_1 - c_2)$ negativ, so daß der Druckgradient selbst wächst und der *Wind* an *Stärke zunimmt.*

Die Geschwindigkeit einer Trog-, bzw. Keillinie ist in der Formel (II, 7) abgeleitet worden. Wir wollen auch in diesem Falle die Differentiale durch Differenzen ersetzen. Dazu wählen wir entsprechend der Abb. 10 zwei Punkte in der $x$-Richtung, die hier normal zur Trog-, bzw. Keilachse verlaufen muß, gleich weit von der Achse entfernt, wobei die Größe der gegenseitigen Entfernung zunächst offen gelassen wird. Es wird dann nach bekannten Näherungsformeln:

$$\frac{\partial^2 p}{\partial x\,\partial t} = \frac{\partial b}{\partial x} \sim \frac{b^{(L/2)} - b^{(-L/2)}}{L} \qquad \text{(II, 12)}$$

und $$\frac{\partial^2 p}{\partial x^2} \sim \frac{1}{L}\left(\frac{p^{(L)} - p^{(0)}}{L} - \frac{p^{(0)} - p^{(-L)}}{L}\right) = \frac{p^{(L)} - 2p^{(0)} + p^{(-L)}}{L^2},$$

wobei die zu den Tendenzen $b$ bzw. Druckwerten $p$ in Klammern als Exponent zugefügten Bezeichnungen andeuten sollen, an welcher Stelle der Entfernung $L$ (in beiden Richtungen von der Troglinie) die betreffenden Werte zu nehmen sind.

Setzen wir (II, 12) in (II, 7) ein, so erhalten wir für die Verlagerungsgeschwindigkeit der Trog- bzw. Keillinie sofort:

$$c = -L\,\frac{b^{(L/2)} - b^{(-L/2)}}{p^{(L)} - 2\,p^{(0)} + p^{(-L)}}. \qquad \text{(II, 13)}$$

Zweckmäßigerweise wird die Strecke $L$ als Einheit gewählt, womit aus (II, 13) folgt:

$$c = -\frac{b^{(1/2)} - b^{(-1/2)}}{p^{(1)} - 2p^{(0)} + p^{(-1)}}. \qquad \text{(II, 14)}$$

Die für die Praxis verwendbare Formel (II, 14) gibt mithin die Verlagerung der Trog- bzw. Keillinie *innerhalb von drei Stunden* ($b$ gleich der dreistündigen Drucktendenz) in *Einheiten* der noch willkürlich gewählten *Strecke L.*

Aus der für Trog- und Keillinien gültigen (hier nicht abgeleiteten) Beschleunigungsformel läßt sich die für die praktische Brauchbarkeit der Formel (II, 14) wichtige Tatsache erkennen, daß die *Beschleunigung klein ist bei großer Krümmung der Trog- bzw. Keillinie.*

Die Formel (II, 14) wird daher mit Erfolg nur bei ausgeprägten (stark gekrümmten) Trögen (Keilen) angewendet werden können. Für die Wahl der Strecke $L$ ist maßgebend, daß sie groß genug sein soll, um Fehler der Analyse zu unterdrücken, d. h. geeignete Mittelwerte für die barometrische Tendenz im Bereich der Tröge (Keile) zu erhalten, andererseits aber doch noch so klein, daß in die Betrachtungsweise nicht andere, von der eigentlichen Trog- bzw. Keillinie entfernt liegende Druckgebilde mit einbezogen werden.

Die Formel (II, 14) gilt nach (II, 8) auch für die zwei aufeinander normal stehenden Geschwindigkeitskomponenten von Druckzentren, wobei die früher erwähnten Gesichtspunkte für die Wahl der Koordinatenachsen zu beachten sind.

## 3. Regeln für die kinematische Extrapolation.

Wenn es auch in manchen Fällen nicht gelingen wird, mit Hilfe der im vorangegangenen Abschnitt abgeleiteten Formeln quantitative Resultate hinreichender Genauigkeit zu erhalten, so leisten die kinematischen Überlegungen dennoch äußerst wertvolle Dienste für die Wettervorhersage durch die Klarlegung verschiedener Zusammenhänge zwischen dem Druckfeld und dem Drucktendenzfeld. Diese Zusammenhänge können in einer Reihe von Regeln zum Ausdruck gebracht werden, von denen wir im Anschluß an PETTERSSEN [52] die wichtigsten nunmehr anführen wollen. Sie lassen sich unmittelbar aus den im zweiten Abschnitt abgeleiteten Formeln und gewissen Beschleunigungsformeln beweisen.

**Regel (1/II):** Kreisförmige oder nahezu kreisförmige zyklonale Zentren bewegen sich in der Richtung des isallobarischen Gradienten, antizyklonale entgegengesetzt. Die Geschwindigkeit ist direkt proportional dem isallobarischen Gradienten und verkehrt proportional der Krümmung der Druckprofile.

**Regel (2/II):** Sehr längliche Zentren bewegen sich in Richtung der längsten Symmetrieachse.

**Regel (3/II):** Kreisförmige oder nahezu kreisförmige Zentren werden wenig beschleunigt, wenn ihre Druckprofile große Krümmungen aufweisen. Flache Druckzentren können dagegen beachtliche Beschleunigungen erfahren. Solche Zentren, die in jeder Richtung eine Beschleunigung aufweisen können, haben häufig gekrümmte Zugbahnen.

**Regel (4/II):** Längliche (elliptische) Druckzentren werden nur wenig in Richtung der kürzeren Achse beschleunigt und haben meist gerade Zugbahnen.

**Regel (5/II):** Tröge bewegen sich in Richtung des isallobarischen Gradienten (d. h. vom steigenden gegen den fallenden Druck), Keile in entgegengesetzter Richtung.

**Regel (6/II):** Die Geschwindigkeit eines Troges (Keiles) ist direkt proportional der Differenz in der Drucktendenz zwischen Vorder- und Rückseite und verkehrt proportional der Krümmung des Druckprofiles.

**Regel (7/II):** Tröge und Keile, deren Druckprofile große Krümmungen zeigen, bewegen sich langsam. Bei leicht gekrümmtem Druckprofil schwankt dagegen die Verlagerungsgeschwindigkeit innerhalb weiter Grenzen und hängt wesentlich vom isallobarischen Gradienten ab.

**Regel (8/II):** Tröge und Keile, deren Druckprofile stark gekrümmt sind, bewegen sich mit weitgehend konstanter Geschwindigkeit, wogegen flache Tröge (Keile) in ihrer Bewegung wesentlich beschleunigt oder verzögert werden.

PETTERSSEN hat auch eine eigene Formel für die Verlagerung von Fronten abgeleitet. Die Anwendung setzt jedoch voraus, daß die Drucktendenzen im Frontenbereich, wo, wie wir gesehen haben, Sprünge auftreten, hinreichend genau bestimmt werden können, was in vielen Fällen nicht möglich sein wird. Für weniger scharf ausgeprägte Fronten läßt sich die Formel für die Verlagerung von Trögen benützen. Es wird dabei Formel (II, 14) auf den zu der Front gehörenden Tiefdrucktrog angewendet. Man kann auch aus dem momentanen Windfeld auf eine mutmaßliche Verlagerung der Fronten schließen, wie wir noch weiter unten zeigen werden.

Vorerst wollen wir über die Möglichkeit, mit Hilfe der kinematischen Analyse Vertiefungen bzw. Auffüllungen des Druckfeldes zu erkennen, sprechen. Wir greifen dazu auf die Formel (II, 4) zurück. $\delta p/\delta t$ stellt dort die Änderung des Luftdruckes im mitbewegten Koordinatensystem dar. Bei unseren bisherigen Überlegungen war diese Größe Null gesetzt worden. Das heißt mit anderen Worten, daß ein im bewegten Koordinatensystem mitgeführter Barograph bei den bis jetzt behandelten Vorgängen keine Druckänderung hätte zeigen dürfen. Betrachten wir die rechte Seite der Gl. (II, 4), so sehen wir, daß die Druckänderung im mitbewegten Koordinatensystem sich aus zwei Komponenten zusammensetzt, nämlich der barometrischen Tendenz $\partial p/\partial t = b$ an einem bestimmten Ort und dem Ausdruck $\mathfrak{c} \cdot \nabla p$. Dieser letztere Term kann nur berechnet werden, wenn die Geschwindigkeit, mit der sich das Drucksystem über die Karte hinwegbewegt, bekannt ist. Daher werden Berechnungen dieses Termes im allgemeinen sehr ungenau sein. Doch läßt sich die Formel (II, 4) dort mit Erfolg anwenden, wo der zweite Term auf der rechten Seite klein wird oder ganz verschwindet. Dann ist die Tendenz im mitbewegten Koordinatensystem gleich der barometrischen Tendenz an einem bestimmten, mit der Erdoberfläche fix verbundenen Ort. Es wird sich also darum handeln, den Vektor $\mathfrak{c}$ in seinem Verhältnis zum Druckgradienten zu betrachten. Stehen diese beiden Vektoren aufeinander normal, so wird das innere Produkt $\mathfrak{c} \cdot \nabla p$ gleich Null. Dies ist beispielsweise im Warmsektor einer voll entwickelten Zyklone der Fall. Es gilt nämlich hier für die Fortpflanzung des Tiefdruckgebietes die sogenannte *Warmsektorregel*, die besagt, daß die zukünftige Bahn der Zyklone im allgemeinen durch die Isobarenrichtung im Warmsektor gegeben ist. Wir werden später nochmals auf diese Regel zurückkommen. Wenn aber im Warmsektor der Druckgradient normal zur Fortpflanzungsrichtung des Druckzentrums verläuft, so gilt

**Regel (9/II):** Ein Tiefdruckgebiet vertieft sich oder füllt sich auf in einem Ausmaß, das durch die barometrische Tendenz in seinem Warmsektor zum Ausdruck kommt.

Die in diesem Kapitel angestellten Überlegungen beziehen sich zunächst nur auf das Bodendruckfeld. Inwieweit die Vorgänge in größerer Höhe am Zustandekommen der barometrischen Tendenz beteiligt sind, werden wir noch später sehen. Da die Verlagerungsgeschwindigkeit der Drucksysteme in den verschiedenen Höhenniveaus nicht dieselbe ist, der Bodendruck aber als Integral über die ganze Höhe der Atmosphäre gemessen wird, kann eine Änderung des Bodenluftdruckes durch eine ganze Reihe verwickelter Prozesse hervorgerufen werden. So können individuelle Änderungen des Druckes im mitbewegten Koordinatensystem, die, wie wir eben gesehen haben, die Vertiefung bzw. Auffüllung der Druckzentren beschreiben, unter Umständen durch Advektionsvorgänge in größerer Höhe erklärt werden, wenn man bedenkt, daß dieses „obere" Drucksystem sich mit einer ganz anderen Geschwindigkeit verlagert. Wir werden auf diese Kopplung von Drucksystemen in verschiedenen Niveaus im nächsten Kapitel eingehen.

Hier seien noch einige Regeln, die aus den voranstehenden Überlegungen über Vertiefungen und Auffüllungen folgen, angeführt.

Da im Zentrum eines Druckgebildes der Druckgradient null wird, gilt:

**Regel (10/II):** Ein Druckzentrum vertieft sich oder füllt sich mit einer Geschwindigkeit auf, die gleich der barometrischen Tendenz in seinem Zentrum ist.

**Regel (11/II):** Ein zyklonales Zentrum vertieft sich, wenn die Nullisallobare im Rücken des Zentrums liegt und füllt sich auf, wenn die Nullisallobare vor das Zentrum zu liegen kommt. Ein antizyklonales Zentrum verhält sich umgekehrt.

**Regel (12/II):** Ein Trog vertieft sich oder füllt sich mit einer Geschwindigkeit auf, die gleich der barometrischen Tendenz an der Troglinie ist. Analoges gilt für einen Keil.

**Regel (13/II):** Ein Trog vertieft sich, wenn die Nullisallobare hinter der Troglinie liegt und füllt sich auf, wenn dieselbe vor die Troglinie zu liegen kommt. Analoges gilt für den Keil.

Wir haben in diesem Kapitel gesehen, daß durch reine Extrapolation aus einer eingehenden kinematischen Analyse bereits wertvolle Ergebnisse für die Vorhersage der Druckverteilung abgeleitet werden können. Trotzdem soll natürlich die Prognose keineswegs allein auf diesen Ergebnissen und Regeln basieren. Es gelingt mit den hier geschilderten Methoden zwar in manchen Fällen, die Verlagerung gewisser ausgezeichneter Druckgebilde, z. B. von Druckzentren, Trögen, Keilen etc., hinreichend genau vorauszusagen, doch beim Konstruieren der gesamten zu erwartenden Druckverteilung ist es notwendig, auch noch andere Überlegungen anzustellen, insbesondere auch Höhenkarten heranzuziehen und dynamische Prinzipien zu verwenden. Wir werden in den nächsten Kapiteln von diesen Methoden und Theorien sprechen.

Das Kapitel über die kinematische Extrapolation wollen wir schließen mit der Anführung von zwei Regeln über die Verlagerung von Fronten, gemäß dem in ihrem Bereich herrschenden geostrophischen Windfeld.

**Regel (14/II):** Warmfronten bewegen sich mit 60 bis 80% der normal zur Front stehenden Komponente der geostrophischen Windgeschwindigkeit.

**Regel (15/II):** Kaltfronten verlagern sich dagegen mit 70 bis 90% der normal zur Front stehenden Komponente des geostrophischen Windes. In einzelnen Fällen, so vor allem über dem Ozean und in weiterer Entfernung vom Tiefdruckzentrum wurden auch schon 100% dieser Komponente als Verlagerungsgeschwindigkeit beobachtet.

Die Bestimmung der Komponente normal zur Front erfolgt mit Hilfe des Gradientwindlineals (Abb. 1) in der Weise, wie es auf S. 29 bei Bestimmung des zonalen Index als Mittel der zonalen Komponenten des Windes besprochen wurde. In unserem Fall liest man mit Hilfe des Lineals nicht den Normalabstand der Isobaren, sondern den Abstand parallel zur Front ab. Dies gibt bereits die gesuchte Normalkomponente, wie man sich leicht, analog zu den Überlegungen auf S. 29, überzeugt.

# III. Kopplung von Boden- und Höhendruckfeld. Steuerung der atmosphärischen Druckgebilde.

## 1. Einleitung.

Die systematische Untersuchung der Verhältnisse in der freien Atmosphäre im Vergleich zu dem Bodendruckfeld lieferte die Beobachtungstatsache, daß zwischen den Bahnen der Bodendruckwellen und der herrschenden Höhenströmung eine enge Beziehung besteht. In einer Untersuchung über den großen Sturm, der am 4. Juli 1928 über Mitteleuropa hinwegzog, konnte FICKER [28] zeigen, daß es möglich gewesen wäre, die Bahn dieser Zyklone auf Grund der herrschenden Höhenströmung hinreichend genau vorauszusagen. Er bezeichnet den hier wirksamen Mechanismus mit dem Wort „*Steuerung*". Später beschäftigten sich vor allem die Meteorologen der „Frankfurter Schule" mit dem Steuerungsproblem und kamen zu wichtigen Ergebnissen. So gelangte MÜGGE [45] zu der Überzeugung, daß die Höhenströmung weniger Einfluß auf die Bodendruckverteilung selbst als vielmehr auf die daselbst auftretenden Druckänderungen ausübt. Mit anderen Worten: Die *obere* Luftströmung steuert im gewissen Sinn die Bodenisallobaren und nicht die Bodenisobaren. Weiters wurde erkannt, daß jeder individuelle Punkt der Druckwelle gesteuert wird, nicht nur das Zentrum des isallobarischen Tiefs oder Hochs. Diese Erkenntnis war äußerst wertvoll bei der Methodik der Konstruktion von Vorhersagekarten, wie wir später noch sehen werden. Zum eingehenden Studium der Kopplung zwischen der Höhenströmung und dem Bodendruckfeld ist es notwendig, die langsam veränderlichen (quasistationären), im Boden- und Höhendruckfeld ausgeprägten Druckgebilde von den rasch wandernden, vornehmlich nur in Bodennähe erkennbaren Wellen zu unterscheiden. Wir wollen im folgenden auf diese Probleme näher eingehen. In den meisten Fällen handelt es sich um empirisch gefundene Zusammenhänge. Doch liegen auch bereits einige theoretische Ansätze vor.

## 2. Quasistationäre Druckgebilde als Steuerungszentren.

Bei der Bestimmung des zonalen Index haben wir bereits von den quasistationären Druckgebilden als Charakteristikum für den Strömungszustand entlang der ganzen Hemisphäre gesprochen. Da sich diese Druckgebilde bis in große Höhen erstrecken, sind sie der wesentliche Bestandteil der Höhenströmung zum Unterschied zu den rasch veränderlichen Bodenwellen. Ein eingehendes Studium der Höhenströmung wird also einer Untersuchung der quasistationären Druckgebilde gleichkommen. Wir haben schon beim zonalen Index hervorgehoben, daß bei Betrachtung einer Höhenkarte über den größten Teil der Hemisphäre in der Regel eine Reihe von langgestreckten Trögen und Keilen festzustellen ist, die man als eine Art langer „*planetarischer*“ *Wellen* in der freien Atmosphäre auffassen kann. Sie wirken auf die rasch veränderlichen kleinen Bodendruckwellen als „*Steuerungszentren*“ derart, daß diese entweder im Sinne des Uhrzeigers um antizyklonale (Keile) oder entgegengesetzt um zyklonale Gebilde (Tröge) herumgeführt werden [1]. Wegen der ungleich geringeren Veränderlichkeit des Höhendruckfeldes werden bei kurzfristigen Prognosen in erster Linie die Änderungen des Bodendruckfeldes zu beachten sein, während man die Strömungsverhältnisse in der Höhe für den Zeitraum als konstant voraussetzen kann. Allerdings darf nicht der voreilige Schluß gezogen werden, daß den Höhendruckfeldern in allen Fällen der Vorrang zuzuschreiben ist, da die Erfahrung lediglich die enge Kopplung aufgezeigt hat. Es ist daher auch denkbar, daß die Bodendruckverteilung auf die Höhengebilde in gewissem Sinne steuernd einwirkt, wenngleich dies nur selten beobachtet wird. Wir werden davon später noch sprechen. Für mittelfristige Vorhersagen (5 bis 10 Tage) wird die Verlagerung bzw. Umgestaltung gerade der quasistationären Höhendruckgebilde unter Umständen von ausschlaggebender Bedeutung sein. In diesem Sinne wird auch von einer *Umsteuerung* bei Änderung der Höhenströmung gesprochen.

Wir werden auf die bereits S. 27 erwähnte Theorie der planetarischen Wellen im Kap. VI noch zurückkommen. In vielen Fällen läßt sich durch Verwendung der von Rossby [63] abgeleiteten Wellenlängenformel (I, 24) schon ein wichtiger Schluß auf die zu erwartende Verlagerungsgeschwindigkeit der Tröge bzw. Keile ziehen. Dazu muß man allerdings im Einzelfall erst die langen Wellen in der betreffenden Höhenkarte eindeutig festlegen. Dies ist nicht immer leicht durchführbar, da gleichzeitig stets kürzere Wellen auftreten, die meist auf mehr oder weniger mit der Höhe abklingende Bodenstörungen zurückzuführen sind. Natürlich wird die Identifizierung der Höhentröge und -keile mit langen Wellen niemals eine vollkommen befriedigende Aufgabe sein können, da es sich bei den planetarischen Wellen im Sinne von Rossby um eine stark idealisierte „*Modellatmosphäre*“ handelt, die nicht allen Fällen gerecht werden kann. Nähere Einzelheiten werden wir in Kap. VI behandeln.

Die Bedeutung dieser langen planetarischen Wellen erschöpft sich nicht allein in ihrer Funktion als Steuerungszentren. Sie bestimmen auch bei bestimmter Konfiguration die Gebiete der Zyklogenese, d. h. die Gegenden, wo mit Vorliebe neue Tiefdruckgebiete auf der Bodenkarte entstehen. Diese Probleme werden uns in Kap. IV beschäftigen.

Wegen des oben erwähnten Auftretens kürzerer, in ihrer großräumigen Anordnung jedoch keineswegs regelmäßiger Wellen, ist es

---

[1] Auf der Südhalbkugel gelten die umgekehrten Verhältnisse.

nicht immer einfach, mit Hilfe der Formel (I, 24) zu einer Abschätzung der Wellenlänge zu gelangen. Als Unterscheidungsmerkmal zwischen den langen und den kurzen Wellen mögen folgende Hinweise beachtet werden: Die *kurzen Wellen* sind zahlreich, verlagern sich rasch und haben eine kleine Amplitude, die mit der Höhe abnimmt, d. h. es handelt sich im wesentlichen um *warme Tröge* und *kalte Rücken*. Dies folgt unmittelbar aus der statischen Grundgleichung (I, 3) bzw. der barometrischen Höhenformel (I, 8). Im Gegensatz dazu bewegen sich die langen Wellen nur langsam bei großer Amplitude, die innerhalb der Troposphäre mit der Höhe zunimmt, d. h. es handelt sich um *kalte Tröge* und *warme Rücken*.

Wegen der langsamen Verlagerung der langen Wellen ist es in den meisten Fällen möglich, ihre Position am ehesten auf fünftägigen Mittelkarten zu erkennen. Infolge der Eigenschaft der langen Wellen, mit der Höhe an Amplitude zuzunehmen, ist es zweckmäßig, neben der allgemein üblichen 500 mb Karte auch noch die 300 mb Topographie zu Rate zu ziehen. Man sollte überdies die Position der Wellen niemals auf Grund einer einzigen Wetterkarte festzulegen versuchen, sondern ihre Lage durch längere Zeit hindurch verfolgen. Es muß eine logische Entwicklung von einem Tag zum anderen zu finden sein, ähnlich wie wir dies bei der Bodenanalyse besprochen haben. Die langen Wellen stellen einen wesentlichen Bestandteil der allgemeinen Zirkulation dar und verschwinden nicht plötzlich von einem Tag zum anderen. Eine Umwandlung nimmt immer mehrere Tage in Anspruch. Vielfach ist es einfacher, anstelle der Tröge die Keile festzustellen. Jedenfalls ist auch diesen Beachtung zu schenken. Die Anzahl der langen Wellen um die ganze Hemisphäre liegt im Durchschnitt bei 4 bis 5 und schwankt höchstens zwischen 3 und 7. In Abb. 11 ist eine Topographie der 500 mb Fläche mit vier ausgeprägten Haupttrögen auf der nördlichen Hemisphäre gezeigt.

Trotz der eben geschilderten Schwierigkeiten bei der Identifizierung der Tröge und Keile der Höhenkarten mit langen planetarischen Wellen gelingt es in vielen Fällen, mit Hilfe der Rossbyschen Formel eine objektive Entscheidung zu treffen, ob die Wellen fortschreitend, stationär oder retrograd sind. Kombinieren wir Formel (I, 24) mit (I, 26) S. 27, so ergibt sich:

$$c = \frac{\beta}{4\pi^2}(L_s^2 - L^2), \tag{III, 1}$$

was bedeutet, daß für

$L_s > L$ die Wellen fortschreitend,
$L_s = L$ stationär und für
$L_s < L$ retrograd sind.

Es kann auf diese Weise die wirkliche Verlagerungsgeschwindigkeit $c$ berechnet werden, was allerdings voraussetzt, daß sich innerhalb des Prognosenzeitraumes die Wellenlänge selbst nicht wesentlich ändert. Immerhin kann derart in der Praxis mit beachtlichem Erfolg die

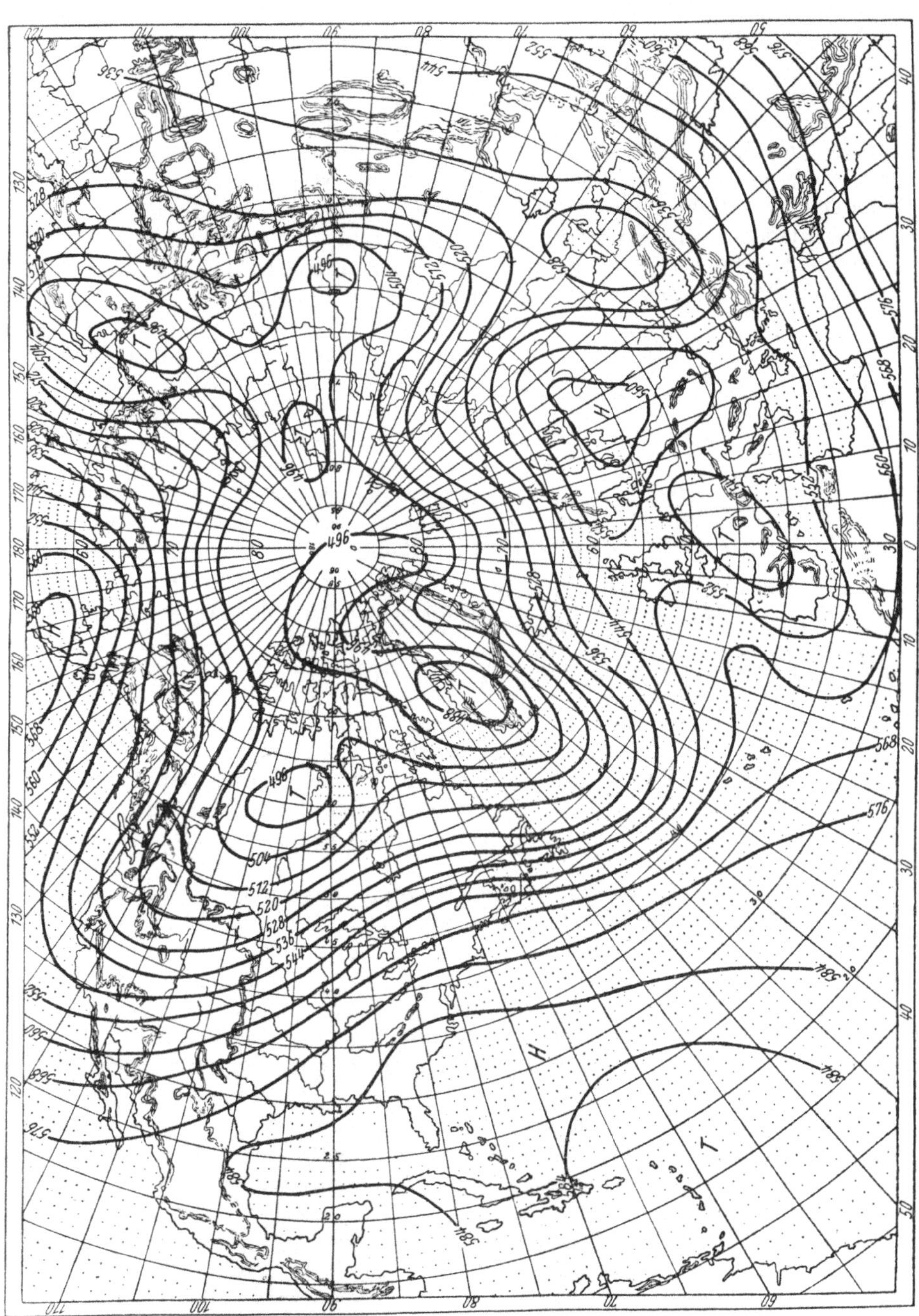


Abb. 11. Absolute Topographie der 500 mb Fläche vom 25. I. 1950, 3 Uhr G.M.T. mit vier Haupttrögen auf der nördlichen Hemisphäre.

Verlagerung für etwa 2 Tage im voraus bestimmt werden. Zweckmäßigerweise bedient man sich zu einem solchen Verfahren eines Diagrammes, das die betreffenden Geschwindigkeiten rasch abzulesen gestattet. In Abb. 12 ist ein solches Diagramm, das von H. BYERS [10] entworfen wurde, gezeigt. Man zeichnet in das Diagramm zunächst den Punkt $A$ ein, der aus der Karte abgelesen wird und die zonale Windgeschwindigkeit in Längengraden pro Tag für die betreffende geographische Breite darstellen soll. Man wählt am zweckmäßigsten diejenige Breite, wo die größten Windstärken auftreten, nachdem man zunächst, entsprechend der auf S. 30 beschriebenen Methode, das zonale Windprofil konstruiert hat. Auf der Abszisse des Diagramms der Abb. 12 wird dann für diese Windgeschwindigkeit sofort die Wellenlänge im stationären Fall abgelesen. Hierauf bestimmt man den Punkt $B$, d. h. man liest von der Karte für die betreffende Breite die tatsächliche Wellenlänge ab. Die Differenz zwischen der tatsächlichen und der stationären Wellenlänge ergibt nach (III, 1) die Verlagerungsgeschwindigkeit, die aus dem Diagramm einfach aus dem horizontalen Abstand der Punkte $A$ und $B$ mit Hilfe der Kurvenscharen abgelesen wird. Positive Werte bedeuten dabei eine Verlagerung nach Osten, negative eine solche nach Westen.

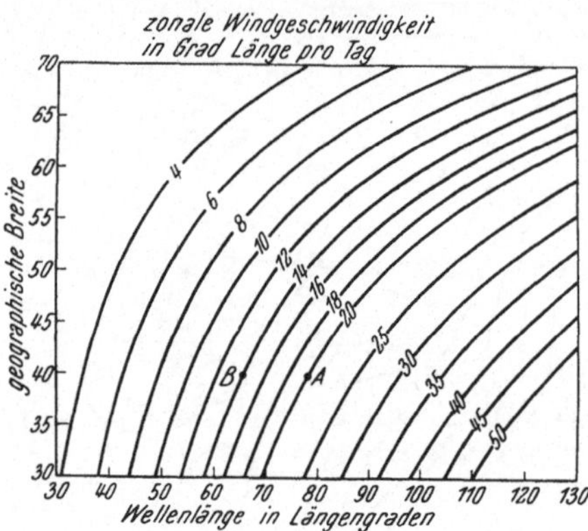


Abb. 12. Diagramm zur Bestimmung der Verlagerungsgeschwindigkeit von planetarischen Wellen nach *Byers*.

Es hat sich gezeigt, daß die besten Resultate dann erreicht werden, wenn in mittleren Breiten ein ausgesprochenes Windmaximum vorhanden ist. Sind zwei Maxima vorhanden, so kann die eben beschriebene Methode unabhängig auf beide Breitenkreise angewendet werden, doch hat die Erfahrung gelehrt, daß die Methode in niedrigeren Breiten meistens versagt. Natürlich müssen die eben geschilderten Betrachtungen über die Verlagerung der langen Wellen durch eine Reihe mehr oder weniger empirischer Regeln ergänzt werden, um komplizierteren Verhältnissen Rechnung zu tragen. In Kap. VI werden wir bei Besprechung der Methoden der numerischen Wettervorhersage sehen, daß man sich auch bis zu einem gewissen Grade rein theoretisch von den Vereinfachungen, die zur ROSSBYschen Formel führen, freimachen kann, wenngleich dann die mathematischen Schwierigkeiten erheblich ansteigen.

Durch die eingangs erwähnte Kopplung der Boden- und Höhenkarte ist es auch nicht möglich, alle Veränderungen der letzteren lediglich durch derartige Wellenlängenbetrachtungen zu erklären. So zeigt sich zum Beispiel, daß die Entstehung von Tiefdruckgebieten, die sogenannte Zyklogenese, auf der Bodenkarte einen Vorgang darstellt, der geneigt ist, eine Zunahme der Wellenzahl zu verursachen. Andererseits wirkt der im folgenden noch zu besprechende sogenannte „*Cutting-Off-Effekt*", der „*Abschneidungsprozeß*", im Sinne einer Abnahme der Wellenzahl.

Wir haben gesehen, daß unter gewissen Verhältnissen die langen Wellen in der freien Atmosphäre stationär sein können, wenn ihre Wellenlänge, d. h. der Abstand von einer Troglinie zur nächsten, in der angegebenen Beziehung zu der (mittleren) zonalen Strömung steht. Als weiterer Umstand für die Ausbildung stationärer Wellen muß die Tatsache gelten, daß sich um die ganze Hemisphäre nur eine gewisse Anzahl solcher stehender Wellen bilden können, wie bereits Rossby gezeigt hat.

Den Idealfall von stationären Wellen würde eine bestimmte Anzahl von Trögen und Keilen mit großer, aber nicht wesentlich voneinander verschiedener Amplitude in bestimmtem Abstand voneinander auf der Hemisphärenkarte darstellen. Wir hätten dann eine überwiegend meridionale Zirkulation über die ganze Hemisphäre. Dies wäre das idealisierte Gegenstück zu einer rein zonalen Strömung mit einem Windmaximum in einer bestimmten Breite. Sowohl der erstere als auch der letztere Zustand sind selten vollkommen realisiert. Häufig wird eine Art Zwischenstadium auftreten, derart, daß in einem Teil eine annähernd zonale, in einem anderen eine meridionale Zirkulation vorhanden ist.

Ein solcher Zustand ist für die Höhenströmung äußerst charakteristisch und kann ebenfalls quasistationär sein, d. h. für längere Zeit ohne wesentliche Änderung vorherrschen. Eine solche Situation tritt bei Vorhandensein eines sogenannten ***blockierenden Hochs*** (***Blocking high***) auf. Wir wollen die typischen Eigenschaften dieser Zirkulation näher definieren. Man versteht unter dem „*Blockieren*" eine in der mittleren und höheren Troposphäre vorhandene Zirkulation, die folgende Merkmale aufweist: Über einer größeren Fläche (etwa über ganz Nordamerika und dem westlichen Teil des Nordatlantiks) herrscht eine nahezu zonale Strömung, die weiter stromabwärts (etwa bei Annäherung an die Küste Europas) in zwei Teile aufgespalten wird, die beide mit beachtlichem Massentransport verbunden sind und von denen der eine nach Norden, der andere nach Süden gerichtet ist. Der Grund zu diesem plötzlichen Übergang von der zonalen zu einer meridionalen Strömung ist ein wohlausgeprägtes Hochdruckgebiet, das auch auf der Bodenkarte zu finden ist und als blockierendes Hoch bezeichnet wird. Östlich von diesem Hoch weist dann die Strömung ausgesprochen meridionalen Charakter im Sinne langer Wellen auf. Abb. 13 zeigt eine derartige, gut ausgeprägte Zirkulation nach Rex [59] mit einem blockierenden Hoch vor der Westküste Europas. Anschaulich betrachtet erweckt eine solche Situation den Eindruck, als ob die

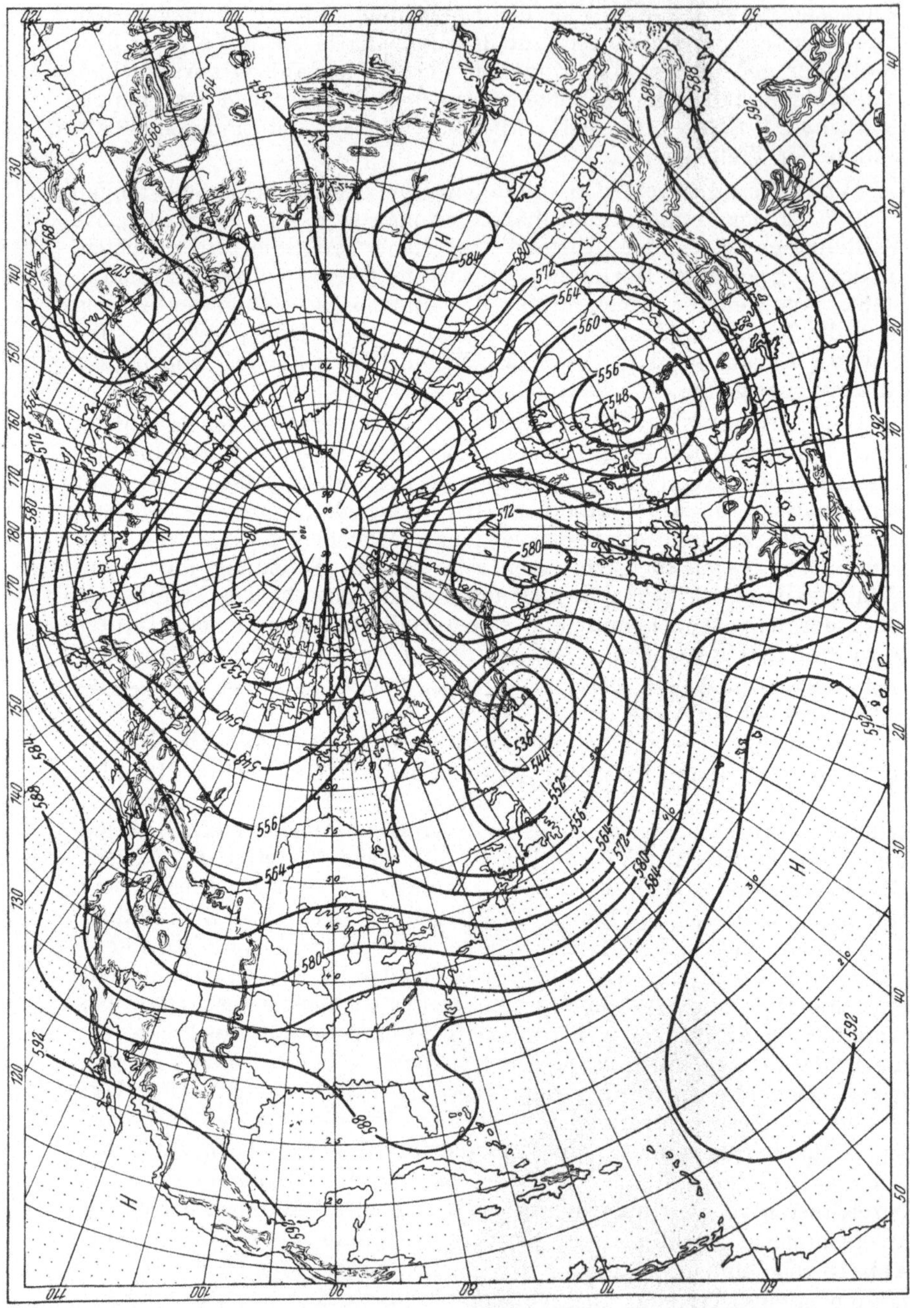

Abb. 13. Blockierendes Hoch in der 500 mb Topographie vor der Westküste Europas am 24. VII. 1949 nach *Rex*.

ursprünglich zonale Strömung gegen eine blockierende Mauer anstoßen würde, ohne in der Lage zu sein, sie zu durchbrechen.

Die mit der zonalen Strömung westlich vom blockierenden Hoch herangeführten Bodenstörungen zeigen bei Annäherung an dasselbe eine wesentliche Verlangsamung ihrer Geschwindigkeit. Sie werden meistens entsprechend der sich spaltenden Höhenströmung ebenfalls zersplittert und gelangen unter Umständen später, um das blockierende Hoch herumgeführt, zu neuer Bedeutung. Für die Definition des Blockierungseffektes ist es äußerst wichtig, diese Situation nicht mit langen stehenden Wellen zu verwechseln, was passieren kann, wenn man nicht die Verhältnisse auf der ganzen Hemisphäre, sondern nur auf Teilgebieten betrachtet. Als Charakteristikum ist immer auf das typische Aufspalten der zonalen Strömung zu achten. Es hat sich gezeigt, daß blockierende Hochs, die einige Zeit anhalten, nicht in allen Teilen der Hemisphäre gleich häufig auftreten. Bevorzugte Gegenden sind die Westküste Europas (England—Skandinavien) und die Westküste Amerikas (Ostpazifik—Alaska). Diese Tatsache kann dazu verleiten, die Entstehung auf thermische Ursachen, entsprechend der unterschiedlichen Erwärmung von Kontinent und Ozean, zurückzuführen. Wahrscheinlich spielen auch solche Effekte dabei eine wichtige Rolle, doch liegen die Verhältnisse nicht so einfach, was schon daraus ersichtlich wird, daß nachgewiesenermaßen blockierende Hochs in allen Jahreszeiten (wenn auch nicht mit gleicher Häufigkeit) an den eben angegebenen bevorzugten Stellen auftreten können. Jedenfalls ist ihre Entstehung derzeit noch nicht genügend klargelegt, was seinen Grund hauptsächlich darin hat, daß das Eingreifen der Wärmequellen in die dynamischen Vorgänge ein äußerst kompliziertes Problem darstellt, zu dessen Klärung erst Ansätze vorliegen[1]. Deswegen ist auch die Vorhersage solcher blockierender Hochdruckgebiete eine sehr schwierige Aufgabe. Nach RIEHL [61] soll man dabei über folgende Feststellungen nicht hinausgehen:

*1. Außer wenn ein blockierendes Hoch schon in einer „abnormalen“ Gegend vorhanden ist, vermute man die Bildung nur an den zwei oben erwähnten bevorzugten Stellen.*

*2. Ist in den vergangenen Tagen auf der ganzen Hemisphäre kein blockierendes Hoch aufgetaucht, ist auch keines für die nächste Zeit vorauszusagen.*

*3. Taucht dagegen ein Blockierungseffekt auf, so weist er fast immer eine große Beständigkeit auf und kann im allgemeinen für längere Zeiträume (mindestens für einige Tage) als nur wenig veränderlich vorausgesagt werden. Blockierende Hochs wandern sehr langsam und zeigen bei einer retrograden Westwärtsverlagerung eine Neigung zur Verstärkung, bei einer Ostwärtsverlagerung eine Neigung zur Abschwächung.*

---

[1] S. dazu HOLLMANN [35].

Eine andere Abweichung von den Idealfällen strenger zonaler bzw. vollkommen meridionaler Strömung in der freien Atmosphäre findet statt, wenn sich abgeschlossene zyklonale oder antizyklonale Zentren ausbilden. Bekanntlich ist dies in der freien Atmosphäre viel seltener der Fall als auf der Bodenkarte, wo gerade die Hoch- und Tiefdruckgebiete der allgemeinen Druckverteilung ihren Stempel aufdrücken. Geht man von der Bodenkarte in die Höhe, so tritt im allgemeinen eine Auflösung dieser geschlossenen (zyklonalen) Zentren in Erscheinung, die EXNER [25] durch die thermische Asymmetrie der Zyklonen zu erklären versuchte. Werden die Temperaturunterschiede in einer Bodenzyklone bei fortschreitender Okklusion geringer, so wird auch die Auflösung in einen Trog erst in größerer Höhe stattfinden. Mit anderen Worten: Das Auftreten von geschlossenen, zyklonalen Isohypsen in einer Höhenkarte kann mit einer alternden Zyklone am Boden zusammenhängen, wobei sich gewissermaßen die ursprünglich in der Höhe nicht erkennbare Bodenstörung aufwärts bohrt. Ähnliches gilt auch für antizyklonale Gebilde, wobei die niedrigen, kalten Hochdruckgebiete sich rasch mit der Höhe auflösen, während bei warmen Antizyklonen auch noch in der freien Atmosphäre manchesmal geschlossene Zentren feststellbar sind.

Es gibt jedoch auch Fälle, wo „*Höhentiefs*“ auftreten, die nicht im unmittelbaren Zusammenhang zur Bodenkarte stehen, die aber von großer Bedeutung für den Wetterablauf sein können und sozusagen ein Charakteristikum der Höhenströmung selbst darstellen. Das erste in der Bodenkarte nicht erkennbare Höhentief, das auf Grund zahlreicher aerologischer Meldungen genauer beschrieben wurde, war nach SCHERHAG [67] die vom 12. bis 14. Dezember 1934 von Ungarn über Bayern nach Frankreich gewanderte Höhenzyklone. Dabei wurde die in späteren Untersuchungen bestätigte Beobachtung gemacht, daß die Bahn des Höhentiefs fast genau mit der Richtung der Bodenisobaren zusammenfiel. Dies führte SCHERHAG dazu, die Regel aufzustellen, daß derartige Höhentiefs gewissermaßen vom Bodendruckfeld gesteuert werden.

Wenn ein solches Tief im Bodendruckfeld nicht vorhanden ist, so muß gemäß der barometrischen Höhenformel die Atmosphäre unterhalb einer solchen Höhenzyklone kälter als in der Umgebung sein. Dies war der Grund, warum man solchen Höhentiefs den Namen *Kaltlufttropfen* gab.

*Ein Kaltlufttropfen ist ein im Bodendruckfeld nicht oder kaum erkennbares, in der Höhe stark ausgeprägtes Tiefdruckgebiet, in dessen Zentralbereich die Luft der unteren Troposphäre ein Temperaturminimum aufweist.*

Gemäß dieser Definition muß die relative Topographie eindeutig einen isolierten Kaltluftkörper aufzeigen, wenn es sich um einen wirklichen Kaltlufttropfen handeln soll. Auf die besonderen Wettererscheinungen, die mit einem solchen Druckgebilde verknüpft sind, werden wir in Kap. VII bei der Besprechung der Vorhersage des tatsächlichen Wetters mit Hilfe der prognostizierten Druckverteilung zurückkommen. Hier interessiert uns die Entstehung und Verlagerung der Kaltlufttropfen. In Ergänzung zu der obigen Regel, daß Kaltlufttropfen mit Vorliebe der Bodenströmung folgen, sei noch angeführt, daß die Verlagerungsgeschwindigkeit *kleiner* ist als die dem Bodendruckgradienten entsprechende Windgeschwindigkeit.

Über die Entstehung solcher Höhenzyklonen gehen die Anschauungen auseinander. Nach SCHERHAG [67] sind maßgebend thermische Vorgänge beteiligt. Es handelt sich dabei um die Abschneidung eines weit nach Süden vorgedrungenen Kaltluftkörpers durch einen *gleichzeitigen* Warmluftvorstoß von Westen und Osten in höheren Breiten. Da jedoch diese mächtigen Warmluftvorstöße in höheren Breiten immer mit dem Aufbau von umfangreichen Antizyklonen verbunden sind, treten die Kaltlufttropfen auf der Südseite solcher warmer Antizyklonen auf. Die Energie und Größe dieser Höhentiefs ist stark unterschiedlich. Dieser SCHERHAGschen Erklärung der Entstehung von Kaltlufttropfen steht eine rein dynamische Theorie von PALMÉN [50] gegenüber. Nach seiner Anschauung ist das *Abschneiden* (Cutting Off) solcher Tiefs aus langgestreckten nordsüdlichen Trögen eine logische Folge der Entwicklung der allgemeinen Zirkulation in mittleren Breiten. Im Sinne der ROSSBYschen Anschauung entwickeln sich zunächst aus rein westlicher Strömung durch entsprechende Störungen die langen Wellen, d. h. aus zonaler Zirkulation entsteht die meridionale mit mächtigen Trögen und Keilen. Diese Wellen nehmen an Amplitude immer mehr zu, bis die im Bereich der Tröge von Norden weit nach Süden vorgedrungene Kaltluft von ihrem nördlichen Ursprungsgebiet deswegen abgeschnitten wird, weil die Luftpartikel nicht mehr in der Lage sind, den ganzen Trog entsprechend den Stromlinien zu durchlaufen. Die Stromlinien reißen gewissermaßen bei einer bestimmten Amplitude ab und der südlichste Teil des Troges wird zum separierten Wirbel. Das so entstandene Höhentief stellt dann dynamisch gesehen einen einheitlichen Wirbelkörper dar. Demgegenüber zeigte sich in einer neueren Untersuchung von BUSCHNER [9], daß die Kaltlufttropfen Gebilde sind, bei welchen ständig neue Massen in den Tropfen einbezogen werden, während andere wieder ausscheiden. Man muß wahrscheinlich mehrere Typen unterscheiden, wobei es denkbar ist, daß die Entstehung der abgeschlossenen Tiefdruckgebiete etwa im Sinne PALMÉNS erfolgt, ihre weitere Lebensgeschichte mehr den eben genannten Anschauungen entspricht. Man kann analog zu der hier geschilderten dynamischen Entstehung von zyklonalen Gebilden südlich der Zone maximaler Westwindgeschwindigkeiten auch eine Erklärung für die Abschneidung von antizyklonalen Zentren nördlich des Westwindgürtels finden. Beobachtungstatsachen scheinen dafür zu sprechen, daß abgeschlossene Höhenhochs über der Arktis mitunter einem solchen Mechanismus ihre Entstehung verdanken.

Einen wesentlichen Bestandteil der dynamischen Theorie der allgemeinen Zirkulation der gemäßigten Breiten bildet die Annahme, daß bereits bei ungestörter, rein zonaler Strömung eine Zone maximaler Windgeschwindigkeit in einer bestimmten Breite auftritt. Wir haben gesehen, daß tatsächlich bei Konstruktion zonaler Windprofile (s. Abb. 8) solche Maximalwerte der (über die Breite gemittelten) Windgeschwindigkeit vorhanden sind. Die Existenz eines solchen schmalen Bandes äußerst heftiger Winde in der mittleren und höheren Troposphäre ist aber auch durch zahlreiche meridionale Querschnitte der ganzen Troposphäre erwiesen worden. Wegen des Charakters einer „Strahlströmung" hat man dieses Windband in der amerikanischen Literatur als *„Jet-Stream"* bezeichnet. ROSSBY [65] ist es gelungen, eine theoretische Erklärung für den „Jet-Stream" unter der Annahme eines horizontalen Austausches, der sogenannten *absoluten Wirbelgröße,* zu geben. Wir werden über diesen Begriff in Kap. VI noch eingehend sprechen. Andererseits werden wir im nächsten Kapitel (IV) sehen, daß im Bereich der sogenannten Frontalzonen, d. h. in Gegenden, in denen stark unterschiedliche Luftmassen weitgehend angenähert sind, infolge der dort herrschenden großen Temperaturgegensätze ebenfalls äußerst heftige Höhenwinde in einem eng begrenzten Gebiet auftreten.

Es besteht also ein enger Zusammenhang zwischen scharfen (ausgeprägten) Luftmassengrenzen am Boden und der Strahlströmung in der Höhe. Eine eingehende Diskussion der hier erwähnten Theorie der allgemeinen Zirkulation findet sich u. a. bei ROSSBY [66]. Für die Methodik der Wettervorhersage genügen die in diesem Abschnitt erwähnten Schlußfolgerungen, insbesondere die oben hervorgehobene Tatsache, daß alle Überlegungen mit Hilfe der ROSSBYschen Formel (III, 1) am besten in derjenigen geographischen Breite angestellt werden, die im zonalen Windprofil ein Maximum der Windgeschwindigkeit aufweist, also die mittlere Lage des „Jet-Streams" kennzeichnet.

## 3. Passive oder Bewegungssteuerung.

Wir haben im zweiten Abschnitt eine Beschreibung der langsam veränderlichen Steuerungszentren gegeben. Nun wollen wir uns dem eigentlichen Steuerungsmechanismus zuwenden. Wir haben auch schon erwähnt, daß unter Steuerung das Herumführen kleinerer Bodendruckwellen, d. h. mehr oder weniger ausgeprägter trog- bzw. keilförmiger Ausbuchtungen im Bodenisobarenfeld um die großen quasistationären, besonders in der Höhenkarte sichtbaren Druckzentren zu verstehen ist. Dabei ist die bereits in der Einleitung angeführte Erfahrungstatsache wichtig, daß dieser Steuerungsmechanismus in Druckänderungskarten besser als in aufeinanderfolgenden Isobarenkarten zum Ausdruck kommt. Dies ist der Grund, weshalb das Zeichnen eigener Isallobarenkarten im praktischen Wetterdienst angezeigt erscheint, wobei nach dem auf S. 8 Gesagten speziell die dreistündigen und 24 stündigen Isallobaren Beachtung finden sollen.

Betrachten wir eine solche Serie von aufeinanderfolgenden Isallobarenkarten, z. B. 24 stündige Druckänderungen, übergreifend im Abstand von 12 Stunden, so können einzelne isallobarische Tiefs und Hochs ohne weiteres auf ihrem Wege über die Karte verfolgt werden. Der Steuerungsvektor ergibt sich dann aus dieser Bewegung der isallobarischen Gebilde, wobei die Zentren der Minima und Maxima der Druckänderung besondere Beachtung verdienen. Offenbar hängt die Geschwindigkeit, mit der die isallobarischen Gebilde über die Karte wandern, wesentlich von dem einmal gewählten Zeitintervall der betreffenden Druckänderung ab. Der hier geschilderte Mechanismus wird vielfach auch mit dem Wort „*Bewegungssteuerung*" oder „*passive Steuerung*" gekennzeichnet. Diese Begriffe wurden von STÜVE [1] in die Meteorologie eingeführt. Man kann die Bewegungssteuerung auch in folgender Weise beschreiben:

*Die Druckänderungen, die durch die barometrische Tendenz an einem Ort gegeben sind oder durch graphische Subtraktion aus zwei aufeinanderfolgenden synoptischen Karten bestimmt werden, umkreisen nahezu die quasistationären zyklonalen und antizyklonalen Druckgebilde in Richtung des Gradientwindes.*

Im einfachsten Fall können wir uns die Steuerung dadurch erklären, daß durch einen aufgeprägten Druckgradienten Luftmassen verschiedener Dichte über die Station hinwegziehen, d. h. nur advektive Änderungen des Luftdruckes Berücksichtigung finden. Die individuellen Änderungen im mitgeführten Koordinatensystem sind dann gleich Null. Ein von der allgemeinen Strömung mitgeführter Barograph würde *keine* Druckänderung anzeigen. Der Unterschied zu den kinematischen Überlegungen des vorangegangenen Kapitels ist der, daß wir den die Verlagerungsgeschwindigkeit bestimmenden Vektor $c$ in Gl. (II, 5), S. 35, nicht aus der zeitlichen Änderung der gesteuerten Größe (hier der Drucktendenz) im vorangegangenen Zeitabschnitt berechnen und dann für das folgende Zeitintervall extrapolieren, sondern daß wir für die Richtung und Stärke dieses Vektors die Steuerungszentren verantwortlich machen und den Strömungszustand höherer Niveaus mitberücksichtigen. Ursprünglich verlegten STÜWE und MÜGGE [1] den Sitz dieser steuernden Druckgradienten in die Stratosphäre. Sie formulierten das Prinzip der Bewegungssteuerung dann in der Weise, daß das Höhendruckfeld vermöge des Schwerefeldes einen wesentlichen Einfluß auf die Bodendruckverteilung ausübt.

Die Praxis hat gezeigt, daß die Festlegung des steuernden Höhendruckgradienten in vielen Fällen recht schwierig ist. Man muß keineswegs immer bis zur Stratosphäre hinaufgehen, um den Steuerungsvektor zu finden. Für die Wahl derjenigen Höhenströmung, die als steuernd wirkt, war vielmehr ein anderes Argument maßgebend. Wie nämlich bereits KÖPPEN [39] aufmerksam gemacht hat, dürften sich

[1] S. dazu HANN-SÜRING [32].

die Druckstörungen mit der mittleren Energie der gesamten Atmosphäre verlagern. Diese mittlere Energie wird aber am besten aus der Strömung der 500 mb Topographie abgeleitet, da dieses Niveau bekanntlich die Atmosphäre in zwei Teile von nahezu gleichem Gewicht teilt. Die Erfahrung lehrte, daß diese Höhe tatsächlich in den meisten Fällen den Bewegungszustand der gesamten Atmosphäre genügend genau kennzeichnet, da sich die Bodenstörungen und die damit verbundenen mehr oder weniger großen Deformationen der Isopotentialen höherer Druckflächen in der 500 mb Fläche kaum mehr auswirken. Eine etwas exaktere Festlegung des steuernden Höhenniveaus verdanken wir MÖLLER [43], der den Satz aussprach, daß dasjenige Niveau heranzuziehen sei, welches als erstes möglichst geradlinige Stromlinien zeigt. Nach seiner Ansicht müßte man im Falle einer noch zu starken Beeinflussung der 500 mb Fläche durch Bodenstörungen auf höhere Druckflächen zurückgreifen, etwa auf die 300 mb Topographie, oder schließlich auf den Strömungszustand der Stratosphäre, wie dies ursprünglich von STÜVE und MÜGGE getan wurde.

SCHERHAG [67] machte auf die Wichtigkeit dieses Satzes von MÖLLER aufmerksam. Man könnte nämlich nach dem bisher Gesagten auch die Ansicht vertreten, daß auf alle Fälle das jeweils verfügbare höchste Niveau als sicher am wenigsten gestörtes für die Steuerung heranzuziehen sei. Dies führt jedoch auf unrichtige Resultate, wie man sich leicht überzeugen kann. SCHERHAG zeigte nämlich, daß das 40 mb Niveau (ungefähr 20.000 m), im Gegensatz zu tieferen Schichten, im Mittel während des Sommers eine Ostströmung aufweist, wie durch die zahlreichen Radiosondenmessungen während der Kriegsjahre klar wurde. Es wäre aber natürlich ein verhängnisvoller Irrtum, daraus zu schließen, daß im Sommer die Bodendruckstörungen nach Westen gesteuert werden.

Auf alle Fälle ist es schwierig, eine befriedigende theoretische Erklärung für den äußerst komplexen Steuerungsmechanismus zu finden, doch scheint die Anschauung von KÖPPEN, daß die mittlere Energie der gesamten Atmosphäre maßgebend beteiligt ist, die einleuchtendste zu sein. Es bleibt dann allerdings im Einzelfall schwierig, diejenige Strömung, die diese mittlere Energie repräsentiert, zu bestimmen. Jedenfalls hat die Erfahrung gezeigt, daß die Topographie der 500 mb Fläche eine bevorzugte Stellung einnimmt. Die Verwendung höherer Niveaus soll nur durch zwingende Gründe gerechtfertigt werden. Wie wir noch später sehen werden, können selbst Deformationen im 500 mb Niveau, hervorgerufen durch Bodenstörungen, noch erfolgreich bei Verlagerung der Bodenisallobaren Berücksichtigung finden, ohne daß man deswegen auf Topographien höherer Druckflächen übergehen muß, zumal diese in vielen Fällen weniger zuverlässig sind.

Bei Anwendung des Steuerungsmechanismus ist zu bedenken, daß nur der momentane (obere) Druckgradient steuernd wirkt. Änderungen des oberen Druckgradienten bewirken naturgemäß auch Änderungen der Richtung und Stärke des Steuerungsvektors. Durch eingehende Untersuchungen, sowie durch die praktische Wettervorhersage wurde festgestellt, daß die Steuerung gute Ergebnisse zeigt, solange die gesteuerte Bodendruckwelle klein im Vergleich zum Steuerungszentrum ist. Nehmen jedoch die Gebiete fallenden und steigenden Druckes an Größe zu, so daß sie vergleichbar werden mit den Flächen der steuernden Hochs und Tiefs, dann zeigen sich bereits meistens stärkere Deformationen der Höhenisopotentialen und der Steuerungsmechanismus funktioniert nicht mehr einwandfrei. Natürlich ist es in solchen Fällen bedeutend schwieriger, den Steuerungsvektor festzulegen. Es kann sich nämlich bei diesen Vorgängen in der Atmosphäre, bei denen offenbar mächtige Schichten in Mitleidenschaft gezogen werden, um eine großräumige Umgestaltung der Wetterlage handeln derart, daß sich die Positionen der Steuerungzentren selbst ändern. In solchen Fällen wird es manchesmal angezeigt sein, den Strömungsverhältnissen in der Stratosphäre größere Beachtung zu schenken. Aussichtsreicher dürfte es allerdings sein, zunächst mit Hilfe der dynamischen Überlegungen über die langen Wellen in der freien Atmosphäre zu einem Hinweis auf die Verlagerungsrichtung der Steuerungszentren zu gelangen, wie wir dies im vorangegangenen Abschnitt getan haben.

Speziell für die Steuerung von Bodendruckwellen wird der Satz Gültigkeit haben, daß dieselben im ersten Entwicklungsstadium ziemlich genau der Höhenströmung folgen. Es besteht also eine enge Beziehung zwischen der Bahn der *jungen* Zyklonen und der Windrichtung höherer Niveaus, wie FICKER in der eingangs erwähnten Untersuchung bereits zeigte. Über den Zusammenhang zwischen Höhenströmung und Entwicklung der jungen Zyklone werden wir noch eingehend im nächsten Kapitel sprechen.

Wir wollen am Ende dieses Abschnittes die für die Praxis wichtigsten Regeln über die Bewegungssteuerung zusammenstellen.

**Regel (1/III):** Die 24stündigen Isallobaren werden in erster Näherung von derjenigen Höhenströmung gesteuert, die als erste den geradlinigsten Verlauf der Stromlinien zeigt. In den meisten Fällen wird die Topographie der 500 mb Fläche diesen Anforderungen gerecht. Nur in besonderen Fällen muß auf höhere Niveaus übergegangen werden.

**Regel (2/III):** Jeder Punkt der Isallobaren der Bodenkarte wird gesteuert, nicht allein die Zentren der isallobarischen Tiefs und Hochs. Als Steuerungszentren wirken die großen quasistationären Druckgebilde derart, daß die Verlagerung (auf der nördlichen Halbkugel) um eine Antizyklone im Uhrzeigersinn, um eine Zyklone entgegen dem Uhrzeigersinn erfolgt.

**Regel (3/III):** Im Durchschnitt beträgt die Verlagerungsgeschwindigkeit 50 bis 60% der Windgeschwindigkeit im Niveau der 500 mb Fläche. Im Jugendstadium der Bodendruckwelle kann sie auch 100% betragen.

**Regel (4/III):** Druckänderungsfelder im ersten Entwicklungsstadium folgen der Höhenströmung am besten.

**Regel (5/III):** An ausgesprochen zyklonalen Krümmungen der Höhenströmung erleiden die gesteuerten Druckfallgebiete eine Abschwächung, die Drucksteiggebiete eine Verstärkung.

**Regel (6/III):** Druckfallgebiete folgen zyklonal gekrümmten Höhenisohypsen genauer als antizyklonal gekrümmten. Drucksteiggebiete verhalten sich umgekehrt und trachten, die Bahn im Falle zyklonaler Krümmung abzukürzen, während sie den antizyklonal gekrümmten Isohypsen genau folgen.

**Regel (7/III):** Drucksteiggebiete können nicht durch ein Bodentief hindurchgesteuert werden. Dieses füllt sich auf und verhindert eine weitere Verlagerung, selbst wenn die Stärke der Höhenströmung dafür sprechen würde.

**Regel (8/III):** Tritt infolge starken Druckfalles auch in höheren Niveaus ein abgeschlossenes Höhentief auf, das dann mit geringer Achsenneigung über der Bodenzyklone liegt, so zeigen die von diesem Höhentief zyklonal gesteuerten Bodendruckfallgebiete häufig die Tendenz zur Aufspaltung. Ein Teil, der sich rasch abschwächt, folgt den zyklonalen Höhenisohypsen, ein anderer schert ohne wesentliche Intensitätsänderung nach rechts von der Strömungsrichtung aus. Eine ähnliche Aufspaltung der gesteuerten Bodendruckänderungen tritt ein, wenn die Höhenströmung selbst aufgespalten ist, wie im Falle eines blockierenden Hochs.

Die Kompliziertheit der Kopplung zwischen Bodendruckwellen und Höhenströmung wird bereits daraus ersichtlich, daß dieselben meist nicht mit dem vollen Betrag der Gradientwindgeschwindigkeit des Niveaus wandern, das die Richtung des Steuerungsvektors angibt. Nach Regel (3/III) sind meistens nur 50% der Windstärke im 500 mb Niveau für die Verlagerung anzusetzen. Es muß also hier die Erfahrung wesentlich in die an und für sich objektive Methode der Steuerung eingreifen. Eine vollkommen befriedigende Theorie der Steuerung steht noch aus. Die Vorstellung, daß den Vorgängen in der Höhe eine gewisse Priorität einzuräumen ist, kann nicht aufrecht erhalten werden. Natürlich lassen sich ohne weiteres, wie dies in einer größeren Anzahl von Untersuchungen getan wurde, aus der zeitlich differentiierten statischen Grundgleichung (I, 3) (S. 4) bei einer vorgegebenen (analytischen) Höhendruckwelle durch entsprechende Integration die Änderungen am Boden berechnen[1]. Für eine Theorie der Steuerung genügt dies jedoch nicht, da diese letztlich nur aus einer Integration der dreidimensionalen Bewegungsgleichungen erfolgen kann.

Auf Grund anderer Überlegungen theoretischer Natur über das Zustandekommen von Entwicklungen von Zyklonen gelangte

[1] S. dazu u. a. A. Defant [17].

Sutcliffe [71] zu der Ansicht, daß die sogenannte *thermische Steuerung* theoretisch begründeter zu sein scheint. Zu diesem Zwecke werden anstelle der Isohypsen der absoluten Topographie der 500 mb Fläche jene der relativen 500/1000 mb zur Steuerung verwendet. Wie Sutcliffe zeigen konnte, müßte sich das Bodendruckfeld in erster Näherung in Richtung dieser relativen Isopotentialen verlagern [1].

## 4. Aktive Steuerung.

Die im vorangegangenen Abschnitt beschriebene Bewegungssteuerung stellt naturgemäß nur eine erste Näherung an die wirklichen Verhältnisse dar. Betrachten wir nämlich eine Reihe aufeinanderfolgender Wetterkarten, so wird es offenbar, daß die wandernden Druckänderungen keineswegs eine starre Verlagerung der Rücken und Tröge im Isobarenbild bewirken, wie es aus der reinen Bewegungssteuerung folgen müßte. Durch innere Umformungen des Druckfeldes treten mehr oder weniger starke Deformationen auf, die unter Umständen sogar Anlaß zur Neubildung von abgeschlossenen Tiefs und Hochs geben können. Diese Umformungen des Druckänderungsfeldes haben ihren Sitz in oder über der betreffenden Luftmasse. Mit anderen Worten: Die individuellen Druckänderungen im mitbewegten Koordinatensystem sind nicht mehr gleich Null zu setzen. Auch ein mit der Strömung mitgeführter Barograph würde Druckänderungen aufzeichnen. Wir wollen hier nicht darauf eingehen, wie solche individuelle Änderungen zustande kommen bzw. wie sie auf der Wetterkarte erkannt und in ihrer Intensität abgeschätzt werden können. Dies wird im nächsten Kapitel geschehen. Uns interessiert hier nur, wie sich solche Änderungen auf den Steuerungsvorgang auswirken. Jedenfalls lassen sich derartige Veränderungen der isallobarischen Gebilde nicht mehr — wie bei der Bewegungssteuerung — durch einfache Translation verschiedener Luftmassen erklären. Hier handelt es sich um aktives Eingreifen der Druckänderungen auf den Transport der Luftmassen. Wie zuerst Ficker betont hat, ist ein solcher Vorgang genau genommen die richtige Art von Steuerung, zum Unterschied von dem passiven Mitführen im Sinne der Bewegungssteuerung. Mit anderen Worten:

*Aktive Steuerung bedeutet einen in der Atmosphäre wirksamen Mechanismus, durch den eine Luftmasse gezwungen wird, eine andere Richtung einzuschlagen als ihr eigengesetzlich entsprechen würde, d. h., als dem momentanen Höhengradienten zufolge zu erwarten wäre.*

Wir können also die aktive Steuerung auch auf folgende Weise beschreiben: Die isallobarischen Gebilde werden zunächst im Sinne reiner Bewegungssteuerung um die Steuerungszentren herumgeführt. Sie selbst bewirken aber mehr oder weniger große Änderungen des

[1] Wir kommen auf diese Theorie in Kap. VI in einem eigenen Abschnitt noch zurück.

Gradienten des Druckfeldes, die wieder Veränderungen der Windrichtung und -geschwindigkeit nach sich ziehen. Die Luftmassen selbst werden daher zunächst ebenfalls der steuernden Höhenströmung folgen, dann aber, entsprechend den stattgefundenen Änderungen des Bodengradienten, eine davon abweichende Bahn einschlagen. Die isallobarischen Gebilde wirken also auf die wandernden Luftmassen wie ein Steuer, indem sie die Richtung ändern, die sie ursprünglich eingeschlagen haben. Allerdings hat ein und dasselbe Druckänderungsgebilde nicht immer dieselbe steuernde Wirkung. Der Effekt hängt wesentlich von der Druck- und Temperaturverteilung der unteren Troposphäre ab. Eine aktive Steuerung wird nur wirksam, wenn in der näheren Umgebung des gesteuerten Druckänderungsfeldes entsprechende Luftmassen lagern, die dann in Bewegung gesetzt bzw. in ihrer Verlagerungsrichtung abgelenkt werden können. Eine besondere Bedeutung können im Sinne dieser aktiven Steuerung die aus einem winterlichen kontinentalen Hochdruckgebiet nach allen Seiten langsam ausfließenden Kaltluftmassen erlangen, da ihre Bahn durch entsprechend herangeführte Druckänderungsgebilde weitgehend modifiziert werden kann.

So wertvoll die Gedankengänge über den Mechanismus der aktiven Steuerung für die Wanderung der Luftmassen auch sein mögen, in der Praxis ist eine Berücksichtigung dieser Vorgänge etwa bei Konstruktion von Vorhersagekarten äußerst schwierig. Dies ist schon deswegen der Fall, weil in den Bodendruckänderungen bereits die über die ganze Atmosphäre integrierten Beiträge jeder Höhenschicht enthalten sind, die verschiedenen Luftmassen andererseits infolge ihrer mehr oder weniger großen vertikalen Erstreckung nur in den unteren Schichten thermisch bedingte Druckschwankungen hervorrufen. Man wird sich in der Praxis bei Anwendung des Steuerungsmechanismus darauf beschränken müssen, mit einer *räumlich* gemittelten Höhenströmung die Bodendruckänderungen im Sinne einer passiven Steuerung zu verlagern und die individuellen Änderungen nach anderen Gesichtspunkten abzuschätzen. Wie eine solche räumliche Mittelung objektiv durchgeführt werden kann, werden wir in Kap. VI besprechen. Erst wenn man auf diese Weise zu einer ungefähren prognostizierten Bodendruckverteilung gelangt ist, wird man die Verlagerung der Luftmassen nachträglich, entsprechend der ursprünglichen und der vorausgesagten Druckverteilung, abschätzen können. Wir werden diese praktische Konstruktionsmethode in einem eigenen Kapitel (V) behandeln.

Andererseits liefert die genaue Analyse der komplexen Natur der Druckschwankungen, d. h. die gesonderte Betrachtung der Boden- und Höhendruckänderungen in Verbindung mit dem durch Temperaturänderungen in den unteren Schichten thermisch bedingten Anteil, wertvolle Erkenntnisse für die Entwicklung von Zyklonen, wie zuerst Ficker [27] erkannte. Wir werden uns mit diesen Untersuchungen im nächsten Abschnitt beschäftigen.

## 5. Fickers Theorie der primären und sekundären Druckschwankungen.

Bereits 1920 konnte FICKER [27] zeigen, daß bei der Entwicklung einer Zyklone troposphärische und stratosphärische Druckschwankungen gekoppelt sind. In weiteren Untersuchungen stellte sich dann heraus, daß der Sitz der *„oberen“* Druckschwankungen nicht notwendigerweise immer in die Stratosphäre verlegt werden muß. Die Entdeckung der komplexen Natur der Druckänderungen geschah übrigens nicht im Zusammenhang mit einer Zyklonenentwicklung, sondern durch sorgfältige Analyse der Vorgänge bei niedrigen Kaltluftausbrüchen aus dem winterlichen Hochdruckgebiet über Rußland. Es zeigte sich daselbst, daß der in der Kaltluft aus thermischen Gründen zu erwartende Druckanstieg oft ausblieb, also durch einen *„oberen“* Druckfall überkompensiert sein mußte. FICKER dehnte seine Untersuchungen auf gleichzeitige Registrierungen an Boden- und Bergstationen in den Alpen aus und kam schließlich zu der Vorstellung, daß sämtliche Druckschwankungen sich im wesentlichen aus zwei Druckwellen, nämlich einer „unteren“ (seiner Ansicht nach überwiegend thermisch bedingten), sogenannten *sekundären* und einer „oberen“ *primären* zusammensetzen. Den Sitz der oberen Druckwelle verlegte er in die Stratosphäre und versuchte die Druckänderungen daselbst ebenfalls thermisch (durch advektive Vorgänge) zu erklären[1]. Wir werden später (Kap. VI) bei einer genauen theoretischen Betrachtung sehen, daß eine rein thermische Erklärung der Druckänderungen nicht immer möglich ist. Dies ändert jedoch nichts an der von FICKER entdeckten Tatsache über die Kopplung der beiden Druckwellen.

In der Mehrzahl der Fälle muß man im Sinne der hier behandelten Anschauung annehmen, daß die beiden Wellen sich in derselben Richtung und mit annähernd gleicher Wellenlänge, jedoch mit einer Verzögerung der Phasen fortbewegen. Auf diese Weise können prinzipiell sechs verschiedene Fälle unterschieden werden, wobei zweimal die sekundäre durch die primäre Welle überkompensiert wird. Dies ereignet sich nämlich, wenn der Bodendruck auch nach einem Kaltlufteinbruch in der unteren Troposphäre noch weiter fällt oder wenn er seinen Anstieg fortsetzt, obwohl sich die untere Troposphäre bereits weitgehend erwärmt hat. Beide Fälle sind für die damit verbundene Witterung äußerst wichtig und es war das große Verdienst von FICKER, den Anteil der Vorgänge in großer Höhe an solchen Wetterlagen aufgezeigt zu haben. Infolge orographischer Einflüsse kann sich die Phasendifferenz der beiden Wellen ändern, ebenso kann die Ausbreitungsgeschwindigkeit Schwankungen unterliegen. Immer jedoch bedeutet ein oberer Druckfall zyklonale, ein oberer Druckanstieg antizyklonale Ent-

[1] Dies entspricht der von SCHMAUSS [69] entwickelten Theorie von Verschiebungen des *äquatorialen* Systems mit einer hochreichenden aber kalten Stratosphäre zum Unterschied vom *polaren* System mit einer warmen Stratosphäre.

wicklung. FICKER selbst versuchte keine Entscheidung darüber zu treffen, ob die obere Druckwelle ursprünglich unabhängig von den Vorgängen in der unteren Troposphäre existiert bzw. ob ihr eine wirklich *primäre* Rolle zukommt. Eine solche Ansicht wäre auch nach neueren theoretischen Untersuchungen kaum vertretbar.

Ist die Drucktendenz an einer Boden- und einer Höhenstation (Bergobservatorium) in nicht zu langen Zeitintervallen bekannt, so läßt sich FICKERS Theorie erfolgreich für die Wetterprognose verwerten. Natürlich können anstelle von Bergstationen auch Messungen der Radiosonden herangezogen werden. In den meisten Fällen genügt es, 24stündige Druckänderungen zu betrachten, obwohl manchmal kürzere Zeitintervalle, etwa 12stündige, bessere Resultate ergeben, was besonders in Fällen rascher Wetterentwicklung zu beachten sein wird. Entsprechend den oben erwähnten sechs verschiedenen Möglichkeiten lassen sich folgende Regeln für die Wettervorhersage aufstellen:

**Regel (9/III):** Druckanstieg an der Boden- und der Höhenstation verbunden mit Temperaturanstieg in der Zwischenschicht bedeutet Fortdauer des schönen Wetters.

**Regel (10/III):** Druckfall in der Niederung bei noch ansteigendem Druck in der Höhe und noch zunehmender Temperatur der Zwischenschicht muß als Beginn des Abbaues der Schönwetterlage aufgefaßt werden. Dies zeigt sich in einer Zunahme höherer Bewölkung.

**Regel (11/III):** Heftiger Druckfall an der Talstation mit gleichzeitigem Beginn des Druckfalles in der Höhe kündigt die einsetzende zyklonale Entwicklung an. Dabei steigt zunächst noch die Temperatur der Zwischenschicht weiter an (Warmluftadvektion). Ein besonderes Kennzeichen für bevorstehende Wetterverschlechterung ist ein leichter Temperaturfall an der Höhenstation. Diese sogenannte präfrontale Abkühlung in der Höhe kündigt den unmittelbar bevorstehenden Einbruch von Kaltluftmassen an.

**Regel (12/III):** Dauert der Druckfall auch nach dem Einbruch der Kaltluft in der Niederung und in der Höhe noch an, so bedeutet dies Fortdauer des schlechten Wetters.

**Regel (13/III):** Steigt der Druck zwar an der Talstation (der allgemein übliche Fall nach einem Einbruch von Kaltluft) jedoch nicht an der Höhenstation, die noch Druckfall meldet, so darf keine rasche Wetterbesserung vorausgesagt werden, wenn auch gelegentliches Aufklaren im Zusammenhang mit dem Absinken in der Kaltluft beobachtet wird.

**Regel (14/III):** Beginnt der Druck jedoch auch an der Höhenstation zu steigen, so ist Wetterbesserung zu erwarten. Setzt schließlich auch noch Temperaturanstieg in der Zwischenschicht ein, so führt dies zum ersten Fall zurück, womit der Zyklus geschlossen ist.

Zu dem obigen Schema wurde vorausgesetzt, daß die primäre Welle ungefähr eine Phasenverzögerung von einer Viertelwellenlänge gegenüber der sekundären aufweist, was natürlich nicht immer der Fall sein muß. Bei Ausnahmen versagen die eben angeführten Regeln. FICKER konnte zeigen, daß bei Kaltluftausbrüchen aus dem kontinentalen winterlichen Hochdruckgebiet über Rußland und Nordasien die beiden Wellen häufig auch dieselbe Phase besitzen. Es kann sich auch ereignen, daß die primäre Welle vor der sekundären eintrifft.

Der große Vorteil bei der Verwendung obiger Regeln im täglichen Wetterdienst besteht darin, daß sie auch eine Aussage über den Wechsel in der Bewölkung machen, eine Aufgabe, die bei der Prognose immer auf gewisse Schwierigkeiten stößt. BIDER [2] überprüfte die Regeln unter Verwendung von Beobachtungen von Schweizer Tal- und Bergstationen. Er fand, daß der Wechsel der Bewölkung 24 Stunden voraus mit einer Trefferwahrscheinlichkeit von 70 bis 90% prognostiziert werden konnte, was für synoptische Methoden eine ganz außerordentlich hohe Zuverlässigkeit darstellt. Es muß allerdings erwähnt werden, daß die Regeln in erster Linie sich in den Gebirgsgegenden der Alpen bewährt haben, während eine Anwendung im Flachland mit Hilfe von Radiosondenmeldungen nur selten durchgeführt wurde.

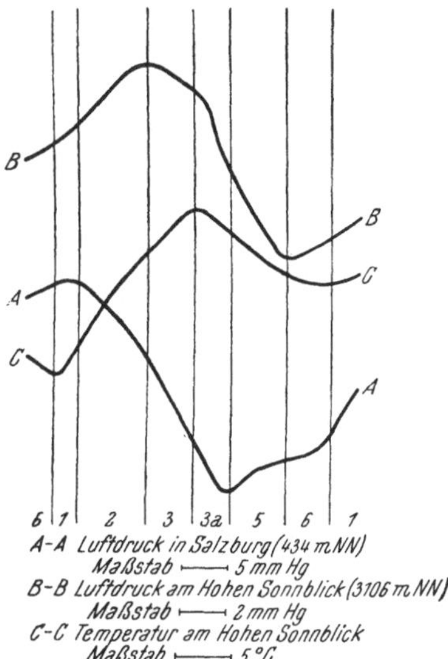


Abb. 14. Verlauf von Luftdruck und Temperatur an einer Tal- und Bergstation in Österreich in der Zeit vom 13. bis 16. XII. 1949 zur Illustration der *Fickerschen* Regeln.

Um das obige Schema an einem Beispiel zu illustrieren, sind in Abb. 14 der Druck und die Temperatur für zwei Stationen in Österreich, nämlich für eine Talstation (Salzburg 434 m NN) und eine Bergstation (Sonnblickobservatorium 3106 m NN), während der Periode vom 13. bis 16. Dezember 1949, in der eine entsprechende Wetterentwicklung stattfand, als Funktion der Zeit aufgetragen. Anstelle der in diesem Falle nicht genügend genau bekannten Temperatur der Zwischenschicht ist in Abb. 14 die Temperatur an der Bergstation angegeben. Die einzelnen Stadien, entsprechend den oben angeführten Regeln, lassen sich an Hand der Kurven gut erkennen. Die Zahlen zwischen den senkrechten Linien sollen auf die Fälle der Entwicklung gemäß den Regeln hindeuten, wobei Stadium 1 dem Fall der Regel (9/III), Stadium 2 dem der Regel (10/III) usw. bis Stadium 6 dem Fall der Regel (14/III) entspricht. Stadium 3 ist in zwei Fälle aufgegliedert, wobei der Fall 3 a die in der Regel (11/III) besonders erwähnte präfrontale Abkühlung zum Ausdruck bringt. In dem hier angeführten Beispiel sind alle Stadien der Reihe nach realisiert.

Bei Verwendung der in diesem Abschnitt behandelten FICKERschen Theorie für die Wettervorhersage ist zu bedenken, daß die entsprechenden Regeln natürlich nur in Ergänzung zu anderen synoptischen Methoden heranzuziehen sind und diese keineswegs ersetzen können. Andererseits kann auf die Wichtigkeit des genauen Studiums der Kopplung von Boden- und Höhendruckänderungen bei Aufstellung der Wetterprognose gar nicht genügend hingewiesen werden. Jede Entwicklung setzt eine „*Achsenneigung*“ der zyklonalen Gebilde mit der Höhe voraus, die durch Vergleich der Bodenkarte mit den Höhenkarten rasch festgestellt werden kann. In diesem Zusammenhang ist es auch vorteilhaft, eigene Tendenzkarten für die Höhe zu zeichnen, um einen Vergleich der Veränderlichkeit in verschiedenen Niveaus zu erhalten.

## 6. Statistische Untersuchungen über die Zugbahnen der Druckminima.

Als Bestätigung für die in den vorangegangenen Abschnitten besprochenen Steuerungsvorgänge in der Atmosphäre und den offensichtlichen Zusammenhang zwischen den Bahnen der Bodendruckwellen und der Höhenströmung können auch statistische Untersuchungen herangezogen werden. Schon vor mehr als 60 Jahren hat VAN BEBBER eine solche Statistik über die häufigsten Zugbahnen der Druckminima in Europa veröffentlicht, die zu seiner Zeit als für die Wettervorhersage überaus nützlich und wichtig angesehen wurde. Trotzdem man bald erkannte, daß eine statistische Untersuchung allein höchstens eine Hilfe bei der Prognose bilden kann, sind auch heute noch zur Klassifizierung bzw. zur Charakterisierung verschiedener „typischer“ Wetterlagen die Ergebnisse VAN BEBBERS verwendbar. In der Abb. 15 sind die Zugstraßen mit den von VAN BEBBER angegebenen Ziffern veranschaulicht. In neuerer Zeit haben SCHINZE und SIEGEL [68] in einer wertvollen Ergänzung zur Zugstraßenstatistik die Häufigkeit der Höhenströmungen über Europa untersucht. Das Ergebnis ist in Abb. 16 gezeigt. Bei einem Vergleich der beiden Abbildungen wird die Ähnlichkeit sofort augenscheinlich und wir erhalten somit durch statistische Methoden eine Bestätigung der Steuerung. SCHINZE konnte zeigen, daß eine noch bessere Übereinstimmung erzielt werden kann, wenn anstelle der Zugbahnen der Druckminima diejenigen der isallobarischen Tiefs verwendet werden, was nach dem in den vorangegangenen Abschnitten Gesagten ohne weiteres verständlich erscheint.

In der Abb. 15 können wir die verschiedenen Typen der Steuerung, d. h. die antizyklonale und die zyklonale Steuerung erkennen, indem wir die Krümmung der Zugbahnen betrachten. So kann die Bahn $I_a$, $I_b$ und $I_c$ als antizyklonale Steuerung, verursacht durch ein stationäres Hoch über Zentraleuropa, beschrieben werden. Die Zugbahnen $II$, $IV_a$ und $IV_b$ stellen dagegen eine zyklonale Südweststeuerung dar, die durch ein stationäres Zentraltief zwischen Island und der norwegischen Küste hervorgerufen sein wird. Die Type *III* wird Nordweststeuerung genannt und leitet sich von einem über den Britischen Inseln liegenden stationären Hochdruckrücken her, dessen Entstehung in Zusammenhang mit dem auf S. 49 besprochenen Blockierungseffekt zu bringen ist.

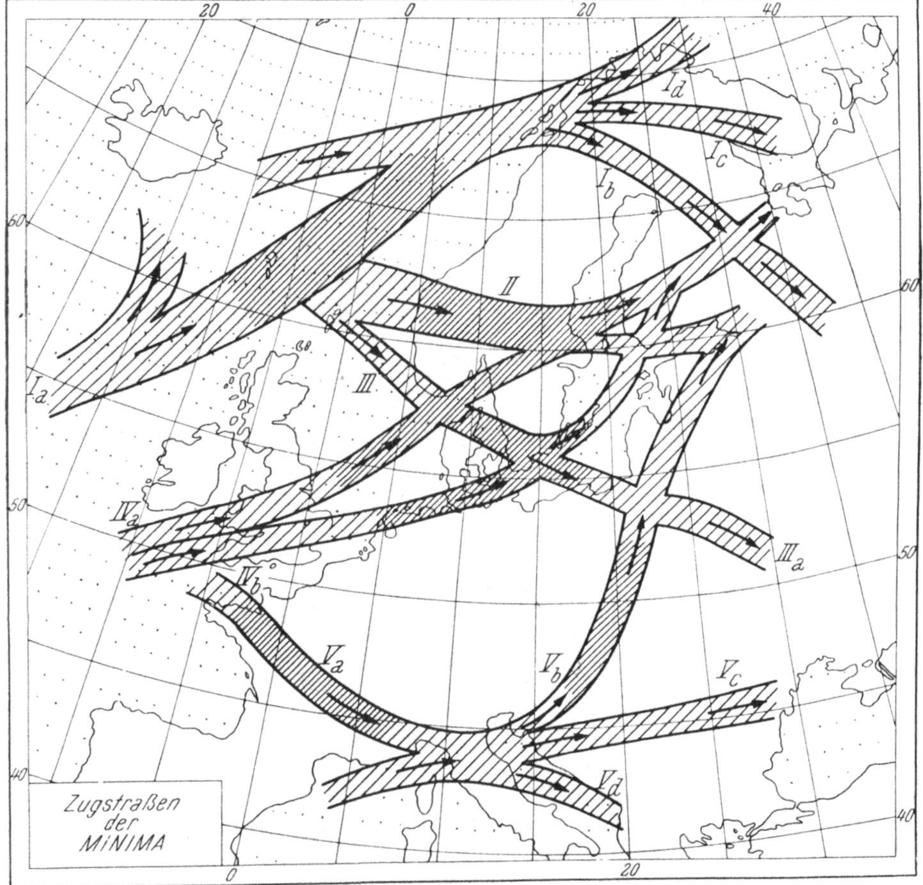


Abb. 15. Zugstraßen der Tiefdruckgebiete über Europa nach der Statistik von *van Bebber*.

Schließlich erkennen wir noch aus der Abb. 15 die für den Wetterablauf in Mitteleuropa äußerst wichtige Trogsteuerung, die durch einen Höhentrog mit meridionaler Achse gerade über Zentraleuropa zustande kommt. In diesem Falle wandern die Bodendruckminima von Westfrankreich (Golf von Biskaya) auf der Zugstraße $V_a$ nach Norditalien und folgen dann der für die Wetterentwicklung im östlichen

Mitteleuropa bedeutungsvollen Zugstraße $V_b$ über Ungarn und Polen in nördlicher Richtung. Diese Zugstraße, die eine bemerkenswerte Abweichung von der sonst überwiegend west-östlichen Richtung aufweist und unter Umständen in ihrem letzten Teil sogar eine retrograde

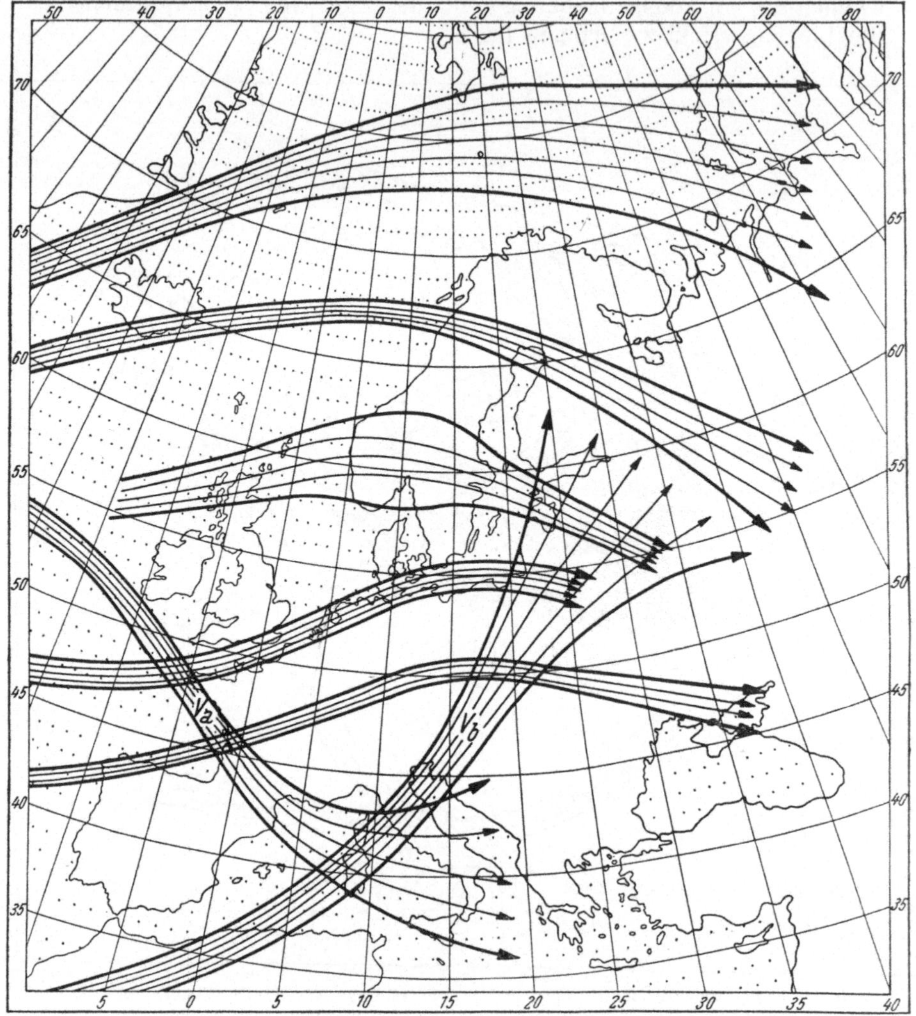


Abb. 16. Die hauptsächlich über Europa auftretenden Höhenströmungen nach *Schinze* und *Siegel*.

Wanderung der Druckminima ergeben kann, verursacht im östlichen Mitteleuropa Zufuhr warmer und feuchter Mittelmeerluft. Dies kann unter Umständen eine äußerst ergiebige Niederschlagstätigkeit zur Folge haben, wobei es in besonders ausgeprägten Situationen zu gefürchteten Überschwemmungen (Hochwasser) kommen kann. Dies ist auch der Grund, warum heute noch häufig im praktischen Wetterdienst die „$V_b$ *Wetterlage*“ erwähnt wird, während die anderen Typenbezeichnungen von VAN BEBBER nur mehr historischen Wert besitzen.

Wenn es auch in vielen Fällen nützlich sein mag, bei der Aufstellung der Wetterprognose sich zunächst über den nach statistischen Untersuchungen wahrscheinlichsten Weg einer Zyklone klar zu werden, so darf nicht vergessen werden, daß für die Lösung eines Problems der exakten Naturwissenschaften die Statistik zwar häufig das erste, niemals jedoch das letzte Wort sprechen kann. Eine Wetterprognose, die ausschließlich auf statistischen Ergebnissen beruht, kann daher niemals eine endgültige Lösung des Problems bedeuten und keinen Anspruch auf allgemeine Anerkennung finden, selbst dort, wo andere Methoden derzeit kaum verwendet werden können, wie bei langfristigen Wettervorhersagen.

# IV. Entstehung und Entwicklung von Tiefdruckgebieten.

## 1. Einleitung.

Wir haben im vorangegangenen Kapitel gesehen, in welcher Beziehung Veränderungen des Bodendruckfeldes zur Höhenströmung stehen, wie dieser Zusammenhang allein schon wertvolle Erkenntnisse für die Prognose der Druckverteilung liefert und damit einen grundlegenden Bestandteil der Wettervorhersage bildet. Andererseits mußten wir aber auch die Grenzen dieser Methode, insbesondere bei Anwendung des Prinzipes der Steuerung, erkennen, da die individuellen Druckänderungen, die bei der Bewegungssteuerung nicht erfaßt werden, unter Umständen einen ausschlaggebenden Anteil der tatsächlich auftretenden Änderungen ausmachen. Wir wollen uns daher in diesem Kapitel mit den Entwicklungen von Tiefdruckgebieten, die vor allem für das Auftreten von individuellen Druckänderungen verantwortlich sind, beschäftigen. Es handelt sich dabei um das wichtigste, zugleich allerdings auch schwierigste Problem der synoptischen Meteorologie, da ein großer Teil der Wettererscheinungen wesentlich mit diesem Prozeß verknüpft ist.

Bei der kinematischen Analyse (Kap. II) konnten wir bereits sehen. daß die Drucktendenz im Zentrum einer Zyklone einen Hinweis für die zu erwartende Vertiefung bzw. Auffüllung liefert [s. Regel (10/II)]. Doch hängt die Entwicklung eng mit dem Vorgang bei der Entstehung von Tiefdruckgebieten zusammen. Zur Lösung der schwierigen Aufgabe, die Bildung von Zyklonen zu erklären, müssen dynamische Überlegungen in den Vordergrund der Betrachtungen gestellt werden. Eine bloße Extrapolation von der Vergangenheit in die Zukunft ist hier nicht möglich.

## 2. Zyklonentheorien.

Anfangs dachte man, daß die Bodenbeobachtungen bereits hinreichen, um Neubildung und Vertiefung von Tiefdruckgebieten genügend genau erkennen und erklären zu können. Dieser Auffassung entspricht auch das bekannte Zyklonenmodell von V. BJERKNES, demzufolge die Zyklonen mittlerer Breiten nur an der polaren Grenzfläche (Polarfront) zwischen Kalt- und Warmluft entstehen und auch bei ihrer Fortpflanzung an diese Unstetigkeitslinie gebunden sind. Die Zyklonen sind ursprünglich „*Störungen*“ an der Polarfront, die sich wellenförmig fortpflanzen. Die Zugrichtung der Zyklone ist durch die Richtung der „*ungestörten*“ Polarfront gegeben.

J. Bjerknes und Solberg [3] haben in einer klassischen Untersuchung durch schematische Zeichnungen den ganzen Lebenslauf einer Zyklone im Sinne dieser Theorie dargestellt, was einen großen Fortschritt in der synoptischen Meteorologie bedeutete. Abb. 17 veranschaulicht diese Polarfronttheorie der Zyklonen. Das erste Anzeichen für die Bildung einer Depression zeigt sich in einer kleinen Deformation der früher glatt verlaufenden polaren Grenzfläche, die zunächst noch einen der Theorie von Margules (S. 20) entsprechenden stationären Zustand versinnbildlicht. Auf der südlichen Seite herrscht Westwind, auf der nördlichen Ostwind. Eine Zunge von Kaltluft breitet sich nunmehr nach Süden aus, eine solche von Warmluft nach Norden. Damit hat die Wellenbildung begonnen. Wesentlich für die Entwicklung solcher primärer Störungen an der Polarfront zu den uns von den Wetterkarten her bekannten mächtigen Tiefdruckgebieten ist, daß diese Wellen tatsächlich instabil sind, d. h., daß sie ihre Amplitude vergrößern, wodurch es dann zu einem bedeutenden Transport der verschieden gearteten Luftmassen in meridionaler Richtung kommt.

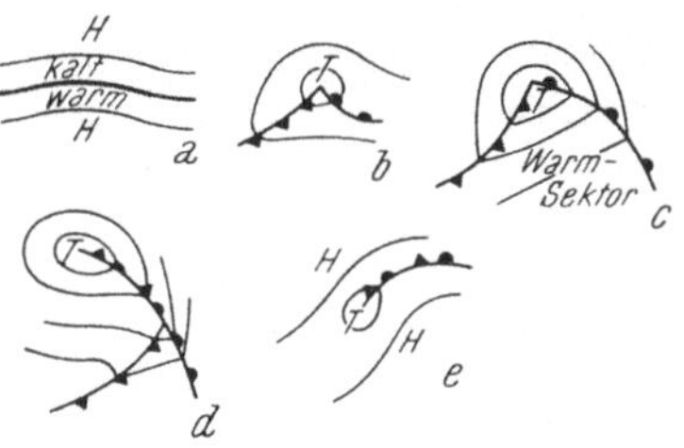

Abb. 17. Entstehung und Lebenslauf einer Zyklone nach der Polarfronttheorie.

Wird schließlich im weiteren Verlauf die ursprüngliche Diskontinuität durch Vermischung verwischt, was durch den sogenannten Okklusionsprozeß erkennbar wird (die Kaltfront bewegt sich rascher als die Warmfront und vereinigt sich mit dieser zur Okklusionsfront[1]), so hat die Zyklone ihren Höhepunkt in der Entwicklung überschritten; sie verliert an Intensität und stirbt ab. Die Zyklone erreicht im allgemeinen ihre größte Intensität knapp vor der Okklusion. J. Bjerknes und Solberg konnten auch eine Beziehung zwischen der Fortpflanzungsrichtung der Zyklone und ihrer inneren Struktur ableiten, die im praktischen Wetterdienst noch heute gute Dienste leisten kann.

**Regel (1/IV):** Das Zyklonenzentrum wandert in Richtung der Luftströmung im Warmsektor, d. h. angenähert parallel zur Richtung der Isobaren im Warmsektor. Die Geschwindigkeit wächst gleichzeitig mit Zunahme der Windgeschwindigkeit in diesem.

Palmén [49] konnte diese Beziehung zwischen der Zugrichtung der Zyklonen und der Windrichtung in ihrem wärmsten Bereich in den meisten Fällen bestätigt finden. Die Regel (1/IV), die auch *Warmsektorregel* genannt wird, deckt sich übrigens im wesentlichen mit der von uns im vorangegangenen Kapitel aufgestellten Behauptung, daß die Bodendruckwellen der Höhenströmung folgen, da die Richtung der

[1] S. dazu auch die Abb. 5 auf S. 25.

Bodenisobaren innerhalb des Warmsektors weitgehend mit derjenigen der Höhenisopotentialen übereinstimmen.

Die BJERKNESsche Theorie der Entwicklung von Tiefdruckgebieten bildet keinen logischen Widerspruch zu der älteren, im wesentlichen von MOHN und EXNER [25] begründeten *thermischen Theorie*, die besagt, daß sich Depressionen normal zum horizontalen Temperaturgradienten fortpflanzen und zwar derart, daß die höhere Temperatur rechts liegen bleibt. Die Luftströmung im Warmsektor steht nämlich meistens normal zum Temperaturgefälle.

Bei der Wellentheorie der Zyklonen handelt es sich um eine dynamische Theorie, die aber wesentlich auf einem thermischen Anfangszustand, nämlich der Verteilung der Luftmassen entlang der Polarfront, beruht. Wie ein Temperaturgegensatz von Luftmassen verschiedenen Ursprungs für die Entstehung der Zyklonen notwendig ist, so ist auch ihre Intensität durch die Größe des Temperaturgegensatzes bedingt und die Temperaturasymmetrie ist schließlich auch die Ursache für die Verlagerung der Tiefdruckgebiete. Je größer der Temperaturgegensatz ist, desto rascher ziehen sie weiter und sie werden dann stationär, wenn dieser verschwindet. Zu einem gewissen Grade läßt sich auch der im vorangegangenen Kapitel beschriebene Einfluß der Höhendruckverteilung auf die Verlagerung der Bodendruckgebilde mit dieser Auffassung in Einklang bringen, da die Höhenströmung ein indirekter Ausdruck für die horizontale Temperaturverteilung ist, wenn wir die thermische Windgleichung (I, 13) auf S. 15 zu Rate ziehen. Der Einfluß der oberen Druckverteilung ist dann demjenigen der Temperaturverteilung vergleichbar, er ist sozusagen eine andere Darstellungsweise. Wir werden allerdings später sehen, daß diese Auffassung nicht immer zutreffend ist, da Druckänderungen nicht allein thermisch erklärt werden können.

Die Theorie der Entstehung instabiler Wellen an der Polarfront, im Sinne der BJERKNESschen Vorstellung über die Bildung und Entwicklung von Tiefdruckgebieten, hat sich trotz eines außerordentlich großen Aufwandes an mathematischen Hilfsmitteln als äußerst schwierig erwiesen. Es gibt verschiedene Wellen, die an einer Frontfläche entstehen können. Für die Theorie der Zyklonenwellen kommen im wesentlichen nur drei solcher Wellentypen in Frage, nämlich:

1. *Gravitationswellen.* Die Natur dieser Wellen kann am besten durch Vergleich mit den Wellen an der Oberfläche eines Meeres beschrieben werden. Die einzelnen Teilchen oszillieren in einer Vertikalebene und beschreiben dabei Kreise oder Ellipsen. In diesen Wellen findet eine ständige Umwandlung von potentieller in kinetische Energie statt und umgekehrt. Die wirksame Kraft ist die Gravitationskraft. Der Prozeß ist reversibel und die Wellen sind stabil. Solche Gravitationswellen können an den atmosphärischen Diskontinuitätsflächen entstehen. Da aber Instabilität die wesentliche Eigenschaft der Zyklonenwellen ist, kann der Einfluß der Gravitationskraft auf die Zyklonenwellen nicht dominierend sein. Gravitationswellen bilden

sich vielfach an Inversionsflächen (Temperaturumkehrschichten) der freien Atmosphäre, wo sie zur Ausbildung typischer Wolkenformen, sogenannter Wogenwolken, Anlaß geben können, wie schon HELMHOLTZ frühzeitig erkannt hat.

2. *Trägheitswellen.* Eine andere Quelle für die zur Wellenbildung notwendige Energie kann in Trägheitskräften gesucht werden, wobei die ablenkenden Kräfte der Erdrotation in Betracht gezogen werden müssen. Diese Corioliskräfte können bei der Ausbildung von Gravitationswellen außer acht gelassen werden, da die Periode der Oszillation dieser Wellen sehr klein ist. Es läßt sich zeigen, daß die Trägheitswellen gewöhnlich ebenfalls stabil, jedoch von großer Wellenlänge und einer Periode von mehreren Stunden sind. Sie kommen daher, zumindest bezüglich ihrer letzteren Eigenschaft, den Zyklonenwellen nahe. Da jedoch Instabilität für die Entwicklung der Tiefdruckgebiete unbedingt erforderlich ist, muß nach einer weiteren Wellenart gesucht werden, die zusammen mit den Trägheitswellen den verlangten Typus ergibt.

3. *Scherungswellen.* Diese Wellen entstehen bei Vorhandensein einer Winddiskontinuität, selbst wenn die Luftmassen sonst homogen sind. In der Atmosphäre treten sie allerdings an den tatsächlichen Diskontinuitätsflächen fast immer zusammen mit den Gravitations- und den Trägheitswellen auf. Bereits HELMHOLTZ hat in seinen klassischen Arbeiten zur Hydrodynamik eine Formel für die Ausbreitungsgeschwindigkeit von Wellen an einer Diskontinuitätsfläche zweier unendlicher, inkompressibler Medien abgeleitet, die die Kombination von Gravitations- und Scherungswellen berücksichtigt. Für eine qualitative Diskussion der in der Atmosphäre auftretenden Wellen eignet sich diese Formel auch heute noch, obwohl die Theorie der Scherungswellen insbesondere von SOLBERG und GODSKE [30] wesentlich ausgebaut wurde. Es zeigt sich, daß Scherungswellen allein immer instabil sind. Dies wäre dann der Fall, wenn eine Luftmasse homogen, d. h. von derselben Dichte wäre, aber eine Winddiskontinuität an einer Grenzfläche aufweisen würde. Zeigt jedoch die Dichte an der Grenzfläche ebenfalls einen Sprung, so ergibt sich, daß die Instabilität von der Wellenlänge abhängt, je nachdem, ob der stabilisierende Einfluß der Gravitation durch die Scherungsinstabilität überkompensiert wird oder nicht[1].

Für die gesuchten Zyklonenwellen ist es erforderlich, den kombinierten Effekt sämtlicher drei Wellenarten zu untersuchen. Trotz wichtiger Erkenntnise, die durch zahlreiche diesbezügliche Untersuchungen gewonnen wurden, konnte die Theorie für die tatsächlich auftretenden Zyklonenwellen, deren Wellenlänge zwischen 500 und 3000 km liegt und bei denen nach dem eben Gesagten der stabilisierende Effekt der Gravitation und der Trägheitskräfte durch Scherungsinstabilität überkompensiert sein muß, keine vollständig befriedigende

[1] Wir haben auf S. 23 bewiesen, daß an Fronten nur eine zyklonale Scherung möglich ist.

Lösung bringen. Daher ist eine Anwendung der theoretischen Ergebnisse für Zwecke der Wettervorhersage derzeit nicht möglich.

Dagegen bleibt die aus der BJERKNESschen Theorie sich ergebende Tatsache, daß Zyklonenwellen, wie immer auch der Mechanismus ihrer Entstehung und Entwicklung im einzelnen sein mag, sich vorzugsweise an Fronten, vornehmlich an der Polarfront, bilden, für die synoptische Meteorologie und damit für die Wettervorhersage in den gemäßigten Breiten von ausschlaggebender Bedeutung. Es ist daher notwendig, sich mit der Entstehung von Fronten, der sogenannten *Frontogenese*, näher zu beschäftigen, um die für Zyklonenbildung bevorzugten Stellen auf den Wetterkarten erkennen und sie für eine mögliche Entwicklung von Tiefdruckgebieten in Betracht ziehen zu können. Wir werden daher zunächst auf dieses Problem eingehen. Die Begriffe *Frontogenese* für die Bildung, bzw. *Frontolyse* für die Auflösung von Fronten wurden von BERGERON in die Meteorologie eingeführt. Wir wollen folgende notwendige und hinreichende Bedingungen besonders hervorheben:

*Für die Entstehung einer Front ist erforderlich, daß zwei Luftmassen verschiedener Dichte in nicht zu weiter Entfernung voneinander vorhanden sind und daß das herrschende Windsystem derart beschaffen ist, daß diese zwei Luftmassen einander weiter genähert werden.*

*Eine Auflösung von Fronten tritt dann ein, wenn entweder die Dichtedifferenz (Temperaturgegensatz) verschwindet oder die Windverteilung so gestaltet ist, daß die Luftmassen auseinandergeführt werden.*

Für die Frontogenese sind mithin zwei Bedingungen erforderlich, während für die Frontolyse schon eine genügt.

Entsprechend den eben formulierten Bedingungen muß eine geeignete Druck- und Temperaturverteilung in gewissen Gegenden herrschen, um Frontenentstehung oder Frontenauflösung zu verursachen. Neben den statistisch festgestellten, bevorzugten Gebieten für die mittlere Lage der Polarfront gibt es fast auf jeder Wetterkarte andere Gegenden, wo infolge besonderer Druckverteilung die Voraussetzungen für eine *Frontalzone*, d. h. für Frontenentstehung gegeben sind. Die rechtzeitige Erkennung solcher ausgezeichneter Drucksituationen ist verständlicherweise für die Praxis der Wettervorhersage von größter Wichtigkeit.

BERGERON [1] studierte als erster eine in dieser Hinsicht ausgezeichnete Druckverteilung bzw. das dazu gehörende Strömungsfeld. Es handelt sich dabei um das in der Hydrodynamik als sogenanntes Deformationsfeld bezeichnete hyperbolische Stromlinienfeld, wie es aus Abb. 18 zu ersehen ist. Wir erkennen ein System hyperbolischer Stromlinien (Isobaren) um zwei Hochdruckgebiete und zwei Tiefdruckgebiete, während der Schnittpunkt der Asymptoten an die Hyperbeln, der *hyperbolische* oder *neutrale* Punkt in der Abb. 18 in den Koordinatenursprung zu liegen kommt. Eine dieser schematischen Darstellung ähnliche Druckverteilung läßt sich tatsächlich häufig auf Wetterkarten finden. Beispielsweise erzeugen ein warmes Azorenhoch und ein kaltes Neufundlandhoch zusammen mit einem Tief über Island und einem anderen über den Bermudas ein solches Strömungsfeld.

Der wesentliche Effekt des Deformationsfeldes besteht darin, daß es die Gegensätze der von Norden und Süden heranströmenden, verschieden temperierten Luftmassen auf engem Raum verschärft. Daß dies tatsächlich der Fall ist, erkennt man sofort, wenn man die Strömung in die $x$- und $y$-Komponente zerlegt, wie dies in Abb. 19 geschehen ist. Die Länge des Pfeiles in der Abb. 19 ist proportional der Windgeschwindigkeit gezeichnet. Es wird auch unmittelbar verständlich, daß man die $x$-Achse als Dehnungs-, die $y$-Achse als Schrumpfungsachse bezeichnet.

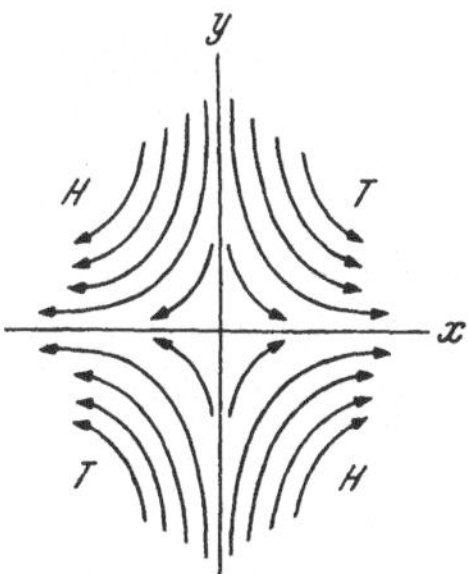

Abb. 18. Hyperbolisches Stromlinienfeld (Deformationsfeld) als Frontalzone.

Ob nun bei einer dem Deformationsfeld entsprechenden Druckverteilung tatsächlich Frontogenese, d. h. Verschärfung der Temperaturgegensätze, oder Frontolyse, d. h. Verminderung der Temperaturgegensätze, eintritt, hängt von der Lage der Isothermen zu den Stromlinien ab. Ist der Verlauf der Isothermen derart, daß sie normal zur Dehnungsachse liegen, wird Frontenauflösung stattfinden, bilden sie dagegen einen großen Winkel zur Schrumpfungsachse oder stehen sie im Extremfall normal zu dieser, so wird es zur Frontenbildung kommen. PETTERSSEN [52] konnte zeigen, daß für den neutralen Punkt ein Winkel von 45 Graden zwischen den Isothermen und der Dehnungsachse notwendig ist, um Frontenbildung hervorzurufen. Dies gilt, wenn die beiden Achsen im neutralen Punkt aufeinander normal stehen, wie es in Abb. 18 angenommen wurde. Anderenfalls ändert sich diese Bedingung entsprechend. In den meisten Fällen wird die Linie, entlang der Frontenbildung stattfindet, mit der Dehnungsachse zusammenfallen.

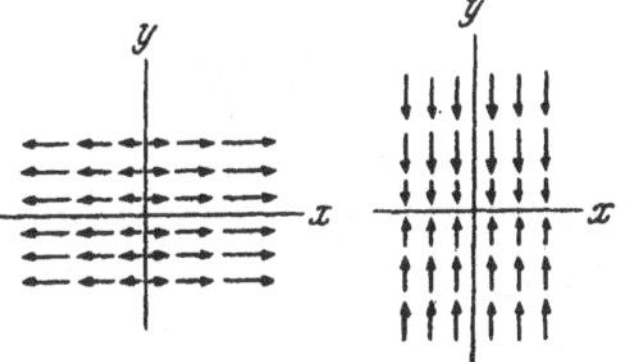

Abb. 19. Komponenten der Windgeschwindigkeit in einem Deformationsfeld. Dehnungs- und Schrumpfungsachse.

Natürlich ist es nicht erforderlich, daß ein derart stark idealisiertes Deformationsfeld, wie es in der Abb. 18 gezeichnet wurde, vorhanden sein muß, um eine Frontalzone zu erhalten. Grundsätzlich eignet sich dazu jede Windverteilung, die so beschaffen ist, daß die Isothermen dadurch einander genähert werden. Wesentlich ist lediglich, daß Windrichtung und Isothermen nicht zusammenfallen, die Temperatur der zusammengeführten Luftmassen eine konservative Eigenschaft derselben ist und daß der Temperaturgradient seine Richtung innerhalb der betrachteten Zone angenähert beibehält.

Es ist im allgemeinen nicht sehr schwierig, auf den synoptischen Wetterkarten diejenigen Druckfelder ausfindig zu machen, die nach dem eben Gesagten zur Frontenbildung führen, d. h. die Frontalzone aus dem Bodenströmungsfeld zu erkennen. Nach der Zyklonentheorie der norwegischen Schule müßten sich alle außertropischen Tiefdruckgebiete als Wellenstörungen an solchen Fronten bilden. Dies ist auch durch eine große Anzahl von Fällen bisher bestätigt worden. Die Behauptung gilt jedoch keineswegs umgekehrt, nämlich, daß jedes Deformationsfeld oder jede aus dem Strömungsbild der Bodenkarte ersichtliche Frontalzone tatsächlich zu Zyklonenbildung führen muß. Ein solcher Zustand kann ohne wesentliche Verwirbelung längere Zeit bestehen bleiben. Dies hängt damit zusammen, daß in der BJERKNESschen Zyklonentheorie nichts über die — wenn auch kleine — Anfangsstörung ausgesagt wird, die vorhanden sein muß, um den Prozeß der Entwicklung instabiler Wellen entlang der Front einzuleiten.

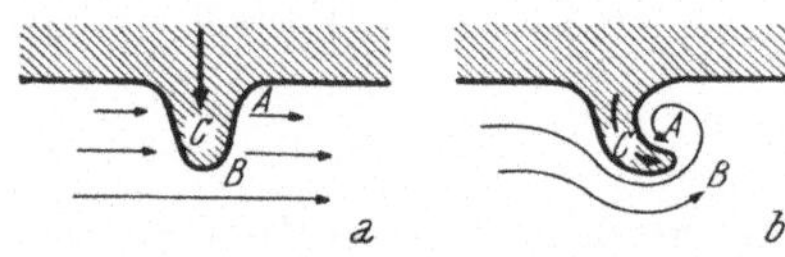

Abb. 20. Entstehung einer Zyklone nach der Riegeltheorie von *Exner*.

Es ist notwendig, nicht nur zu postulieren, daß Zyklonen als Wellen an Fronten entstehen, sondern auch zu erklären, warum diese Wellen sich bilden und weshalb sie zu einer gewissen Zeit gerade an einer bestimmten Stelle dieser Front auftreten und nicht an einer anderen. Man kann mehrere Faktoren für diese *primären Störungen* verantwortlich machen. Zunächst einmal kann eine lokale Zirkulation (etwa Land- und Seewind) Unregelmäßigkeiten in der Windverteilung an einer Frontalzone und dadurch eine Störung hervorrufen. Eine weitere mögliche Ursache für derartige Störungen kann in geographischen und orographischen Verhältnissen gefunden werden. Die Änderung der Bodenreibung beim Übergang vom Ozean zum Festland kann in diesem Sinne wirksam sein. Diese Betrachtungen führen im gewissen Sinne auf die (ältere) Zyklonentheorie von EXNER [25] zurück. Diese sogenannte *Riegeltheorie* der Zyklonenentstehung erklärt die Bildung der Zyklonen an der Polarfront durch einen in erster Linie durch die Land- und Meeresverteilung hervorgerufenen Vorstoß von Kaltluft in das Gebiet der wärmeren Westwinde. Die Warmluftmassen treffen dann auf diesen Kaltluftkörper, der sich wie ein Riegel quer zur Bewegungsrichtung vorschiebt. Dadurch entsteht hinter dem Riegel, wie bei einem Hindernis in einem Fluß, ein Wirbel und die Zyklonenbildung ist eingeleitet. In Abb. 20 ist dieser Prozeß gemäß der EXNERschen Theorie dargestellt. Es ist ohne weiteres denkbar, daß in Wirklichkeit solche Riegel den ersten Anstoß zur Wellenbildung an der Front geben, die weitere Entwicklung jedoch dann im Sinne der BJERKNESschen Vorstellungen erfolgt.

Eine weitere Möglichkeit, wodurch primäre Störungen an der Front erklärt werden können, sind die bereits vorhandenen, mehr oder weniger großen Störungen benachbarter Zyklonen. Dieser Einfluß ist sicher bedeutungsvoll. BYERS [10] schreibt in seinem Lehrbuch der Meteorologie, daß man bei der Analyse von synoptischen Karten immer wieder den Eindruck gewinnt, daß keine wirklich primäre Zyklone sich unabhängig von den in der Nachbarschaft vorhandenen Depressionen oder Störungen entwickelt. In diesem Sinne ist auch die Serienentwicklung von Zyklonen zu verstehen, für die BJERKNES den Ausdruck Zyklonenfamilie prägte (s. Abb. 21). Auch die Bildung der sogenannten Teildepression aus der „*Mutterzyklone*“ wurde bereits von J. BJERKNES und SOLBERG [3] dadurch erklärt, daß im ersten Stadium der Okklusion der Mutterzyklone, wo sich die Fronten gerade geschlossen haben, an der Südseite eine Deformation der Polarfront übrig bleibt, die nun selbständig zur Entwicklung einer Zyklone führt (Abb. 22).

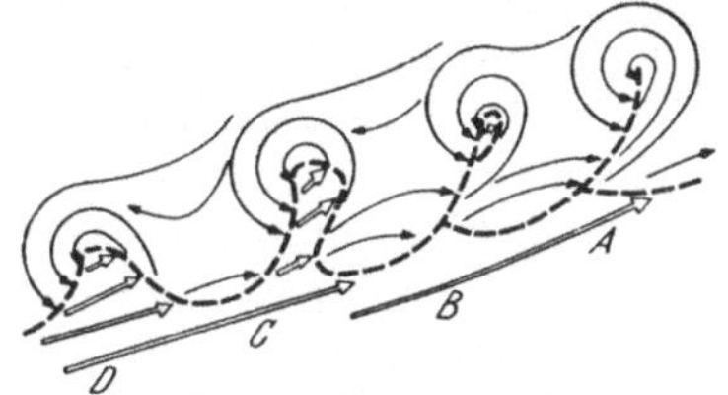

Abb. 21. Serienbildung von Zyklonen an der Polarfront.

Andererseits liegen auch für eindeutige geographische bzw. orographische Einflüsse auf die Zyklonenbildung genügend Beweise aus der Erfahrung der synoptischen Analyse vor. BJERKNES und SOLBERG erklären die besonders häufige Entstehung von sekundären Zyklonen über der Nord- und Ostsee im Gebiete des Skagerraks dadurch, daß die nord-südlich verlaufende Gebirgskette Skandinaviens den Okklusionsprozeß der Mutterzyklone begünstigt, während im südlichen Teil, nämlich über dem Skagerrak, eine Deformation zurückbleibt. Auch die Teiltiefdruckgebiete, die südlich der Alpen (insbesondere im Golf von Genua) auftreten, sind augenscheinlich orographisch bedingte Depressionen. Ihre Entstehung wurde von FICKER [26] als eine Folgeerscheinung der Phasenverschiebung der unteren (sekundären) und der oberen (primären) Druckwellen erklärt, im Sinne der in Kap. III (Abschn. 5) besprochenen Kopplung zwischen Boden- und Höhendruckänderungen. Der Einfluß des Gebirges (in unserem Falle der Alpen) besteht darin, daß die untere (sekundäre) wesentlich thermisch bedingte Druckwelle aufgehalten wird, während die obere (primäre) ungehindert die Alpen überschreitet.

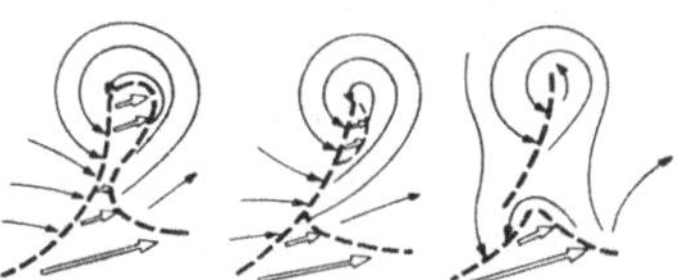
Abb. 22. Entwicklung einer Teildepression aus der Mutterzyklone.

Wir sehen hier bereits, daß für die Erklärung der Entstehung von Zyklonen neben der Bodenkarte auch noch die Höhendruckverteilung herangezogen werden muß. Wir wollen uns nunmehr eingehender mit den Verhältnissen in der Höhe im Zusammenhang mit der Zyklonenbildung am Boden beschäftigen.

Nachdem erstmalig FICKER darauf hingewiesen hatte, daß zum Verständnis der Entwicklung von Tiefdruckgebieten unbedingt auch die Vorgänge in der Höhe, vornehmlich auch innerhalb der Stratosphäre, in Betracht gezogen werden müssen, schenkte man dieser Frage in den darauffolgenden Jahren immer größere Aufmerksamkeit. Dies wurde auch dadurch möglich, daß in demselben Zeitraum die technischen Voraussetzungen für eine systematische Erforschung der freien Atmosphäre durch ständige Zunahme der Sondierungen durch Flugzeugaufstiege und Radiosonden geschaffen wurden. Hervorragenden Anteil an der Lösung dieses Problems hatten die Meteorologen der Deutschen Seewarte in Hamburg. Nach außen hin fand das seinen Ausdruck dadurch, daß von diesem Wetterdienst, erstmalig Anfang der Dreißigerjahre, regelmäßig neben der Bodenkarte auch Höhenkarten, insbesondere die absolute Topographie der 500 mb Fläche und die relative Topographie 500/1000 mb, veröffentlicht wurden.

Vor allem SCHERHAG untersuchte eingehend die Strömungsverhältnisse in der mittleren und höheren Troposphäre im Bereich einer Frontalzone, was ihn zur Aufstellung seiner sogenannten *Divergenztheorie* der Zyklonenentwicklung führte.

## 3. Scherhags Divergenztheorie.

Die Vorstellungen SCHERHAGS [67] beruhen auf zahlreichen Untersuchungen über die Strömungsverhältnisse, d. h. die Konfiguration der Isopotentialen der mittleren Troposphäre (vornehmlich der 500 mb Topographie) über sich vertiefenden Zyklonen und allgemein über Gebieten der Bodenkarte, wo starke Druckänderungen stattfanden. Den ersten Anlaß gab ein Studium des großen Ostseesturmes vom 8. und 9. Juli 1931. Dabei zeigte sich, daß eine rapide Vertiefung der Depression gerade dort auftrat, wo die Höhenisopotentialen eine ausgesprochene Auffächerung, eine Divergenz, zeigten.

Genau genommen war diese Entdeckung nicht ganz neu. Viele Jahre früher hatte der französische Meteorologe GUILBERT eine Reihe von empirischen Wetterregeln veröffentlicht, die ihm bei dem Prognosenwettbewerb in Lüttich im September 1905 den ersten Preis eintrugen, obwohl seine Regeln äußerst eigenartig und zur damaligen Zeit besonders heftiger Kritik ausgesetzt waren, wenngleich die Meteorologen ihre Brauchbarkeit kaum bestreiten konnten. Allerdings basierten GUILBERTS Regeln auf Bodenbeobachtungen, wie es zu seiner Zeit nicht anders möglich war. Er hatte eine gewisse Vorstellung von einem mehr oder weniger erfüllten Gleichgewichtszustand zwischen der beobachteten Windstärke und dem Druckgradienten. Ein Übergewicht der einen Größe gegenüber der anderen verursacht Vertiefung oder Auffüllung einer Zyklone. Ein Tiefdruckgebiet sollte sich bei einem bezüglich des Druckgradienten übernormalen Wind auffüllen und umgekehrt. In seiner Ausdruckweise sollten sich zyklonale Zentren in Gebiete „unternormaler“ Winde verlagern, antizyklonale in solche *„übernormaler“* Winde. Allerdings findet sich bei GUILBERT kein Hinweis darauf, was letzten Endes die Ursache für diese vom

Druckgradienten abweichenden Winde sein sollte, wenngleich zweifellos in seinen Regeln bereits die heute in ihrer Bedeutung voll erkannten Abweichungen vom geostrophischen Wind für die Erklärung von Druckänderungen zum Ausdruck kommen.

Vielleicht etwas objektiver war eine zweite Gruppe von Regeln, in denen GUILBERT schon die Ausdrücke divergent und konvergent benützte. Seine Formulierung lautete etwa so, daß in einem Gebiet mit „divergenten" Winden der Luftdruck innerhalb der folgenden 24 Stunden fallen, in einem Gebiet mit „konvergenten" Winden dagegen steigen wird. Da, wie man leicht theoretisch zeigen kann, ein einfaches Auseinander-, bzw. Zusammenlaufen der Isobaren notwendigerweise noch keine Massendivergenz oder -konvergenz bewirken muß, was für Druckänderungen jedoch erforderlich wäre, so erscheinen die Regeln von GUILBERT reichlich undurchsichtig. Immerhin konnte später GROSSMANN [31] in leichter Abwandlung der GUILBERTschen Vorstellungen eine für die synoptische Praxis recht wertvolle Regel formulieren, indem er die Gebiete mit *„divergenten"* Winden mit den zwischen zwei Tiefdruckausläufern wandernden Hochdruckkeilen und die Gebiete *„konvergenter"* Winde mit den Tiefdruckausläufern selbst identifizierte. Infolge der Bodenreibung tritt hier eine tatsächliche Massendivergenz, bzw. -konvergenz auf, so daß eine gewisse theoretische Begründung möglich erscheint, obwohl natürlich hier in einseitiger Betrachtungsweise den Vorgängen am Boden für das Zustandekommen der Druckänderungen der Vorrang gegeben wird. Die Regel lautet:

**Regel (2/IV):** Tiefdrucktröge bewegen sich mit Vorliebe innerhalb von 24 Stunden in Gebiete der vorausliegenden Keile und umgekehrt.

Tatsächlich hat sich diese Regel in der Praxis oft bestätigt, wobei es als ein glücklicher Umstand gewertet werden muß, daß die Verlagerung der Druckgebilde in den meisten Fällen gerade 24 Stunden beträgt, obwohl manchmal auch solche in 12stündigen, bzw. 48stündigen Intervallen beobachtet werden.

In der Abb. 23 ist eine Druckverteilung gezeichnet, wie sie, entsprechend dem früher diskutierten theoretischen Deformationsfeld, zur Bildung einer Frontalzone in Bodennähe erforderlich wäre. Die gestrichelten Linien stellen die relativen Isohypsen 500/1000 mb dar, d. h. sie zeigen den Verlauf der Isothermen der mittleren virtuellen Temperatur dieser Schicht. Da sich beide Luftmassen, sowohl die aus Süden kommende Warmluft als auch die aus Norden einströmende Kaltluft, von der Erdoberfläche bis in größere Höhen erstrecken, werden die am Boden herrschenden Gegensätze in der Höhe verschärft, was sich vor allem in der raschen Zunahme der Windgeschwindigkeit auswirkt. Durch Addition der Bodenisobaren, die nach dem auf S. 13 Gesagten mit den Isopotentialen der 1000 mb Fläche praktisch zusammenfallen, zu den relativen Isohypsen erhalten wir die Topographie der 500 mb Fläche, wie sie in Abb. 24 dargestellt ist. Nach SCHERHAG [67] ist diese Konfiguration für eine Frontalzone charakteristisch und unbedingt erforderlich. Wir erkennen auf der linken Seite ein Gebiet mit konvergenten Isohypsen, das sogenannte *Einzugsgebiet*. Im Zentrum sind die Linien stark gedrängt und es herrscht dort maximale Windgeschwindigkeit. Schließlich zeigt sich auf der rechten Seite eine ausgesprochene Auffächerung der Isopotentialen und dieser Teil der Frontalzone wird als *Auszugsgebiet* oder *Delta* bezeichnet.

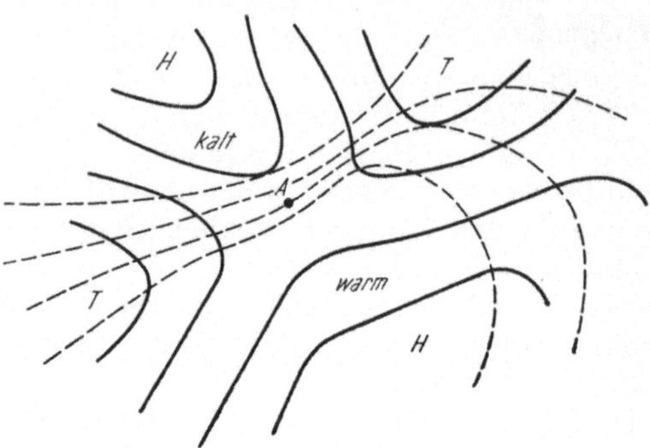


Abb. 23. Bodenisobaren (ausgezogen) und Linien gleicher relativer Topographie (strichliert) im Bereich einer Frontalzone.

SCHERHAG konnte zeigen, daß in der Mehrzahl der Fälle heftiger Druckfall auf der Bodenkarte im Gebiete unter dem Delta eintritt. Seiner Ansicht nach kommt daher der Betrachtung divergierender Höhenisohypsen prognostische Bedeutung zu, da das typische Auffächern *vor* dem am Boden einsetzenden Druckfall zustande kommt. Weiters konnte SCHERHAG zeigen, daß die Größe des Druckfalles einen Zusammenhang mit der Differenz der Windstärke im Zentralbereich und im Delta aufweist, wobei es nach seiner Anschauung auf die Differenz der Quadrate der Windgeschwindigkeit, d. h. im wesentlichen auf die Differenz der kinetischen Energie ankommt.

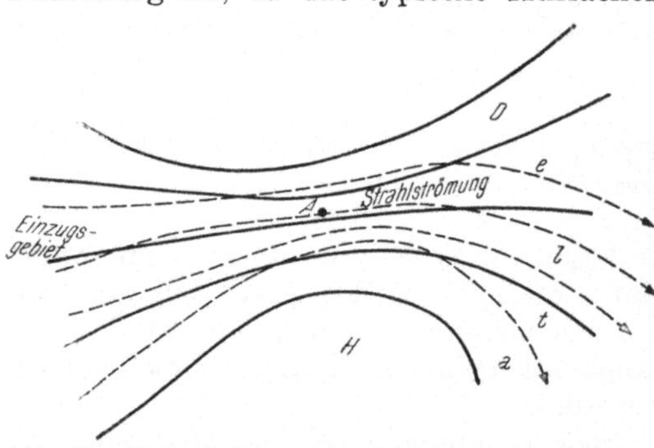


Abb. 24. Verlauf der Isopotentialen (ausgezogen) der 500 mb Topographie über einer Frontalzone. Schematisierter Verlauf der Stromlinien (strichliert) bei Abweichungen vom geostrophischen Wind nach *Ryd*.

Eine theoretische Erklärung für diese zunächst rein empirisch festgestellten Beziehungen zu finden, stößt auf erhebliche Schwierigkeiten. SCHERHAG selbst greift zu diesem Zweck auf eine bereits 1927 von RYD (s. EXNER [25]) entwickelte, rein dynamische Zyklonentheorie zurück. Nach dieser Theorie müßten Abweichungen vom geostrophischen Wind und damit entsprechende Massentransporte in Gebieten mit konvergierenden und divergierenden Isohypsen dadurch auftreten, daß bei einer raschen Änderung des Druckgradienten die Luftpartikel sich nicht sofort an das neue Druckgleichgewicht anpassen. Es würden also dann die aus dem Zentralbereich der Frontalzone in das Delta eindringenden Luftteilchen eine Übergradientgeschwindigkeit aufweisen, was zu einer Ablenkung nach rechts zum Gebiet höheren Druckes führen und daselbst Massenzufluß und somit Druckanstieg bewirken würde, während links von der Bewegungsrichtung durch Abfluß von Masse Druckfall resultieren müßte. Die strichlierten Linien in Abb. 24 sollen diesen Vorgang veranschaulichen. Tatsächlich scheint der maximale, beobachtete Druckfall innerhalb des Deltas etwas nach links vom Bereich maximaler Divergenz verschoben zu sein. Andererseits konnte die nach der RYDschen Theorie notwendigerweise folgende Verstärkung des Hochs auf der rechten Seite der Frontalzone nur in äußerst seltenen Fällen nachgewiesen werden. Die Erfahrung zeigt vielmehr, daß der dem heftigen Druckfall im Delta entsprechende und ihn sozusagen kompensierende Druckanstieg mit der allgemeinen Strömung (in Abb. 24 von links nach rechts) herangeführt wird, offensichtlich gesteuert von dem warmen Hoch südlich der Frontalzone. Es muß also bezweifelt werden, ob der Druckfall im Delta durch die RYDschen Vorstellungen auch nur qualitativ erklärt werden kann. Quantitativ ist dies schon deswegen nicht zu erwarten, da für die Bodendruckänderung der Beitrag aller Schichten maßgebend ist. Dieser Tatsache hat übrigens SCHERHAG in gewissem Sinne Rechnung getragen, indem er postulierte, daß der Effekt von divergierenden Höhenisohypsen unter Umständen durch konvergierende Bodenisobaren aufgehoben werden kann und umgekehrt.

Gegründet auf die eben entwickelten Vorstellungen von RYD erweiterte SCHERHAG seine Theorie, indem er sich nicht mehr auf das Gebiet der Frontalzone beschränkte, sondern jeder divergierenden oder konvergierenden Höhenisohypse einen Einfluß auf die Bodendruckänderung zuschrieb. Dabei versuchte er auch, die von J. BJERKNES [4] angestellten Überlegungen über den Einfluß von Krümmungsänderungen auf die Massendivergenz, bzw. Konvergenz in seine Theorie einzubauen. Wir werden uns mit den BJERKNESschen Untersuchungen, die den Anstoß zu einer neuen, erfolgversprechenden Behandlung der Gleichungen der atmosphärischen Dynamik gaben, in Kap. VI eingehend beschäftigen.

Vorerst wollen wir jedoch auf die mit Hilfe der SCHERHAGschen Divergenztheorie und anderer Untersuchungen über den Einfluß der Höhenströmung auf die Bodendruckänderung aufgestellten Regeln näher eingehen, da diese für die praktische Wettervorhersage von nicht zu unterschätzender Bedeutung sind. Es kann nämlich keinem Zweifel unterliegen, daß für die frühzeitige Entdeckung von Neubildungen und Entwicklungen von vorhandenen Zyklonen diese Regeln gute Dienste leisten, wenn auch eine befriedigende Erklärung dafür noch aussteht. Auch die SCHERHAGsche Ansicht, daß die Energie einer plötzlichen stürmischen Entwicklung in der unteren Troposphäre lediglich aus der Energie der oberen „*Strahlströmung*“ stammt, dürfte keineswegs immer zutreffen. Die Erfahrung lehrt, daß auch Zyklonen von schwacher Zirkulation zuweilen sehr wetterwirksam sind. Es spielen beim Entwicklungsprozeß auch „*nichtadiabatische*“ Vorgänge sowie auch die durch Verdunstung und Kondensation umgewandelte Energie der latenten Wärme, eine große Rolle[1]. Sie stellt eine Energiequelle dar, die unbedingt neben der kinetischen Energie der Umgebung und der in der Konzentration der Solenoide steckenden Energie der nebeneinanderliegenden Luftmassen verschiedener Dichte mitzuberücksichtigen ist, um den Entwicklungsprozeß zu verstehen. Dafür spricht beispielsweise die statistisch geprüfte Regel, daß Tiefdruckgebiete nicht an Intensität zunehmen, wenn kein Niederschlag damit verbunden ist. Nach DUNN [19] kann sogar in einzelnen Fällen der Betrag des Niederschlags quantitativ für die Vorhersage der Vertiefung verwendet werden. Er gibt folgende Faustregel an:

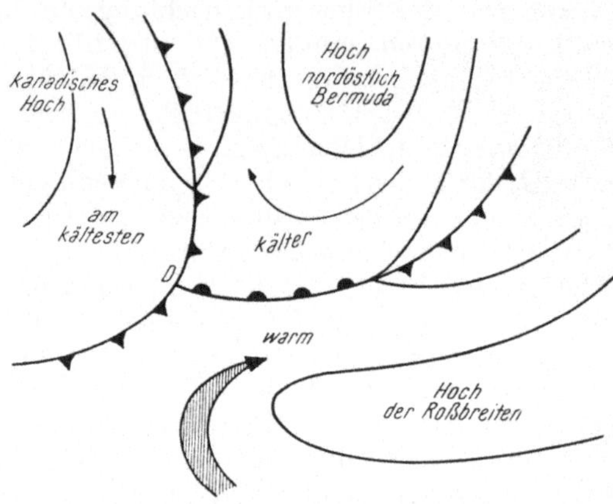


Abb. 25. Verschärfung einer Frontalzone östlich der Küste Nordamerikas durch eine „Dreimasseneckkonstellation“ nach *Rodewald*.

**Regel (3/IV):** Der Niederschlag in Zoll (inches) während der vergangenen 6 Stunden ist größenordnungsmäßig gleich dem halben Betrag der in den folgenden 30 Stunden zu erwartenden Vertiefung in Millibar.

Das Delta der Frontalzone ist besonders gut ausgeprägt, wenn im neutralen Punkt des Deformationsfeldes drei verschiedene Luftmassen zusammentreffen, wie von RODEWALD [62] erkannt wurde. Er nannte eine solche Konstellation ein *Dreimasseneck*. Abb. 25 zeigt eine für diese Situation typische Frontalzone östlich der nordamerikanischen Küste in schematischer Form. Die sehr kalte, aus dem kanadischen Hochdruckgebiet ausfließende Luft trifft südwestlich vom neutralen Punkt (in Abb. 25 ist er mit *D*, Dreimassenpunkt, bezeichnet) auf die extrem warme und feuchte Luftmasse, die aus dem Süden herangeführt wird. Andererseits befindet sich gemäßigte Kaltluft nordwestlich von dem Dreimassenpunkt. Das Maximum des Höhenwindes wird südwestlich von *D* erreicht. Das Delta zeigt in diesem Fall eine besonders ausgeprägte Auffächerung der Isohypsen. RODEWALD glaubt, daß in Ge-

[1] Darauf hat neuerdings besonders KLEINSCHMIDT [37] hingewiesen.

bieten mit stürmischer zyklonaler Entwicklung immer solche Dreimassenecke auftreten. Er versuchte auch die Entstehung der tropischen Zyklonen auf eine solche besondere Konstellation zurückzuführen.

Wir wollen nunmehr eine Zusammenstellung der für die synoptische Praxis besonders wichtigen Regeln geben, die aus den in diesem Kapitel dargelegten Theorien und Untersuchungen folgen, ohne dabei einen Anspruch auf Vollständigkeit erheben zu wollen:

**Regel (4/IV):** Wellenformation tritt bevorzugt an stationären oder langsam bewegten Fronten auf, d. h., wenn die Höhenströmung nahezu parallel zur Front verläuft.

**Regel (5/IV):** Ist der mittlere Temperaturgradient (Relative Topographie 500/1000 mb) hinter der Kaltfront größer als vor der Warmfront, so wird sich die Welle vertiefen und umgekehrt (Pogade [53]).

**Regel (6/IV):** Zeigen die Höhenisopotentialen eine Divergenz, so kann Druckfall am Boden erwartet werden, es sei denn, daß der Effekt durch eine Bodenkonvergenz überkompensiert ist.

**Regel (7/IV):** Zeigen die Höhenisopotentialen eine Konvergenz, so kann Druckanstieg erwartet werden, wenn der Effekt nicht durch eine Bodendivergenz überkompensiert ist.

**Regel (8/IV):** Ein Bodentief wird weitgehend stationär bleiben. wenn die Höhenisopotentialen unmittelbar über dem Zentrum eine Divergenz aufweisen. Umgekehrtes gilt für ein antizyklonales Zentrum.

**Regel (9/IV):** Zyklogenese erfolgt in den meisten Fällen im Delta einer Frontalzone, Zyklolyse im Einzugsgebiet.

**Regel (10/IV):** Der Druckfall im Delta der Frontalzone ist proportional der Differenz der Quadrate der Windgeschwindigkeit zwischen dem Zentrum und dem Delta.

**Regel (11/IV):** Nimmt die Krümmung der Isohypsen stromabwärts zu, so bleibt der gleichzeitige Effekt divergierender Stromlinien unwirksam.

**Regel (12/IV):** Zeigen die Höhenisohypsen (500 mb Topographie) oberhalb einer Frontalzone dieselbe Richtung wie die Bodenströmung, so zeigt die Verlagerung der Bodendruckwelle im Sinne der Bewegungssteuerung ein Minimum der Abweichung von der Richtung der Höhenströmung. Die Bodenwelle bewegt sich rasch und ohne wesentliche Vertiefung.

**Regel (13/IV):** Werden die Gegensätze innerhalb der Frontalzone durch Annäherung einer Höhenfront verschärft, ohne daß die obere Strömungsrichtung mit dem Bodenwind zusammenfällt, so verlagern sich die Bodendruckwellen relativ langsam, vertiefen sich aber bedeutend.

**Regel (14/IV):** Allmähliche Verschärfung des Gradienten am Abhange eines Höhenkeils bewirkt Druckfall unter diesem.

**Regel (15/IV):** Allmähliche Verschärfung des Gradienten an der Flanke eines Höhentroges bewirkt Druckanstieg unter dem Trog.

# V. Konstruktion von Vorhersagekarten.

## 1. Geschichte der Vorhersagekarte.

Der erste Versuch, im täglichen Wettervorhersagedienst Zyklonenbahnen mit Hilfe der Höhenströmung vorauszusagen, wurde 1933 von der Deutschen Seewarte in Hamburg unternommen. Damit war der erste Schritt zur Ausarbeitung einer Methodik für die Konstruktion von Vorhersagekarten getan. Allmählich entwickelten sich dann in den verschiedenen Ländern mehr oder weniger voneinander abweichende Konstruktionsmethoden. Allen lag der Gedanke und das Bestreben zugrunde, auf diese Weise die für jede Wetterprognose notwendige Voraussage der künftigen Druckverteilung möglichst objektiv durchzuführen. Beim gegenwärtigen Stand der Meteorologie ist die Konstruktion einer Vorhersagekarte bereits zum unentbehrlichen Bestandteil jeder Wettervorhersage geworden. In Deutschland waren es vornehmlich die Meteorologen der Hamburger Seewarte, vor allem SCHERHAG, die führenden Anteil an der Entwicklung einer Konstruktionsmethode von Vorhersagekarten hatten.

Wir haben in Kap. II erwähnt, daß mit Hilfe der kinematischen Überlegungen eine Extrapolation der Druckverteilung möglich ist. Man kann daher eine Konstruktion der Vorhersagekarte auf diesen Methoden aufbauen, was vor allem von S. PETTERSSEN in den Vereinigten Staaten geschehen ist.

Ausgehend von der von R. ROSSBY entwickelten Theorie der barotropen Atmosphäre — wir werden uns im nächsten Kapitel damit eingehend beschäftigen — gelangten die Meteorologen der Chikagoer Schule zu einer Konstruktion von Vorhersagekarten der Höhenströmung unabhängig vom Bodendruckfeld (z. B. der 700 mb oder 500 mb Topographie), die zum Teil auf den bereits auf S. 46 dargelegten Untersuchungen mit Hilfe der einfachen ROSSBYschen Wellenformel beruhen. Die Methode basiert wesentlich auf dynamischen Vorstellungen und wurde in ausführlicher Weise von STARR [70] und RIEHL [61] beschrieben. Sie stellt jedoch nur ein Übergangsstadium zu einer vollkommen objektiven numerischen Prognose der Strömung der freien Atmosphäre dar, da sie auf mehr oder weniger speziellen Lösungen der allgemeinen dynamischen Gleichungen der atmosphärischen Bewegungen beruht. Wir werden daher dieses Problem in einem eigenen Kapitel (VI) behandeln.

Schließlich wurde in England von SUTCLIFFE und seinen Mitarbeitern auf Grund der auf S. 59 kurz erwähnten thermischen Steuerung eine von der deutschen etwas abweichende Methode erfolgreich verwendet. Wir werden auf die Grundlagen dieser Konstruktionsmethode ebenfalls im nächsten Kapitel zu sprechen kommen.

Die Möglichkeit einer Konstruktion von Vorhersagekarten mit Hilfe der analysierten Bodenkarte, sowie der relativen und absoluten Topographien wurde erstmalig anläßlich der Tagung der internationalen aerologischen Kommission in Berlin im Jahre 1939 ernsthaft ins Auge gefaßt. Seit 1941 wird in Deutschland täglich eine Vorhersagekarte veröffentlicht.

Obwohl die in den vorangegangenen Kapiteln besprochenen Theorien und Regeln die Grundlage für die derzeit üblichen Konstruktionsmethoden liefern, bleibt immer noch ein gewisser Spielraum für die persönliche Erfahrung des betreffenden Prognostikers übrig. Es ist daher nicht möglich, eine und dieselbe Methode mit demselben Erfolg in verschiedenen Teilen der Erdoberfläche anzuwenden.

Anschließend wollen wir die Methodik schildern, die gegenwärtig im österreichischen Wetterdienst für 24stündige Voraussagen angewendet wird und die sich in vielen Punkten mit derjenigen des deutschen Wetterdienstes deckt. Wir werden das Grundsätzliche des Verfahrens so weit klarlegen, daß es ohne weiteres möglich erscheint, abweichende Erfahrungen in anderen Gebieten in die Methodik einzubauen.

Zur Überprüfung der Genauigkeit der Konstruktionsmethode wurde in Deutschland an 20 ausgewählten Stationen der Korrelationsfaktor zwischen der vorausgesagten und der tatsächlich eingetroffenen Druckänderung berechnet und im Mittel zwischen 0,7 und 0,8 gefunden.

## 2. Methodik der Konstruktion.

Zunächst muß betont werden, daß die in diesem Abschnitt geschilderte Konstruktionsmethode keineswegs bei jeder Wetterlage mit gleichem Erfolg verwendet werden kann. Es hat sich gezeigt, daß die Genauigkeit weitgehend von der betreffenden Wetterlage abhängt. Weiters ist selbstverständlich, daß die Zuverlässigkeit der Prognose nur bei einer entsprechend sorgfältigen Analyse des synoptischen Zustandes gewährleistet ist.

Für die im folgenden auseinandergesetzte Methode benötigt man unbedingt die genau analysierte Bodenkarte, die 500 mb Topographie und die relative Topographie 500/1000 mb. Zusätzlich ist in manchen Fällen noch die 300 mb Topographie erforderlich. Die dreistündigen Drucktendenzen der Bodenkarte können aus den synoptischen Meldungen direkt abgelesen werden. Man kann entsprechende Isallobaren (etwa in anderer Farbe) in die Bodenwetterkarte einzeichnen, doch ist es ratsam, eigene Tendenzkarten anzulegen, um das Druckbild nicht durch eine zu große Anzahl zusätzlicher Linien zu stören. Auch die Verlagerung der isallobarischen Gebilde läßt sich dann leichter studieren.

Der erste Schritt bei der Konstruktion der Vorhersagekarte besteht in der Anwendung einiger kinematischer Formeln und Regeln, gemäß den Darlegungen in Kap. II. Dies wird vor allem für die Berechnung der Verlagerungsgeschwindigkeiten von Trögen und Keilen mit Hilfe der dreistündigen Tendenzen entsprechend der Formel (II, 14) gelten. Auch die voraussichtliche Verlagerung der Druckzentren soll zunächst mit Hilfe dieser Formel abgeschätzt werden. Weiters werden die qualitativen Regeln, die wir in Kap. II, Abschn. 3, zusammengestellt haben, benützt, um Anhaltspunkte über Verlagerungsrichtung und -geschwindigkeit, sowie vermutliche Vertiefungen oder Auffüllungen von Druckzentren zu erhalten. In Ergänzung zu diesen Regeln muß die Änderung des Druckfeldes durch Vergleich der vorliegenden Wetterkarte mit den synoptischen Karten der vorangegangenen Termine eingehend studiert werden. Es ist unbedingt erforderlich, zuerst das Zustandekommen der gegenwärtigen Druckverteilung aus der Entwicklung der letzten Tage zu verstehen, bevor eine Prognose für die Zukunft erstellt werden kann.

Die Fronten auf der Wetterkarte werden mit Hilfe der Regeln (14/II) und (15/II) verlagert. Im allgemeinen wird es nicht erforderlich sein, darüber hinaus noch weitere kinematische Betrachtungen anzustellen. Anhaltspunkte für eventuelle Beschleunigungen oder Verzögerungen in der Verlagerung der Druckgebilde werden am besten durch den eben erwähnten Vergleich mit den Wetterkarten der vorangegangenen Termine gewonnen.

Beim nächsten Schritt wird das Prinzip der Steuerung angewendet. Dabei handelt es sich, entsprechend der in Kap. III auseinandergesetzten Theorie darum, aus der verflossenen Druckänderung die zu erwartende vorauszusagen. Am besten werden zur Steuerung die 24stündigen Isallobaren herangezogen. Für ihre Wahl spricht nicht nur die Tatsache, daß in den 24stündigen Tendenzen der tägliche Luftdruckgang eliminiert ist und die synoptisch interessierenden Druckwellen meistens eine größere Periode haben, sondern auch, daß im allgemeinen in der Praxis für Voraussagen der Druckverteilung 24 Stunden als Vorhersagezeitraum gewählt werden. Allerdings kann es vorkommen, daß in Fällen außergewöhnlich stürmischer Wetterentwicklung mit entsprechenden Druckänderungen die dreistündigen Tendenzen zur Steuerung verwendet werden müssen [1]. Die 24stündigen Isallobaren werden mit Hilfe der graphischen Subtraktion aus den zwei genau analysierten, diese Zeitspanne auseinanderliegenden Bodenkarten gewonnen.

Um den Steuerungsmechanismus anzuwenden, wird die Isallobarenkarte zusammen mit der Topographie der 500 mb Fläche auf einen Leuchttisch gelegt. Gesteuert werden alle Punkte des Druckänderungsfeldes entlang der Höhenströmung, nicht etwa nur die Zentren der

[1] Über den Zusammenhang der dreistündigen mit den 24stündigen Druckänderungen werden wir später noch eine Faustregel angeben.

isallobarischen Gebilde [s. Regel (2/III)]. Gemäß der Regel (3/III) sollen für die Verlagerung nur 50 bis 60% des geostrophischen Windes der 500 mb Fläche in Rechnung gestellt werden. Dazu ist zu bemerken, daß der Wind mit Hilfe des in Abb. 1 gezeigten Gradientwindlineals nicht nur unmittelbar über dem zu steuernden Punkt der Isallobarenkarte abzulesen ist, sondern durch eine räumliche Mittelung des Höhenwindes gewonnen werden soll, derart, daß auch die Abstände der benachbarten Isopotentialen (mindestens in einem Abstand von 80 gdm) und die Änderung der Geschwindigkeit entlang der wahrscheinlichsten Bahn des zu verlagernden Punktes berücksichtigt werden. Wir werden im nächsten Kapitel (S. 122) eine für die numerische Vorausberechnung der Höhentopographie entwickelte Methode solcher räumlicher Mittelung besprechen, die wir FJÖRTOFT verdanken und die auch bei der hier behandelten Steuerung Verwendung finden kann. Allerdings liegen noch keine diesbezüglichen Erfahrungen vor, da FJÖRTOFTs Arbeit ganz jungen Datums ist. Überhaupt vermissen wir noch das eingehende Studium des Zusammenhanges zwischen der Geschwindigkeit des Höhenwindes und der Verlagerung der Bodendruckwellen. Die Erfahrung hat bisher gezeigt, daß allgemein die Steuerungsgeschwindigkeit über Meer größer ist als über dem Festland, was auf die unterschiedliche Reibung zurückzuführen sein dürfte, doch besteht auch eine Abhängigkeit von der Wetterlage, wie u. a. in der Regel (4/III) zum Ausdruck kommt. Nach dieser Regel ist im Jugendstadium der Bodendruckwelle immer eine größere Geschwindigkeit zu veranschlagen als im Stadium einer späteren Entwicklung.

Bei Anwendung der Steuerung handelt es sich zunächst lediglich um die reine Bewegungssteuerung, wobei die individuellen Druckänderungen im mitbewegten Koordinatensystem vorerst unberücksichtigt bleiben. Trotzdem zeigen sich dabei schon gewisse Anhaltspunkte über vermutliche Intensitätsänderungen. Wenn man nämlich besonderes Augenmerk auf die geschlossenen isallobarischen Gebilde richtet, so erkennt man bereits unmittelbar aus dem Verlauf der Höhenisohypsen, ob eine Verkleinerung oder Vergrößerung der Gebilde zu erwarten ist, je nachdem, ob die steuernden Isohypsen divergieren oder konvergieren. Dies spricht in gewissem Sinne für die aus der SCHERHAGschen Divergenztheorie abgeleiteten Regeln (6/IV) und (7/IV), wenn wir eine Vergrößerung eines isallobarischen Tiefs mit einer Vertiefung (und umgekehrt) in Zusammenhang bringen wollen. Allerdings muß vor einer gedankenlosen Anwendung der Steuerung in dem hier geschilderten Fall gewarnt werden. Bloßes Divergieren der Höhenisohypsen bedeutet keineswegs immer eine Vertiefung, selbst wenn wir die SCHERHAGschen Vorstellungen vorbehaltlos anerkennen wollten. Es sind auch die diesem Effekt entgegenwirkenden Momente auf der Bodenkarte nach Regel (6/IV), bzw. nach Regel (11/IV) zu beachten. Wichtig ist auch die Erkennung der Gebiete, wo nach Regel (8/III) eine Aufspaltung der Druckfallgebiete zu erwarten ist.

Wie aus dem eben Gesagten ersichtlich wird und wie es die in den vorangegangenen Kapiteln angeführten Regeln immer wieder zum Ausdruck bringen, muß bei Anwendung des Steuerungsmechanismus auch die Druckverteilung der Bodenkarte gebührend berücksichtigt werden. Dies gilt insbesondere für den zweiten Teil der Steuerung, nämlich die Abschätzung der individuellen Änderungen mit Verwendung der Regeln des Kap. IV. Es kann sich der Fall ereignen, daß durch die Steuerung eine Druckwelle Punkte überholt, die ursprünglich vor ihr lagen. Dies ist nicht denkbar im Sinne der Bewegungssteuerung, so daß die Konstruktion in diesem Falle entsprechend modifiziert werden muß. Solche Überholungen treten naturgemäß dann ein, wenn sich die Windgeschwindigkeit stromabwärts stark ändert und mit der unmittelbar über dem zu steuernden Punkt vorhandenen Geschwindigkeit gesteuert wird. Die früher erwähnte räumliche Mittelung der Höhenwindrichtung und -geschwindigkeit stromabwärts schafft hier Abhilfe. In vielen Fällen ist das scheinbare Überholen auch ein Anzeichen für wahrscheinlich vorliegende größere Intensitätsänderungen, was übrigens auch in Einklang mit der SCHERHAGschen Vorstellung über die Wirkung divergierender und konvergierender Isohypsen zu bringen wäre.

Schon bei Anwendung der reinen Bewegungssteuerung sind auch die dreistündigen Tendenzen zu Rate zu ziehen. Gelingt es nämlich (dies wird meistens für stark ausgeprägte Druckänderungsgebiete der Fall sein), den 24stündigen isallobarischen Hochs und Tiefs entsprechende dreistündige zuzuordnen, dann kann die Lage der letzteren einen Anhaltspunkt für die Bahn der ersteren geben. In vielen Fällen zeigt sich durch einen solchen Vergleich, daß beide Tendenzfelder tatsächlich der herrschenden Höhenströmung angenähert folgen. Stellen sich jedoch größere Abweichungen heraus, so ist dies bei der weiteren Konstruktion unbedingt in Rechnung zu stellen. Dies kann nämlich darauf hindeuten, daß entweder starke Entwicklungen der Bodendruckwellen im Gange sind oder aber, daß die steuernde Höhenströmung selbst größeren Veränderungen unterworfen ist. Es ist dann ratsam, die Höhentopographie einer eingehenderen Betrachtung in bezug auf ihre Änderungen innerhalb der letzten 24 Stunden zu unterziehen, wobei eventuell auch Karten höherer Niveaus beachtet werden müssen. Beim Vergleich der dreistündigen Tendenzen mit den 24stündigen hat sich die Faustregel bewährt, daß jene mit fünf multipliziert ungefähr die Größenordnung der zu erwartenden 24stündigen Druckänderung ergibt. Selbstverständlich darf diese Regel nicht gedankenlos verwendet werden. Eine Vertiefung, bzw. Auffüllung einer Druckwelle kann nur dann als reell betrachtet werden, wenn plausible Gründe dafür sprechen. Trotzdem gelingt es, mit der Faustregel an den mittels der reinen Bewegungssteuerung verlagerten isallobarischen Gebilden Korrekturen bezüglich ihrer Intensität anzubringen, die der Entwicklung, bzw. Auffüllung in erster Näherung Rechnung tragen. Für die Beurteilung der Realität auftretender Entwicklungen oder Abschwächungen müssen unbedingt auch die Regeln (10/II) bis (13/II), sowie (4/IV), (5/IV), (14/IV) und (15/IV) herangezogen werden. Umgekehrt ist es ratsam, etwaige aus den eben angeführten Regeln folgende Druckänderungen durch Vergleich der 24stündigen mit der dreistündigen Tendenz zu überprüfen.

Für die Konstruktion wichtig ist ferner die Tatsache, daß Drucksteiggebiete bei Südwärtssteuerung oft abgeschwächt werden [1]. Außerdem leistet die aus der Erfahrung gewonnene Beobachtung Hilfe, daß in der Mehrzahl der Fälle der größte Druckanstieg dort erwartet werden kann, wo 24 Stunden vorher der größte Druckfall auftrat.

Es ist selbstverständlich, daß Fehler bei der hier geschilderten Konstruktionsmethode dann eintreten werden, wenn sich die wichtigsten Steuerungszentren innerhalb des Vorhersagezeitraumes selbst verlagern. Durch die früher erwähnte Methode der räumlichen Mittelung der Höhenströmung vor Anwendung des Steuerungsprinzipes werden in den meisten Fällen geringfügige Änderungen der Höhenströmung eliminiert. Trotzdem ist es unbedingt erforderlich, vor Beginn der Konstruktion entsprechende Überlegungen über die Verlagerung der quasistationären Druckgebilde anzustellen, gemäß den in Kap. III, Abschn. 1. ausführlich dargelegten Theorien. Besonderes Augenmerk ist der Ausbildung von blockierenden Hochs, sowie der Formierung von Kaltlufttropfen zu schenken. Einen Anhaltspunkt für im Gange befindliche Umstellungen der *„Großwetterlage"* liefert manchesmal das Auftreten einheitlicher, im Absolutbetrag nicht großer dreistündiger Tendenzen über weiten Gebieten, wobei diese Druckänderungen offenbar nichts mit irgendwelchen Entwicklungen nahe der Erdoberfläche zu tun haben.

Unter Umständen ist es auch angezeigt, Stratosphärenkarten zu Rate zu ziehen. In den meisten Fällen kann mit dem in der Atmosphäre wirksamen Prozeß der sogenannten *stratosphärischen Kompensation* gerechnet werden. Das heißt, daß in der Atmosphäre ein Mechanismus vorhanden ist, der bestrebt ist, entgegengesetzte Effekte in bezug auf Druck und Temperatur in der unteren und oberen Atmosphäre zu bewirken. Wie SCHERHAG [67] betont hat, sind bei Abweichungen von der *„normalen"* stratosphärischen *Kompensation* außergewöhnliche Wetterentwicklungen zu erwarten. Es muß jedoch hervorgehoben werden, daß derartige Untersuchungen noch keine endgültigen Resultate gezeitigt haben und auch wegen der gewöhnlich nur spärlich vorhandenen Meldungen aus der Stratosphäre nicht immer einwandfrei durchzuführen sind. Jedenfalls dürfte es abwegig sein, den Standpunkt zu vertreten, daß derzeit unerklärliche Wetterentwicklungen in der unteren Troposphäre dadurch verständlich werden, daß man immer höhere Schichten dafür verantwortlich macht, da der Beitrag der hoch liegenden Schichten wegen der geringen Luftdichte keineswegs überschätzt

[1] S. dazu auch die aus der SUTCLIFFEschen Entwicklungstheorie abgeleitete Regel (4/VI) auf S. 129.

werden darf. Ein solcher Weg ist erst dann gangbar, wenn die sehr verwickelten Vorgänge innerhalb der Troposphäre hinreichend geklärt worden sind. Von einer Lösung dieses Problems sind wir aber noch weit entfernt. Speziell das Eingreifen nichtadiabatischer Prozesse in die Dynamik der Atmosphäre wird noch Gegenstand eingehender Untersuchungen sein müssen, bevor wir auch den Mechanismus der stratosphärischen Kompensation restlos werden verstehen lernen. In dieser Hinsicht ist eine neuere theoretische Arbeit von Hinkelmann [34] aufschlußreich, die zeigt, welchen Einfluß in horizontaler und vertikaler Richtung eine (allerdings als punktförmig vorausgesetzte) Wärmequelle ausübt, wenn sie in verschiedenen Höhen angesetzt wird.

Hat man mit Hilfe der Steuerung eine genügende Anzahl von Punkten auf der Isallobarenkarte verlagert, so gelingt es, durch Interpolation die Linien gleicher vorausgesagter Druckänderung zu zeichnen. Durch graphische Addition der so gewonnenen Isallobaren zur ursprünglichen Bodendruckverteilung erhält man sofort die Vorhersagekarte.

Man könnte der Ansicht sein, daß die eben geschilderte Konstruktionsmethode wesentlich dadurch verbessert werden könnte, daß man anstelle der *momentanen* Höhenströmung eine mit Hilfe anderer Mittel *vorausgesagte* verwendet. Dabei ist aber zu bedenken, daß bei Anwendung der Steuerung in der hier geschilderten Weise die (beobachteten) Druckänderungen der vergangenen 24 Stunden dazu verwendet werden, die Druckänderungen für die folgenden 24 Stunden zu bestimmen. Daher stellt die momentane Höhenströmung in vielen Fällen den mittleren Zustand im gesamten 48stündigen Intervall dar und ist mithin — soweit die *zeitliche Mittelung* in Frage kommt — als für unsere Zwecke geeignet zu betrachten. Im allgemeinen hat die Erfahrung gezeigt, daß Fehler, die durch eine zeitliche Änderung der Höhenströmung bei Anwendung der Steuerung verursacht werden, kleiner sind als solche durch Nichtbeachtung der notwendigen *räumlichen Mittelung* der momentanen Höhenströmung, worauf wir oben bereits hingewiesen haben.

Als Ergänzung zur Vorhersagekarte der Bodendruckverteilung wird eine solche der relativen Topographie 500/1000 mb konstruiert. Zu diesem Zwecke muß man bedenken, daß Änderungen der mittleren Isothermen in der Schicht zwischen Boden und 500 mb, also die Änderungen der relativen Isopotentialen, durch Advektion, Vertikalbewegungen und nichtadiabatische Vorgänge, wie Strahlung, oder Freiwerden latenter Wärme, hervorgerufen sein können. Für die Konstruktion einer Vorhersagekarte der relativen Topogaphie ist es in den meisten Fällen nur möglich, den durch Advektion hervorgerufenen Anteil der Änderungen zu erfassen. Doch selbst dies ist wegen der in den verschiedenen Höhen unterschiedlichen Advektion schwierig. In vielen Fällen gelingt die Konstruktion durch folgende Überlegung. Für die Advektion der unteren Troposphäre ist nach dem bei der Bewegungssteuerung Gesagten in erster Linie der Wind in 500 mb verantwortlich. Da entsprechend der Definition des thermischen Windes [S. 15, Formel (I, 13)] der Höhenwind in zwei Komponenten zerlegt werden kann, nämlich in eine in Richtung des geostrophischen Windes am Boden und in eine entlang der relativen Isohypsen der Zwischenschicht, folgt, daß die Bewegung dieser relativen Isohypsen der Bodenströmung, genauer dem geostrophischen Wind der 1000 mb Fläche, folgen muß. Man bestimmt daher die Komponente des aus der Bodendruckverteilung mit Hilfe des Gradientwindlineals abgelesenen Windes normal zu den relativen Isopotenialen. Die Erfahrung hat gezeigt, daß nur etwa 70 bis 80% des so ermittelten Betrages für die tatsächliche Verlagerung in Rechnung gestellt werden dürfen, was seinen Grund hauptsächlich in der Vernachlässigung der Vertikalbewegung haben dürfte. Zur Verbesserung dieser Konstruktionsmethode kann man versuchen, eine aus der momentanen und bereits vorausgesagten (konstruierten) Bodendruckverteilung gemittelte Bodenströmung zur Verlagerung zu verwenden. Umgekehrt ist die Vorhersagekarte der relativen Topographie auch für eine Verbesserung der Bodenvorhersagekarte von Bedeutung. Wir haben nämlich dadurch einen zusätzlichen Anhaltspunkt für die am Ende des Vorhersagezeitraumes zu erwartende Frontenlage.

Neben den kinematischen Regeln (14/II) und (15/II) wird man zur Bestimmung der Frontenlage das Auftreten zyklonaler Krümmungen im Isobarenbild der Vorhersagekarte, gemäß den Überlegungen auf S. 21, zu beachten haben. Durch den Verlauf der vorausgesagten relativen Isopotentialen 500/1000 mb läßt sich schließlich, entsprechend unseren Darlegungen auf S. 24 (s. Abb. 4), ebenfalls die Lage einer Warm- oder Kaltfront erkennen.

Wir wollen nicht verabsäumen, am Ende dieses Abschnittes zu erwähnen, daß die praktische Verwendung der Steuerung für die Konstruktion von Vorhersagekarten gezeigt hat, daß häufig die Größe des Druckgradienten überschätzt wird. Man muß nämlich bedenken, daß die Bodenreibung bestrebt ist, Druckdifferenzen auszugleichen und zu vermindern, ein Effekt, der bei der Konstruktionsmethode vernachlässigt wird. Es ist daher unerläßlich, vor regelmäßiger Anwendung der eben geschilderten Methode im praktischen Vorhersagedienst hinreichende Erfahrung zu sammeln, speziell im Hinblick auf die besonderen orographischen Verhältnisse des Vorhersagegebietes.

Die Vorhersagekarte der Bodendruckverteilung liefert zusammen mit derjenigen der relativen Topographie durch graphische Addition auch eine Vorhersage der absoluten Topographie. Demgegenüber ist die bereits im Abschn. 1 dieses Kapitels erwähnte Methode der Chikagoer Schule für die Vorhersage der absoluten Topographie *unabhängig* vom Bodendruckfeld. Man kann daher beide Methoden anwenden und das Resultat vergleichen, was unter Umständen wichtige Aufschlüsse über Mängel der einen oder der anderen Konstruktion ergibt.

## 3. Beispiel der Konstruktion einer Vorhersagekarte.

Die im vorangegangenen Abschnitt beschriebene Konstruktionsmethode soll nun an einem Beispiel veranschaulicht werden, um die Anwendung auf einen konkreten Fall zu zeigen. Wir werden uns dabei auf die Konstruktion der Bodenkarte beschränken, da daraus bereits alles Grundsätzliche zu ersehen ist.

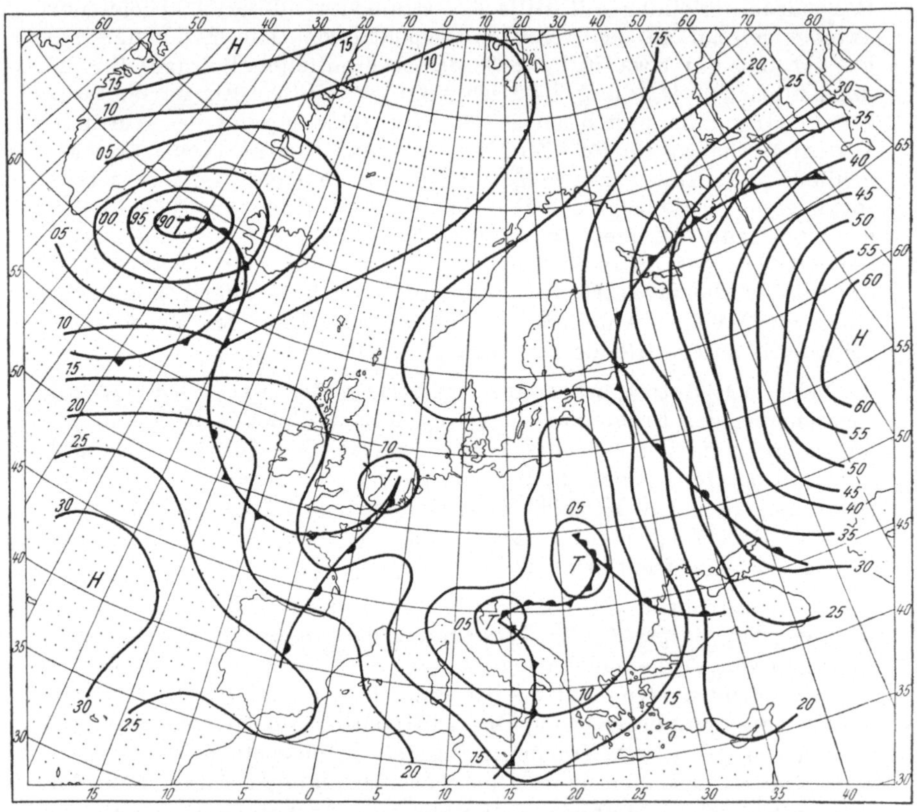


Abb. 26. Bodendruckverteilung und Frontenlage vom 27. II. 1951, 0 Uhr G.M.T.

Die Ausgangswetterlage ist diejenige vom 27. II. 1951, 0 Uhr G. M. T., wie sie in der Abb. 26 dargestellt ist[1]. Die 500 mb Isopotentialen (allerdings vom synoptischen Termin drei Stunden später) sind aus der Abb. 27 zu ersehen, wobei auf dieser Karte zusätzlich noch die

[1] Bei dem hier angeführten Beispiel handelt es sich um eine tatsächlich im Rahmen des täglichen Vorhersagedienstes an der Zentralanstalt für Meteorologie in Wien durchgeführte Konstruktion und nicht um ein eigens für Lehrzwecke ausgesuchtes, im nachhinein konstruiertes Beispiel.

24stündigen Isallobaren der Bodenkarte (gewonnen durch graphische Subtraktion) mit strichlierten, bzw. punktierten Linien eingezeichnet sind.

Der Verlauf der 500 mb Isohypsen zeigt eine „*Trogsteuerung*" über Mitteleuropa, wobei die Troglinie beinahe genau mit dem zehnten östlichen Längengrad zusammenfällt. Das Gebiet zwischen Island und

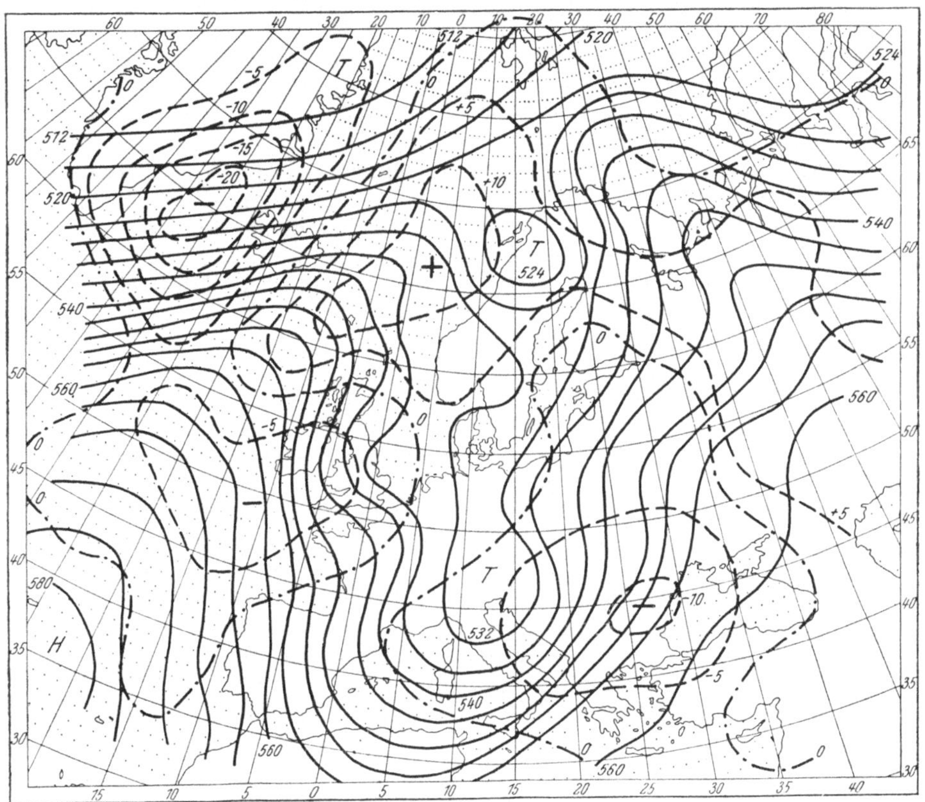

Abb. 27. Absolute Topographie der 500 mb Fläche vom 27. II. 1951, 3 Uhr G.M.T. (ausgezogen) und Linien gleicher 24stündiger Bodendruckänderung (strichliert und punktiert).

Grönland ist in die Trogsteuerung nicht mit einbezogen. Dort erkennen wir eine kräftige Südwestströmung. Für Zentraleuropa bedeutet die Trogsteuerung im Sinne der VAN BEBBERschen Statistik (Abb. 15) ein Wandern der Zyklonen auf den Bahnen $V_a$ und $V_b$.

Die Bodendruckverteilung läßt drei flache Tiefdruckgebiete, eines über dem Kanal, ein zweites über Norditalien und eines über Ungarn erkennen. Bei näherer Betrachtung der 500 mb Isohypsen, die nicht ausgeglichen wurden, zeigt sich, daß in der Nähe der Bodentiefs mehr oder weniger große Deformationen der Höhenlinien auftreten, mithin die 500 mb Fläche als nicht ganz unbeeinflußt von den Bodenstörungen angesehen werden muß. Trotzdem läßt sich ohne weiteres der allgemeine Verlauf der Isohypsen, wie er für die Anwendung der Steuerung benötigt wird, erkennen, ohne daß es erforderlich wäre, gemäß dem Satz von MÖLLER [Regel (1/III)], ein höheres Niveau mit mehr geradlinigen Höhenlinien zur Steuerung heranzuziehen.

Neben den erwähnten drei flachen Tiefdruckgebieten befindet sich auf der Bodenkarte noch eine kräftige Zyklone westlich von Island, während zwei mächtige Antizyklonen über den Azoren und über Mittelrußland festzustellen sind. Letztere sind offensichtlich quasistationäre Gebilde, also Steuerungszentren, was durch einen Vergleich mit der Höhenkarte bestätigt wird.

Die Verteilung der Luftmassen ist durch die Lage der Fronten angedeutet. Entsprechend den im Kap. I, Abschn. 5, gegebenen Richtlinien wurden bei der Luftmassenanalyse, soweit sie für die Konstruktion der Vorhersagekarte Verwendung findet, nur die wichtigsten Luftmassengrenzen berücksichtigt. Beachtenswert ist die Kaltfront im Zusammenhang mit dem russischen Hochdruckgebiet, die keine Beziehung zu einer Zyklone aufweist, sondern die kontinentale Arktikluft im Zentralbereich des Hochs von der gemäßigten Kaltluft am übrigen Festland trennt.

Wir wenden uns nun der Betrachtung der Isallobaren zu, die ebenfalls in der Abb. 27 gezeichnet sind. Wir ersehen daraus, welche Änderungen in der Bodendruckverteilung innerhalb der vergangenen 24 Stunden aufgetreten sind. Zunächst stellen wir heftigen Druckfall westlich von Island fest, offensichtlich im Zusammenhang mit der in diesem Gebiet befindlichen Bodenzyklone. Entsprechend dem südwestlichen Verlauf der Höhenlinien in dieser Gegend muß eine Verlagerung in nordöstlicher Richtung erwartet werden. Da die 500 mb Isohypsen leicht divergieren, könnte im Sinne der Regel (6/IV) eine Verstärkung des Druckfallgebietes eintreten, wenn nicht eine gleichzeitige Konvergenz am Boden die Wirkung divergierender Höhenlinien abschwächt oder aufhebt. Tatsächlich ist in unserem Falle auf der Bodenkarte eine Konvergenz festzustellen. Mithin würde man bei Anwendung dieser Regel keine wesentliche Intensitätsänderung des Druckfallgebietes vermuten. Wendet man die Steuerung für dieses Isallobarengebilde gemäß Regel (3/III) an, so zeigt sich, daß das Zentrum des Druckfalles nahe der Insel Jan Mayen zu liegen kommt. Andererseits wird der südliche Teil des Druckfallgebietes bereits von der Trogsteuerung erfaßt und gelangt derart in die Gegend zwischen Island und Schottland. Man sieht, daß dieser Teil des Fallgebietes unter einen Höhenkeil zu liegen käme, was in gewisser Übereinstimmung mit der Regel (2/IV) ist. Es ist in diesem Falle auch die Regel (6/III) zu berücksichtigen, nach der Druckfallgebiete bei antizyklonal gekrümmten Höhenlinien die Bahn zu verkürzen trachten. Das Drucksteiggebiet im Raume Island—Norwegen wird südwärts in den Bereich der Britischen Inseln gesteuert. Entsprechend der Regel (7/III) darf es jedoch nicht über ein Bodentief hinaus verlagert werden, so daß wir es im Gebiet des Kanals erwarten müssen. Man gelangt zu einer solchen Verlagerung übrigens auch bei Annahme einer Steuerungsgeschwindigkeit von 50% des in 500 mb herrschenden Höhenwindes, was in Übereinstimmung mit Regel (3/III) ist. Wir haben in dem vorangegangenen Abschnitt erwähnt, daß Drucksteiggebiete bei Südwärtssteuerung gewöhnlich an Intensität verlieren. Andererseits tritt bei zyklonaler Krümmung der Höhenisohypsen häufig eine Verstärkung ein. Nun können wir tatsächlich im Gebiet des Kanals oberhalb des Bodentiefs eine — wenn auch schwache — zyklonale Krümmung feststellen. Wir werden also mit keiner allzu großen Intensitätsänderung zu rechnen haben, da die eventuelle Wirkung der zyklonalen Krümmung durch die erfahrungsgemäße Abschwächung bei Südsteuerung aufgehoben wird. Die Steuerung ergibt infolge einer leichten Konvergenz der 500 mb Isohypsen eine Verringerung des Umfanges dieses Steiggebietes. Zur Überprüfung der eben angestellten Überlegungen betreffend die Verlagerung und Intensitätsänderung der isallobarischen Gebilde werden die dreistündigen Drucktendenzen herangezogen. Unter Verwendung der auf S. 86 angeführten Faustregel für den Vergleich zwischen dreistündigen und 24stündigen Druckänderungen ergibt sich in unserem Falle keine bemerkenswerte Abweichung von der oben erwähnten vermutlichen Verlagerung und angenommenen (geringen) Intensitätsänderung.

Als nächstes betrachten wir das Fallgebiet südwestlich der Britischen Inseln. Auch dieses wird südwärts gesteuert. Unter Annahme einer Verlagerungsgeschwindigkeit von 50% der (stromabwärts räumlich gemittelten) Höhenströmung käme es über Spanien zu liegen. Hierzu sei bemerkt, daß gemäß Regel (11/IV) eine vor der zyklonalen Umbiegungsstelle sich zeigende Divergenz der Höhenlinien nach Scherhag nicht wirksam sein sollte, so daß wir aus den dort leicht divergierenden Isohypsen hier keine Vertiefung ableiten dürfen. Andererseits lehrt jedoch die Erfahrung, daß Druckfallgebiete bei Südwärtssteuerung häufig an Intensität zunehmen. Ein Vergleich mit den entsprechenden dreistündigen Druckänderungen in diesem Gebiet spricht ebenfalls für eine Vertiefung, so daß die Regel (11/IV) hier versagt. Es sei in diesem Zusammenhang betont, daß die Überlegungen auf Grund der Scherhagschen Vorstellung über die Wirkung divergierender (konvergierender) Höhenlinien keineswegs gedankenlos Verwendung finden dürfen. Erfahrungsgemäß lassen sich jedoch auf diese Weise die Gebiete rasch ausfindig machen, wo tatsächlich größere Druckänderungen zu erwarten sind, ohne daß über die Intensität der Änderung eine Entscheidung gefällt werden kann.

In derselben Weise, wie dies eben für die Druckänderungsgebiete westlich des Höhentroges geschehen ist, lassen sich auch die entsprechenden Isallobaren östlich davon verlagern. Das Resultat der so durchgeführten Konstruktion ist in Abb. 28 gezeigt. Die vorausgesagten können mit den tatsächlich eingetretenen Druckänderungsgebieten, die in Abb. 29 gezeichnet sind, verglichen werden. Es zeigt sich eine weitgehende Übereinstimmung.

Durch graphische Addition zur Bodenkarte (Abb. 26) erhalten wir sofort die Vorhersagekarte (Abb. 30). Ein Vergleich mit der ursprünglichen Druckverteilung lehrt, daß erhebliche Veränderungen stattgefunden haben. Das Tief westlich von Island ist nach Jan Mayen gewan-

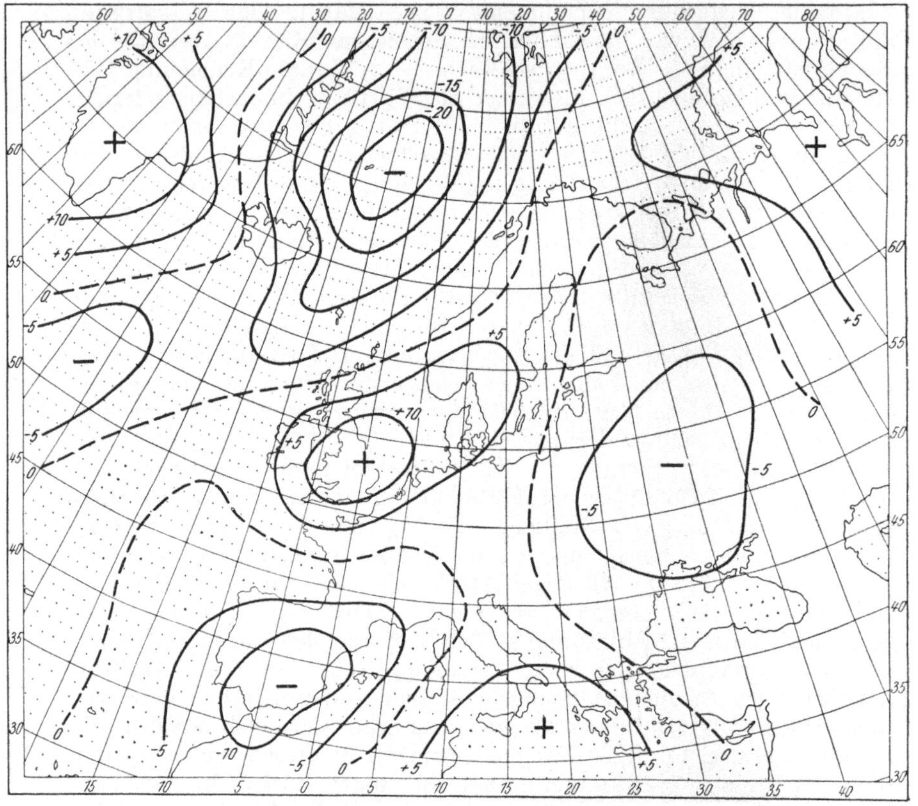


Abb. 28. Vorausgesagte Isallobarenverteilung.

dert. Das Zentrum hat eine Vertiefung von 5 mb erfahren, obwohl wir angenommen haben, daß das dazugehörende Druckfallgebiet keine Intensitätsänderung erfahren soll. Dies ist ein für die Praxis äußerst wichtiger Umstand, der bei Anwendung des Steuerungsmechanismus auf isallobarische Gebilde anstelle auf die Druckverteilung beachtet werden muß und besonders von Anfängern häufig übersehen wird. Gelangt man aus irgendwelchen Gründen zur Anschauung, daß ein auf der Bodenkarte befindliches Tiefdruckgebiet sich vertiefen müßte, so ist dazu nicht unbedingt eine Intensitätsänderung des zugehörigen

(24stündigen) Druckfallgebietes erforderlich. Wegen der raschen Verlagerung der isländischen Zyklone wurde auf der Vorhersagekarte keine wesentlich fortgeschrittene Okklusion gegenüber der Ausgangslage vermutet. Die Lage der Warmfront wurde unter der Annahme einer gemäß Regel (14/II) wirksamen Verlagerung mit 80% der Komponente des geostrophischen Windes normal zur Front gefunden. Der

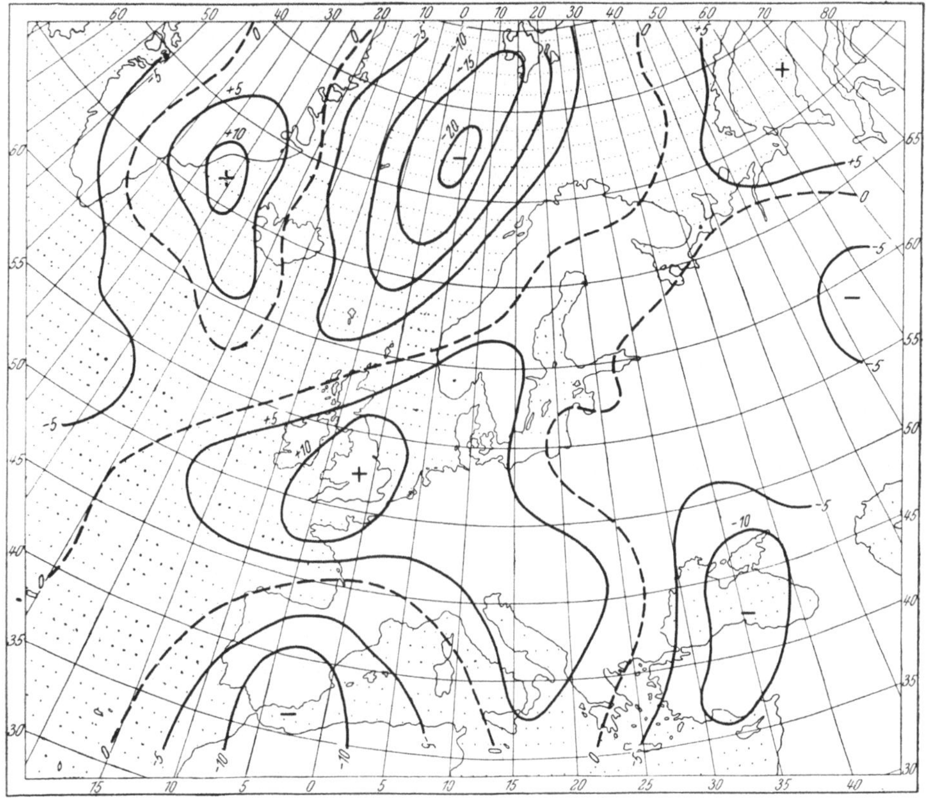


Abb. 29. Tatsächlich eingetretene Druckänderung der Bodenkarte vom 27. auf den 28. II. 1951, 0 Uhr G.M.T.

Okklusionspunkt ist nahe dem Zentrum des (gesteuerten) Druckfallgebietes eingezeichnet, entsprechend den Ausführungen auf S. 25. Das Tief über dem Kanal ist offenbar bis in den Golf von Genua gewandert und hat auf seiner Rückseite einen Kaltlufteinbruch in Frankreich verursacht. Um die Lage der Kaltfront zu finden, wurde neben der Regel (15/II) auch die Trogformel (II, 14) von PETTERSSEN angewendet. Beide Methoden ergaben ungefähr dieselbe Lage, wie die aus der Konstruktion folgende zyklonale Ausbuchtung aufzeigt, so daß diese Front auf der Vorhersagekarte mit mehrfacher Begründung festgelegt werden konnte. Keine analogen Überlegungen wurden über die Wanderung der kontinentalen Kaltluftmassen, die aus dem russischen Hochdruckgebiet ausfließen, angestellt. Es wurde vermutet, daß, abgesehen von der Nordwärtswanderung des flachen Ungarntiefs, im Gebiet östlich des Höhentroges es zu keinen großen Veränderungen kommen würde.

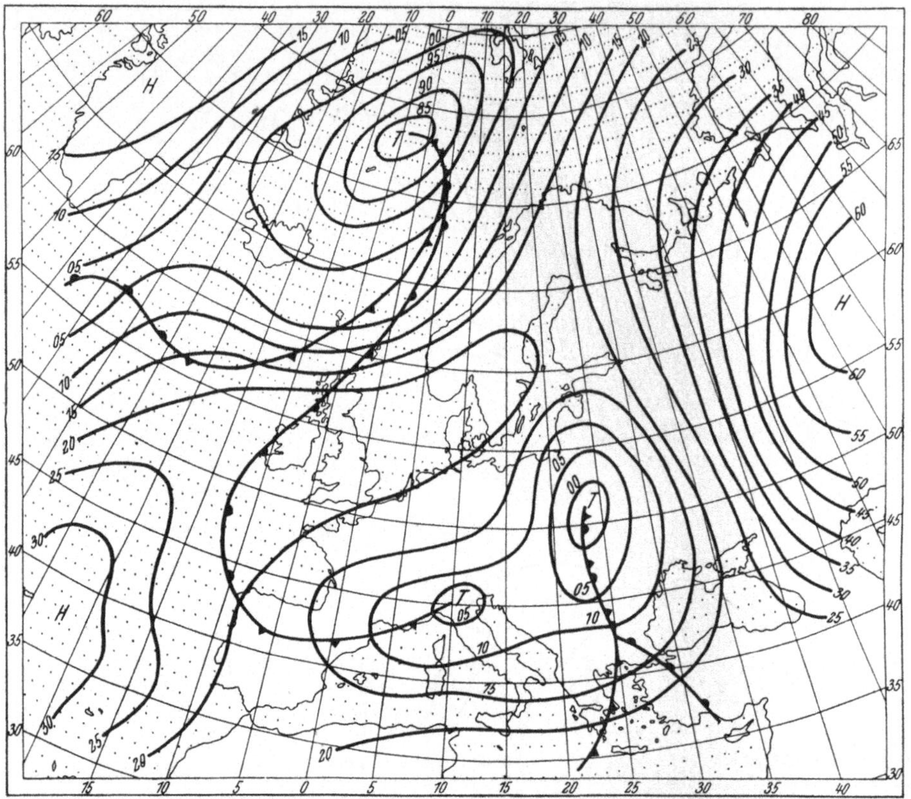

Abb. 30. Vorhersagekarte der Bodendruckverteilung für den 28. II. 1951, 0 Uhr G.M.T.

Wir wollen nun die Vorhersagekarte mit der tatsächlich eingetretenen Druckverteilung vergleichen, die in Abb. 31 wiedergegeben ist. Wir erkennen im Gebiet westlich und südlich des Höhentroges eine weitgehende Übereinstimmung. Dort muß das Resultat sowohl hinsichtlich der vorausgesagten Druckverteilung als auch bezüglich der Frontenlage äußerst befriedigen. Weniger gut ist die vorhergesagte Druckverteilung östlich des Höhentroges getroffen. Dies braucht allerdings nicht allzu sehr überraschen, da wir eben betont haben, daß der Kaltluftausbruch aus dem russischen Hochdruckgebiet bei der Konstruktion nicht in Rechnung gestellt wurde. Tatsächlich hat er jedoch einen Fortschritt gemacht und Finnland erreicht. Dadurch kam es zu einer Art aktiver Steuerung gemäß Kap. III, Abschn. 4, was sich auf die Nordwärtsverlagerung des ungarischen Tiefdruckgebietes auswirkte. Es kam weiter nördlich zu liegen als vermutet worden war.

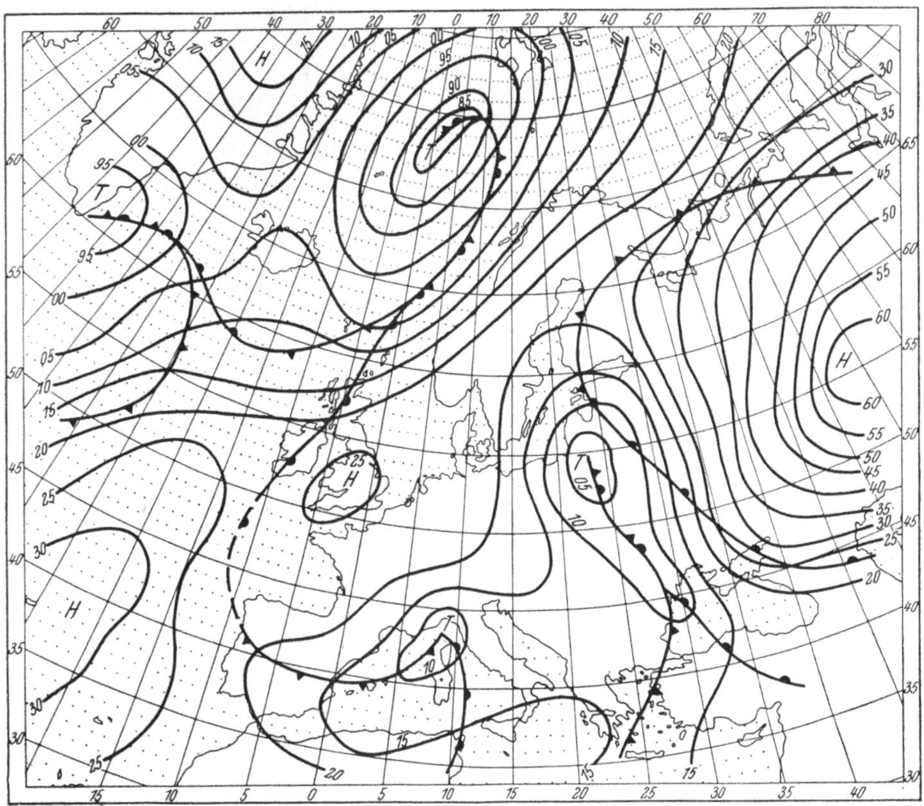

Abb. 31. Bodendruckverteilung und Frontenlage vom 28. II. 1951, 0 Uhr G.M.T.

# VI. Theorie der mathematischen Wettervorhersage. Vorausberechnung der Druckverteilung durch numerische Integration.

## 1. Problemstellung.

In den bisher beschriebenen Methoden und Theorien zur Vorhersage der Druckverteilung nimmt trotz vieler mathematischer Formeln und Beziehungen die Erfahrung einen breiten Raum ein. Dies kommt schon dadurch zum Ausdruck, daß die gewonnenen Erkenntnisse in Form von Regeln und nicht von Gesetzen formuliert wurden, wenn auch, im Hinblick auf die Konstruktion von Vorhersagekarten, das Bestreben unverkennbar ist, anstelle reiner Empirie mehr oder weniger objektive Methoden einzuführen. Es erhebt sich jedoch die Frage, ob es nicht möglich und angezeigt wäre, durch weitgehende Anwendung der Prinzipe und Gesetze der theoretischen Physik, denen letzten Endes die (physikalischen) Prozesse in der Atmosphäre genügen müssen, zu einer rein mathematischen Lösung des Problems zu gelangen. In dieser Hinsicht wird bekanntlich von Kritikern der Wetterprognose gerne auf die exakten astronomischen Vorhersagen verwiesen, die ein Vorbild für die theoretische Wettervorhersage sein sollten. Wir wollen uns mit diesem Problem einer rein mathematischen Vorhersage der Druckverteilung und allgemein mit der mathematischen Wetterprognose in diesem Kapitel etwas näher beschäftigen.

Es ist offenbar, daß die Schwierigkeiten bei Beschreiten dieses Weges äußerst groß sein müssen, wenn es trotz der zur Verfügung stehenden hochentwickelten modernen Mathematik bisher noch nicht gelungen ist, das Problem befriedigend zu lösen. Bis vor wenigen Jahren erschien es fast aussichtslos, daß die diesbezüglichen Untersuchungen jemals für Belange der Wettervorhersage mehr als rein akademisches Interesse beanspruchen werden können. Erst in neuester Zeit hat die „*theoretische Wettervorhersage*" ein Stadium erreicht, das zu der Hoffnung berechtigt, in absehbarer Zeit die synoptischen Methoden durch rein mathematische unterstützen zu können.

Stellen wir uns die Frage, durch welche physikalischen Größen das Wetter im wesentlichen bestimmt wird, so zeigt es sich, daß dazu die folgenden sieben Raum-Zeitfunktionen erforderlich sind: Die $x$, $y$ und $z$-Komponente der *Geschwindigkeit*, der *Luftdruck*, die *Dichte*, die *Temperatur* und die *Feuchtigkeit* bzw. der Wasserdampfgehalt. Zur Bestimmung dieser sieben Größen stehen tatsächlich sieben Gleichungen zur Verfügung, nämlich:

*3 Bewegungsgleichungen, Kontinuitätsgleichung, Zustandsgleichung der Gase, I. Hauptsatz der Wärmelehre und II. Hauptsatz der Wärmelehre.*

Will man noch die durch Absorption und Emission innerhalb der Atmosphäre auftretenden Strahlungsströme in das Problem einbeziehen, so wären noch die sogenannten EMDEN-SCHWARZSCHILDschen Strahlungsgleichungen heranzuziehen. Jedenfalls sieht man, daß rein theoretisch gesehen eine vollkommene Determinierung der physikalischen Größen, die im großen und ganzen das Wettergeschehen in der Atmosphäre bestimmen, vorliegt. Es ist möglich, ihre räumlich-zeitliche Veränderlichkeit auf Grund der eben angeführten Gleichungen und Prinzipe mathematisch zu formulieren. Versucht man allerdings, die aufgestellten Gleichungen zu lösen, so stößt man auf geradezu unüberwindliche Schwierigkeiten. Dies liegt nicht so sehr an der Vielfalt der Variablen als vielmehr an der aus der hydrodynamischen Form der Bewegungsgleichungen ersichtlichen Nichtlinearität und der Kompliziertheit der Randbedingungen an der Erdoberfläche, selbst wenn man die einer strengen mathematischen Behandlung nicht zugänglichen (jedoch in der Atmosphäre keineswegs bedeutungslosen) turbulenten Prozesse außer acht läßt. Ein langer Weg mußte zurückgelegt werden, die fähigsten Theoretiker unternahmen zahllose Versuche, die widerspenstigen Gleichungen gefügig zu machen, ehe es in jüngster Zeit gelungen ist, einige synoptisch wichtige Teilprobleme der mathematischen Wettervorhersage mit Hilfe schnell arbeitender Elektronenrechenmaschinen in einer Weise zu lösen, daß die Verwendung rein mathematischer Methoden im täglichen Prognosendienst in greifbare Nähe gerückt erscheint. Natürlich haben die theoretischen Untersuchungen immer äußerst befruchtend auf die synoptische Meteorologie eingewirkt, wie wir u. a. bei Besprechung des zonalen Index, der Theorie der stationären Druckgebilde mit Hilfe der ROSSBYschen Wellenlängenformel und der Polarfronttheorie der Zyklonen gesehen haben.

Zur Überwindung der Schwierigkeiten, die einer Integration der atmosphärischen Bewegungsgleichungen entgegenstehen, wurde von V. BJERKNES die Methode der sogenannten *Linearisierung* eingeführt, die darin besteht, Störungen eines bekannten Grundzustandes zu untersuchen. Da jedoch dieser Grundzustand selbst den nichtlinearen Gleichungen genügen muß, konnte man auf diese Weise nur sehr spezielle Felder behandeln, d. h., man mußte den Anfangszustand weitgehend idealisieren, bevor man eine Entwicklung vorausberechnen konnte. So wertvolle Erkenntnisse auf diese Weise für die Zyklonentheorie und für verschiedene Probleme der allgemeinen Zirkulation auch gewonnen werden konnten, für eine mathematische Wettervorhersage eignete sich diese Methode nicht. Wir werden uns daher hier nicht damit beschäftigen[1].

[1] Lesern, die sich für dieses Problem interessieren, sei das Studium der „*Physikalischen Hydrodynamik*“ [6] empfohlen.

Einen anderen Weg hat RICHARDSON [60] eingeschlagen[1]. Er führte erstmalig die Methode der sogenannten „*numerischen Integration*“ in die theoretische Meteorologie ein, d. h. er versuchte, die in den Gleichungen auftretenden Differentiale durch entsprechende Differenzen zu ersetzen. Doch seine Methode ist seinerzeit aus zwei Gründen gescheitert. Erstens zeigte sich nämlich, daß die für diese numerische Methode erforderliche Rechenarbeit so ungeheuer groß war, daß kaum die Hoffnung bestand, die vielen Multiplikationen und Divisionen in der für die Vorhersage zur Verfügung stehenden Zeit zu bewältigen. Zweitens schien die Approximation der Differentiale durch Differenzen mit Hilfe der Beobachtungen zu ungenau zu sein, da sich in einigen Beispielen weit außerhalb jeder Erfahrung liegende Druckschwankungen ergaben.

Trotzdem stellte sich später heraus, daß grundsätzlich die Methode der numerischen Integration zum Ziel führen kann. Dazu mußten allerdings neue Erkenntnisse über den Mechanismus der atmosphärischen Bewegungen gewonnen und gewisse Schwierigkeiten bei der Behandlung der hydrodynamischen Gleichungen überwunden werden.

## 2. Modellvorstellungen über die Atmosphäre.

Es ist verständlich, daß man angesichts der großen mathematischen Schwierigkeiten bestrebt war, zunächst nur Teilprobleme der atmosphärischen Dynamik zu lösen, d. h. nicht unmittelbar auf das im ersten Abschnitt mit Hilfe der sieben Gleichungen formulierte Gesamtproblem der mathematischen Wettervorhersage einzugehen. Man gelangt auf diese Weise zu sogenannten „*Modellatmosphären*“, wobei der Weg von einfachen zu komplizierteren „*Modellen*“ führt. Da wir schon betont haben, daß die Reibung und Turbulenz der mathematischen Behandlung äußerst große Schwierigkeiten bereiten und wir uns als erste Aufgabe das Studium der Bewegungen in der freien Atmosphäre oberhalb der Reibungsschicht stellen wollen, werden wir für unsere Modellvorstellungen vorerst eine reibungslose Atmosphäre mit nicht turbulenter Strömung in Betracht ziehen. Weiters wollen wir bei der Beschreibung rein dynamischer Vorgänge auch vom Feuchtigkeitsgehalt absehen, somit uns auf eine trockene Atmosphäre beschränken. Es kann natürlich keinem Zweifel unterliegen, daß wir dadurch für die Wetterentwicklung äußerst wichtige Prozesse, wie etwa die Kondensation (Wolkenbildung), unterschlagen. Auch die Vernachlässigung der äußeren Reibung ist keineswegs unbedenklich, da gerade sie im Sinne von EXNER die Erdoberfläche zu einem „*Ausgleichsniveau*“ ersten Ranges macht, indem sie Windabweichungen vom geostrophischen Gleichgewicht hervorruft, die zu einer Auffüllung der Tiefdruckgebiete und zu einem Abbau der Hochdruckgebiete führen

[1] Vor ihm hatte schon F. EXNER [25] versucht, unter weitgehenden Vereinfachungen die durch Advektion von kalter und warmer Luft verursachten Druckänderungen vorauszuberechnen.

müssen. Aber gemäß dem Konzept, vom Einfachen zum Komplizierten fortzuschreiten, erscheint der eingeschlagene Weg dennoch erfolgversprechend. Erst wenn die Vorgänge in einer reibungslosen trockenen Atmosphäre genau bekannt sind, ist es möglich, einen Schritt weiter zu gehen und die Reibung oder den variablen Wasserdampfgehalt in die Betrachtungen einzubeziehen.

Wir wollen nun die für die eben definierte Modellatmosphäre gültigen Gleichungen aufstellen. Wir haben schon in Kap. I. (S. 4) von den in einem kartesischen Koordinatensystem, dessen $x$-Achse nach Osten, $y$-Achse nach Norden gerichtet ist und dessen $z$-Achse die Normale zu der $x$, $y$-Ebene darstellt, gültigen Bewegungsgleichungen Gebrauch gemacht. Sie schreiben sich in der Form:

$$\begin{aligned} \frac{du}{dt} - 2\,\Omega \sin\varphi \,.\, v &= -\frac{1}{\varrho}\frac{\partial p}{\partial x} \\ \frac{dv}{dt} + 2\,\Omega \sin\varphi \,.\, u &= -\frac{1}{\varrho}\frac{\partial p}{\partial y} \\ \frac{dw}{dt} + g \qquad\qquad &= -\frac{1}{\varrho}\frac{\partial p}{\partial z}. \end{aligned} \tag{VI, 1}$$

Hierin sind $u$, $v$ und $w$ die Komponenten des Geschwindigkeitsvektors $\mathfrak{v}$, $\varrho$ die Dichte, $p$ der Luftdruck, $\varphi$ die geographische Breite, $\Omega$ die Winkelgeschwindigkeit der Erdrotation und $t$ die Zeit. In (VI, 1) sind als äußere Kräfte nur die Druckkräfte aufgenommen, die Reibungskräfte sind vernachlässigt.

Wegen der Feldverteilung der Geschwindigkeiten lautet die *hydrodynamische* Form der Bewegungsgleichungen (VI, 1), wenn wir in der dritten Gleichung die (in fast allen praktischen Fällen unbedenkliche) Vernachlässigung der vertikalen Beschleunigung $dw/dt$ gegenüber der Gravitationsbeschleunigung $g$ zulassen und zur Abkürzung für den Coriolisparameter $f = 2\,\Omega\,\sin\varphi$ setzen.

$$\begin{aligned} \frac{\partial u}{\partial t} + u\frac{\partial u}{\partial x} + v\frac{\partial u}{\partial y} + w\frac{\partial u}{\partial z} - f v &= -\frac{1}{\varrho}\frac{\partial p}{\partial x} \\ \frac{\partial v}{\partial t} + u\frac{\partial v}{\partial x} + v\frac{\partial v}{\partial y} + w\frac{\partial v}{\partial z} + f u &= -\frac{1}{\varrho}\frac{\partial p}{\partial y} \\ g &= -\frac{1}{\varrho}\frac{\partial p}{\partial z}. \end{aligned} \tag{VI, 1 a}$$

Die dritte Gleichung in (VI, 1 a) ist die statische Grundgleichung, die in Verbindung mit der Zustandsgleichung der Gase die bekannte barometrische Höhenformel liefert (s. S. 12). Wenn wir sie auch für den bewegten Zustand als gültig ansehen, so beruht das auf der Erfahrungstatsache, daß die synoptisch wichtigen Vorgänge in der Atmosphäre sich „*quasi statisch*“ verhalten. Wir haben damit aus der ungeheuren Vielfalt von Bewegungen, die durch die Gln. (VI, 1) beschrieben werden, bereits eine Auswahl getroffen und unser Problem dadurch vereinfacht.

Vielfach wird zur vereinfachten Schreibweise der Bewegungsgleichungen der Nablaoperator $\nabla$ eingeführt, der einen symbolischen Vektor mit den Komponenten $\left(\frac{\partial}{\partial x}, \frac{\partial}{\partial y}, \frac{\partial}{\partial z}\right)$ bedeutet, so daß (VI, 1a) auch in der Form:

$$\begin{aligned} \frac{\partial u}{\partial t} + \boldsymbol{v} \cdot \nabla u - f v &= -\frac{1}{\varrho}\frac{\partial p}{\partial x} \\ \frac{\partial v}{\partial t} + \boldsymbol{v} \cdot \nabla v + f u &= -\frac{1}{\varrho}\frac{\partial p}{\partial y} \\ g &= -\frac{1}{\varrho}\frac{\partial p}{\partial z} \end{aligned} \qquad \text{(VI, 1b)}$$

geschrieben werden kann.

Die nächste von uns benötigte Gleichung ist die Kontinuitätsgleichung. Sie lautet in der üblichen Schreibweise

$$\frac{\partial(\varrho u)}{\partial x} + \frac{\partial(\varrho v)}{\partial y} + \frac{\partial(\varrho w)}{\partial z} = -\frac{\partial \varrho}{\partial t} \qquad \text{(VI, 2)}$$

oder

$$\operatorname{div}(\varrho \boldsymbol{v}) = -\frac{\partial \varrho}{\partial t}. \qquad \text{(VI, 2a)}$$

$\varrho \boldsymbol{v}$ wird der Impulsdichtevektor genannt.

Man kann die Kontinuitätsgleichung auch in einer anderen Form schreiben, die physikalisch unmittelbar verständlich ist, nämlich

$$\frac{d}{dt}\int\!\!\int\!\!\int \varrho \, dx \, dy \, dz = 0. \qquad \text{(VI, 2b)}$$

Dies bedeutet in analytischer Formulierung, daß die zeitliche Änderung der Masse eines beliebigen Volumens null sein muß. Man kann aus diesem Satz von der Erhaltung der Masse durch Differentiation von (VI, 2b) unter dem dreifachen Integral ohne Schwierigkeiten auch auf die Form (VI, 2) der Kontinuitätsgleichung gelangen.

Die dritte zur Behandlung unseres Problems erforderliche Gleichung ist die Zustandsgleichung der Gase, die wir in der Form

$$p = R \varrho T \qquad \text{(VI, 3)}$$

verwenden wollen, wobei $R$ die individuelle Gaskonstante ist und $T$ die (absolute) Temperatur bedeutet, die hier erstmalig neben den bisherigen fünf unbekannten Raum-Zeitfunktionen $u$, $v$, $w$, $p$ und $\varrho$ aufscheint. Dadurch wird unser Problem mit den nunmehr zur Verfügung stehenden Gleichungen noch nicht eindeutig bestimmt und wir sind gezwungen, auch auf den I. Hauptsatz der Wärmelehre zurückzugreifen. Dieser wird zweckmäßigerweise in Form der Adiabatengleichung, die wir schon auf S. 19 bei Besprechung der Adiabatenpapiere erwähnt haben, verwendet. Wir schreiben für die potentielle Temperatur $\Theta$ bei dem Normaldruck $p_0$ in der üblichen Weise

$$\Theta = T\left(\frac{p_0}{p}\right)^k. \qquad \text{(VI, 4)}$$

Dabei ist $k = R/c_p$, wenn $c_p$ die spezifische Wärme der Luft bei konstantem Druck bedeutet.

Nunmehr verfügen wir über genügend Gleichungen, um das Problem der thermischen und dynamischen Vorgänge in einer reibungslosen, trockenen Atmosphäre zu lösen. Will man sich zur Vereinfachung auf adiabatische Prozesse beschränken, so muß in (VI, 4) zusätzlich noch $d\Theta/dt = 0$ gesetzt werden, was aussagen würde, daß zeitliche Änderungen der potentiellen Temperatur verschwinden, also alle Prozesse ohne äußere Wärmezufuhr vor sich gehen sollen.

Obwohl wir uns bisher mit einem gegenüber den tatsächlichen Verhältnissen beträchtlich vereinfachten Modell der Atmosphäre beschäftigt haben, erscheint die vollständige Lösung des durch die Gln. (VI, 1) bis (VI, 4) formulierten Problems noch immer äußerst kompliziert, so daß es zur Bewältigung der uns gestellten Aufgabe, eine mathematische Methode für Zwecke der Wettervorhersage zu entwickeln, angezeigt sein wird, zunächst auf noch einfachere Modelle zurückzugreifen. Dies kann beispielsweise dadurch geschehen, daß wir zusätzlich zu den bisherigen Voraussetzungen noch Inkompressibilität annehmen. Natürlich wird dadurch die praktische Verwendbarkeit der Ergebnisse weiter eingeschränkt. Es hat sich gezeigt, daß zweckmäßigerweise nach einem anderen Gesichtspunkt eine Charakterisierung der Atmosphäre vorgenommen werden kann, nämlich nach der gegenseitigen Lage der Flächen gleichen Druckes und jener gleicher Dichte. Sind die beiden Flächenscharen parallel, so nennt man die Atmosphäre *barotrop*, schneiden sie sich dagegen unter einem von Null verschiedenen Winkel, so heißt sie *baroklin*. Die Einführung dieser Begriffe verdanken wir V. BJERKNES. Wir haben bei der Besprechung der Zyklonentheorien gesehen, daß offenbar die Neigung der Flächen gleicher Dichte zu denen gleichen Druckes eine wesentliche Voraussetzung für die Entstehung und Entwicklung von Tiefdruckgebieten an Fronten darstellt; nach dem eben Gesagten muß mithin die Atmosphäre in diesem Bereich wesentlich baroklin sein. In einer barotropen Atmosphäre sind derartige Entwicklungsprozesse nicht denkbar. Man wird daher geneigt sein, berechtigte Zweifel zu äußern, ob das Studium der dynamischen Vorgänge in einer barotropen Atmosphäre für die Praxis brauchbare Ergebnisse liefern kann. Doch diese Befürchtungen haben sich keineswegs bestätigt. Durch Integration der in einer barotropen Atmosphäre gültigen Gleichungen ist es, wie wir noch sehen werden, gelungen, gewisse großräumige Vorgänge in der freien Atmosphäre einer mathematischen Behandlung zu unterwerfen, was allein schon von großer prognostischer Bedeutung ist. Außerdem lieferte die systematische Untersuchung des barotropen Zustandes ein solides Fundament, von dem aus der Übergang zu komplizierteren baroklinen Modellatmosphären wesentlich erleichtert erscheint.

Bevor wir uns jedoch mit der Integration der Gleichungen einer barotropen Atmosphäre beschäftigen können, müssen wir näher auf das Zustandekommen von Druckänderungen in der Atmosphäre eingehen. In den vorangegangenen Kapiteln haben wir diese mehr oder weniger als gegeben betrachtet, wenn auch bereits auf eine mögliche thermische Erklärung (bei der Bewegungssteuerung und der FICKERschen Theorie der Kopplung von Druckschwankungen), sowie eine dynamische durch Konvergenzen und Divergenzen (bei SCHERHAGS Divergenztheorie) hingewiesen wurde. Aus didaktischen Gründen wird es nicht immer möglich sein, im folgenden die historische Entwicklung beizubehalten.

## 3. Tendenzgleichung und Bedeutung von Divergenzen und Konvergenzen für die Druckänderungen.

Der Druck $p$ in einem bestimmten Höhenniveau ist durch das Gewicht der über diesem Niveau befindlichen Luftmasse, nämlich durch

$$p = \int_h^\infty g\varrho\, dz$$

gegeben. Die lokale Druckänderung wird daher

$$\frac{\partial p}{\partial t} = \int_h^\infty g \frac{\partial \varrho}{\partial t}\, dz. \qquad \text{(VI, 5)}$$

Führen wir in (VI, 5) den Wert für $\partial\varrho/\partial t$ aus der Kontinuitätsgleichung (VI, 2a) ein, so erhalten wir

$$\frac{\partial p}{\partial t} = -\int_h^\infty g \operatorname{div}_H (\varrho \mathfrak{v})\, dz - \int_h^\infty g \frac{\partial(\varrho w)}{\partial z} dz, \qquad \text{(VI, 6)}$$

wobei hier $\operatorname{div}_H(\varrho\mathfrak{v})$ die *horizontale* (zweidimensionale) Divergenz der Impulsdichte bedeutet. Das zweite Integral auf der rechten Seite von (VI, 6) kann sofort ausgewertet werden, wenn wir (ohne große Vernachlässigung) $g$ als konstant annehmen. Es ergibt sich dann, da die Dichte an der Grenze der Atmosphäre null wird,

$$\frac{\partial p}{\partial t} = -\int_h^\infty g \operatorname{div}_H(\varrho\mathfrak{v})\, dz + g(\varrho w)_h. \qquad \text{(VI, 7)}$$

Diese Gleichung besagt:

*Die Druckänderung in einer bestimmten Höhe (h) setzt sich aus dem horizontalen Massentransport über dem Niveau und dem vertikalen Massentransport durch das Niveau zusammen.*

Für die Bodendruckänderung erhält man aus (VI, 7), da an der Erdoberfläche die vertikale Geschwindigkeit verschwindet:

$$\frac{\partial p_0}{\partial t} = -\int_0^\infty g \operatorname{div}_H(\varrho \mathfrak{v}) dz . \qquad \text{(VI, 8)}$$

Führen wir in diese Gleichung die Komponenten des geostrophischen Windes nach (I, 2) ein, nämlich

$$\begin{aligned} \varrho v_g &= \frac{1}{f}\frac{\partial p}{\partial x} \\ \varrho u_g &= -\frac{1}{f}\frac{\partial p}{\partial y}, \end{aligned} \qquad \text{(I, 2)}$$

so sieht man, daß $\operatorname{div}_H(\varrho \mathfrak{v}_g)$ identisch verschwindet, wenn die Variation des Coriolisparameters $f$ vernachlässigt wird.

Dies liefert uns den wichtigen Satz:

*In einem rein geostrophischen Windfeld können keine Druckänderungen auftreten. Abweichungen vom geostrophischen Gleichgewicht sind eine unerläßliche Voraussetzung dafür.*

Man kann die Gl. (VI, 6) auch noch in einer anderen Form schreiben, die physikalisch durchsichtiger ist, wenn man nämlich die Divergenz der Impulsdichte in zwei Terme aufspaltet, so daß

$$\frac{\partial p}{\partial t} = -\int_h^\infty g\left(u\frac{\partial \varrho}{\partial x} + v\frac{\partial \varrho}{\partial y}\right)dz - \int_h^\infty g\varrho\left(\frac{\partial u}{\partial x} + \frac{\partial v}{\partial y}\right)dz + g(\varrho w)_h \qquad \text{(VI, 6 a)}$$

wird. Hierin bedeutet der erste Term auf der rechten Seite die Druckänderung, die durch Advektion bei einem vorhandenen Dichtegradienten hervorgerufen wird, während der zweite Term den durch horizontale Divergenz der Geschwindigkeit verursachten Anteil darstellt. Bei einer rein thermischen Erklärung von Druckänderungen wird angenommen, daß der erste Term den Ausschlag gibt. Dies ist aber zweifellos eine einseitige Betrachtungsweise. Uns wird im folgenden gerade der Beitrag der Geschwindigkeitsdivergenz am Zustandekommen von Druckänderungen beschäftigen.

Um die Bedeutung von „*Vergenzen*" besser studieren zu können, wollen wir eine Umformung der Bewegungsgleichungen und der Kontinuitätsgleichung vornehmen. Wir erinnern uns zu diesem Zwecke, daß bereits in Kap. I auseinandergesetzt wurde, welche Vorteile die topographische Darstellung der Bewegungsvorgänge auf Flächen gleichen Druckes besitzt. In Ergänzung zu der dort abgeleiteten geostrophischen Windrelation auf solchen Flächen gleichen Druckes [s. Gl. (I, 11)] wollen wir jetzt ganz allgemein anstelle der Vertikalkomponente $z$ den Luftdruck $p$ als unabhängige Variable einführen, also in einem $(x, y, p, t)$-System rechnen. Wenn wir durch den Index $p$ andeuten, daß die entsprechenden Differentiationen bei konstant gehaltenem Druck (eben auf einer $p$-Fläche) durchzuführen sind, muß offenbar gelten:

$$\begin{aligned}
\left(\frac{\partial}{\partial x}\right)_p &= \frac{\partial}{\partial x} - \frac{\partial p}{\partial x}\frac{\partial}{\partial p}, \\
\left(\frac{\partial}{\partial y}\right)_p &= \frac{\partial}{\partial y} - \frac{\partial p}{\partial y}\frac{\partial}{\partial p}, \\
\frac{\partial}{\partial p} &= -\frac{1}{g\varrho}\frac{\partial}{\partial z} = -\frac{1}{\varrho}\frac{\partial}{\partial H}, \\
\left(\frac{\partial}{\partial t}\right)_p &= \frac{\partial}{\partial t} - \frac{\partial p}{\partial t}\frac{\partial}{\partial p}.
\end{aligned} \qquad \text{(VI, 9)}$$

Dabei ist $H$ das in geodynamischen (bzw. geopotentiellen) Metern (gdm) zu messende Schwerepotential (vergleiche dazu S. 11). Anstelle der Vertikalgeschwindigkeit $w = dz/dt$, die wir im $(x, y, z, t)$-System verwendet haben, führen wir hier die sogenannte generalisierte Vertikalgeschwindigkeit $\omega = dp/dt$ ein. Wie aus (VI, 9) folgt, gilt auch die Transformation:

$$\frac{\partial}{\partial t} + u\frac{\partial}{\partial x} + v\frac{\partial}{\partial y} + w\frac{\partial}{\partial z} = \left(\frac{\partial}{\partial t}\right)_p + u\left(\frac{\partial}{\partial x}\right)_p + v\left(\frac{\partial}{\partial y}\right)_p + \omega\frac{\partial}{\partial p}. \qquad \text{(VI, 9 a)}$$

Die Bewegungsgleichungen (VI, 1 a) lauten im $(x, y, p, t)$-System:

$$\begin{aligned}
\frac{\partial u}{\partial t} + u\frac{\partial u}{\partial x} + v\frac{\partial u}{\partial y} + \omega\frac{\partial u}{\partial p} - f v &= -\frac{\partial H}{\partial x} \\
\frac{\partial v}{\partial t} + u\frac{\partial v}{\partial x} + v\frac{\partial v}{\partial y} + \omega\frac{\partial v}{\partial p} + f u &= -\frac{\partial H}{\partial y},
\end{aligned} \qquad \text{(VI, 10)}$$

wie man leicht mit Hilfe der oben angegebenen Transformationen zeigt, wenn die dritte Bewegungsgleichung in Form der statischen Grundgleichung in die beiden ersten eingesetzt wird. Mit Hilfe des Nablaoperators, der hier einen Vektor mit den Komponenten $\left(\frac{\partial}{\partial x}, \frac{\partial}{\partial y}, \frac{\partial}{\partial p}\right)$ bedeutet, und des Geschwindigkeitsvektors $\mathfrak{v}$ $(u, v, \omega)$ wird (VI, 10) auch

$$\begin{aligned}
\frac{\partial u}{\partial t} + \mathfrak{v}\cdot\nabla u - f v &= -\frac{\partial H}{\partial x} \\
\frac{\partial v}{\partial t} + \mathfrak{v}\cdot\nabla v + f u &= -\frac{\partial H}{\partial y}
\end{aligned} \qquad \text{(VI, 10 a)}$$

geschrieben. Der große Vorteil des neuen Koordinatensystems ist u. a. daraus ersichtlich, daß in (VI, 10) bzw. (VI, 10a) nicht mehr die Dichte $\varrho$ explizit aufscheint, worauf wir übrigens bereits in Kap. I hingewiesen haben.

Wir müssen auch noch die Kontinuitätsgleichung umformen. Dies geschieht am leichtesten durch Benützung der Integraldarstellung (VI, 2 b). Bei der Transformation der Koordinaten $x, y, z$ auf $x, y, p$ ergibt sich für das Raumelement in bekannter Weise

$$dx\,dy\,dz = \frac{\partial\,(x, y, z)}{\partial\,(x, y, p)}\,dx\,dy\,dp.$$

Die Funktionaldeterminante wird in unserem Falle

$$\frac{\partial\,(x, y, z)}{\partial\,(x, y, p)} = \begin{vmatrix} 1 & 0 & 0 \\ 0 & 1 & 0 \\ 0 & 0 & \frac{\partial z}{\partial p} \end{vmatrix} = \frac{\partial z}{\partial p}.$$

Da jedoch nach (VI, 9) $\partial z/\partial p = -1/\varrho g$ ist, wird

$$\varrho\,dx\,dy\,dz = -\frac{1}{g}\,dx\,dy\,dp,$$

so daß die Kontinuitätsgleichung im $(x, y, p, t)$-System

$$\frac{d}{dt}\iiint dx\,dy\,dp = 0 \qquad \text{(VI, 11)}$$

lautet. Die Dichte ist auch hier nicht mehr vorhanden. Die Gleichung hat daher eine Form, wie sie für inkompressible Flüssigkeiten gilt. Man kann sich leicht überzeugen, daß die der Gl. (VI, 2) entsprechende Form der Kontinuitätsgleichung durch

$$\frac{\partial u}{\partial x} + \frac{\partial v}{\partial y} + \frac{\partial \omega}{\partial p} = 0 \qquad \text{(VI, 11 a)}$$

gegeben ist[1].

Wir können mit Hilfe der Gl. (VI, 11 a) eine Tendenzgleichung herleiten, indem wir einfach über die gesamte Atmosphäre integrieren. Dadurch erhalten wir:

$$\int_{p_0}^{0} \mathrm{div}_2\,\boldsymbol{v}\,dp = \frac{dp_0}{dt}, \qquad \text{(VI, 12)}$$

weil $\omega$ an der Grenze der Atmosphäre verschwindet[2]. Nun ist aber die lokale Druckänderung $\partial p_0/\partial t$ in großer Näherung gleich der totalen $dp_0/dt$, weil die Bewegungen nahezu normal zum Druckgradienten erfolgen, also $\boldsymbol{v}\cdot\nabla p$ sehr klein wird. Mithin lautet die Tendenzgleichung für den Bodendruck in großer Näherung:

$$\frac{\partial p_0}{\partial t} = \int_{p_0}^{0} \mathrm{div}_2\,\boldsymbol{v}\,dp\,. \qquad \text{(VI, 12 a)}$$

---

[1] Dies läßt sich durch entsprechendes Differentiieren unter dem Integral in (VI, 11) beweisen, wobei dann der Integrand selbst verschwinden muß, da die Gleichung für jedes beliebige Volumen Gültigkeit haben soll.

[2] In (VI, 12) bedeutet $\mathrm{div}_2\,\boldsymbol{v}$ die zweidimensionale Divergenz auf einer $p$-Fläche, also $\left(\frac{\partial u}{\partial x} + \frac{\partial v}{\partial y}\right)_p$ bei konstant gehaltenem Druck.

Vergleichen wir diese Gleichung mit der Tendenzgleichung im $(x, y, z)$-System (VI, 8), so sehen wir, daß wegen des Verschwindens der Dichte für eine Änderung des Bodendruckes *nur* die Geschwindigkeitsdivergenz auf den isobaren Flächen maßgebend ist, worauf erstmalig ERTEL [24] hingewiesen hat. Wir wollen noch besonders hervorheben, daß zur Ableitung der Gl. (VI, 12a) nur die Gültigkeit der statischen Grundgleichung (Vertikalbeschleunigungen klein gegenüber der Gravitationsbeschleunigung) erforderlich ist, während über die horizontalen Reibungskräfte hier nichts ausgesagt wurde. Dasselbe gilt auch für die Kontinuitätsgleichung (VI, 11a).

Man kann auch in dem hier verwendeten Bezugssystem leicht zeigen, daß ein geostrophischer Wind auf einer $p$-Fläche keinen Beitrag zu Druckänderungen liefert. Wir erhalten nämlich sofort aus (VI, 10) für den geostrophischen Wind auf isobaren Flächen

$$\begin{aligned} v_g &= \frac{1}{f}\frac{\partial H}{\partial x} \\ u_g &= -\frac{1}{f}\frac{\partial H}{\partial y}, \end{aligned} \qquad \text{(VI, 13)}$$

was wir übrigens im wesentlichen bereits in Kap. I in der dort abgeleiteten Gl. (I, 11) gezeigt haben. Aus (VI, 13) folgt, daß $\operatorname{div}_2 \mathfrak{v}_g = 0$ wird, wenn wir wieder von einer Variation des Coriolisparameters $f$ absehen.

Aus den eben abgeleiteten Beziehungen wird der große Vorteil des neuen Bezugssystems mit dem Luftdruck als Vertikalkoordinate ersichtlich. Wir werden daher bei unseren weiteren Überlegungen von den Gleichungen in diesem Koordinatensystem weitgehend Gebrauch machen. Auch die synoptische Überprüfung der theoretischen Ergebnisse ist dadurch erleichtert, da wir schon in Kap. I erwähnt haben, daß die Ergebnisse der Radiosondenmessungen vornehmlich in topographischer Darstellung veranschaulicht werden.

Da die Gl. (VI, 12a) die Bedeutung von Geschwindigkeitsdivergenzen für Druckänderungen klar erkennen läßt, wird es unsere nächste Aufgabe sein, zu untersuchen, wie solche Divergenzen oder Konvergenzen der Geschwindigkeitskomponenten auf der $p$-Fläche zustande kommen können. Einen wichtigen diesbezüglichen Hinweis verdanken wir J. BJERKNES [4], auf dessen Überlegungen wir anläßlich der Besprechung der SCHERHAGschen Divergenztheorie schon hingewiesen haben. Mit BJERKNES betrachten wir einen sinusförmigen Verlauf der Isopotentialen einer bestimmten Druckfläche (Abb. 32). In erster Näherung ist das Gradientwindgesetz als erfüllt zu betrachten. Die Luftteilchen durchlaufen von links nach rechts in der Abb. 32 nacheinander einen Hochdruckkeil und einen Tiefdrucktrog. Da der Abstand der Isohypsen als konstant vorausgesetzt wird, die Zentrifugalkraft jedoch infolge des Überganges von antizyklonaler zu zyklonaler Krümmung ihr Vorzeichen wechselt, d. h. von einer Richtung im Sinne des Potentialgradienten zu der entgegengesetzten übergeht, weht der Wind auf dem Rücken (A und C in der Abb. 32) mit einer größeren Geschwindigkeit als im Trog (B in der Abb. 32). Dies muß aber zu einer (maximalen) Strömungskonvergenz in *a* und *c*, zu einer Strömungsdivergenz in *b* führen. Nimmt man an, daß die betrachtete Schicht für die resultierende Druckänderung den Ausschlag gibt, so bedeutet dies nach der Tendenzgleichung (VI, 12 a) Druckanstieg in *a* und *c*, Druckfall in *b*. Das ganze System verlagert sich nach rechts, in der Abb. 32 also von Westen nach Osten.

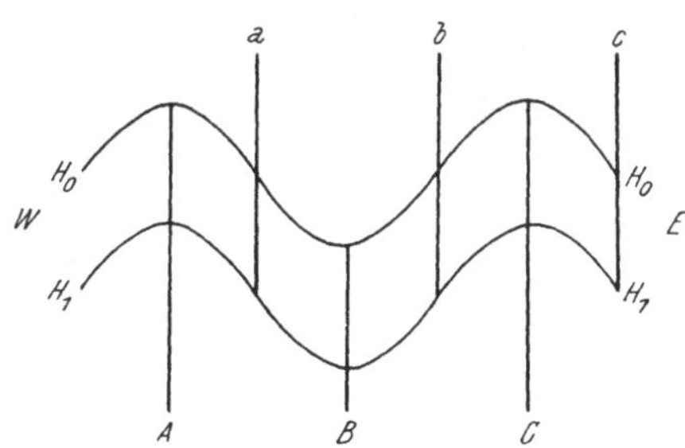

Abb. 32. Divergenzen und Konvergenzen bei sinusförmigen äquidistanten Isohypsen.

Wenn auch dieser schematischen Betrachtungsweise noch gewisse Mängel anhaften, so zeigt sie doch die große Bedeutung von Krümmungsänderungen für Druckänderungen. Wir verdanken ROSSBY [63] die konsequente Weiterführung dieses Gedankens durch seine Theorie der barotropen Atmosphäre. Er konnte damit der dynamischen Meteorologie einen wesentlichen Auftrieb erteilen und einen neuen Weg weisen, der sich auch für die Methodik der numerischen Wettervorhersage als äußerst fruchtbar zeigte. Wir werden uns im nächsten Abschnitt mit diesen Untersuchungen beschäftigen.

## 4. Theorie der barotropen Atmosphäre.

Wir haben im vorangegangenen Abschnitt die Begriffe der „*Barotropie*" und „*Baroklinie*" besprochen. Das einfachste Modell einer Atmosphäre ist offenbar das barotrope, bei dem gemäß der früher gegebenen Definition die Flächen gleichen Druckes zu denen gleicher Dichte parallel sind. Wir wollen nunmehr die Verhältnisse in einer solchen barotropen Atmosphäre näher studieren, indem wir die in diesem Falle gültigen Vereinfachungen an den allgemeinen Bewegungsgleichungen anbringen.

Zu diesem Zweck differentiieren wir die Gl. (VI, 13) nach $p$ und erhalten:

$$\begin{aligned} f\frac{\partial u_g}{\partial p} &= -\frac{\partial^2 H}{\partial y\,\partial p} \\ f\frac{\partial v_g}{\partial p} &= \frac{\partial^2 H}{\partial x\,\partial p}. \end{aligned} \qquad \text{(VI, 14)}$$

Da nach der statischen Grundgleichung und der Zustandsgleichung der Gase

$$\frac{\partial H}{\partial p} = -\frac{1}{\varrho} = -\frac{RT}{p}$$

ist, kann (VI, 14)

$$f\frac{\partial u_g}{\partial p}=\frac{\partial}{\partial y}\left(\frac{1}{\varrho}\right)_p=\frac{R}{p}\left(\frac{\partial T}{\partial y}\right)_p$$
$$f\frac{\partial v_g}{\partial p}=-\frac{\partial}{\partial x}\left(\frac{1}{\varrho}\right)_p=-\frac{R}{p}\left(\frac{\partial T}{\partial x}\right)_p \qquad \text{(VI, 15)}$$

geschrieben werden. In (VI, 15) ist durch das Suffix $p$ besonders hervorgehoben, daß die Differentiation der Dichte bzw. der Temperatur nach $x$ und $y$ bei konstant gehaltenem Druck zu erfolgen hat.

Mit Hilfe von (VI, 15) läßt sich die Gleichung des thermischen Windes, die wir im ersten Kapitel (ohne Ableitung) verwendet haben [Gl (I, 13)], sofort beweisen. Wir schreiben dazu (VI, 15) in Form endlicher Differenzen, nämlich

$$\frac{\Delta u_g}{\Delta \ln p}=\frac{R}{f}\frac{\partial T_m}{\partial y}, \quad \frac{\Delta v_g}{\Delta \ln p}=-\frac{R}{f}\frac{\partial T_m}{\partial x},$$

was mit Hilfe der barometrischen Höhenformel (I, 8)

$$\Delta \ln p=-\frac{g}{R\,T_m}\Delta z \qquad \text{(I, 8)}$$

den thermischen Wind (I, 13) liefert, wenn für den Differenzvektor $\Delta u_g = u_{th}$ bzw. $\Delta v_g = v_{th}$ gesetzt wird, also

$$u_{th}=-\frac{g\Delta z}{f\,T_m}\frac{\partial T_m}{\partial y}$$
$$v_{th}=\frac{g\Delta z}{f\,T_m}\frac{\partial T_m}{\partial x}. \qquad \text{(I, 13)}$$

Für unsere Zwecke ist hier eine andere Folgerung aus der Gl. (VI, 15) bedeutungsvoll, nämlich diejenige, daß in einer barotropen Atmosphäre, in welcher definitionsgemäß entlang einer isobaren Fläche keine Dichteunterschiede auftreten, der *geostrophische Wind höhenunabhängig* wird. Es ist selbstverständlich, daß in einem solchen Falle den im vorangegangenen Abschnitt angestellten Überlegungen über den Einfluß von Krümmungsänderungen entlang der Stromlinien auf Druckänderungen erhöhte Bedeutung zukommt, da jede Schicht denselben Beitrag zur Divergenz bzw. Konvergenz leistet. Andererseits muß schon hier betont werden, daß die tatsächlichen Verhältnisse in der Atmosphäre offenbar nur äußerst selten mit denen eines barotropen Modells übereinstimmen, da erfahrungsgemäß der Wind (oberhalb der Reibungsschicht) in fast allen Fällen an Stärke zunimmt, wenn auch häufig die Richtungsänderung nicht mehr allzu groß ist. Trotzdem war die konsequente Durchführung der Theorie der barotropen Atmosphäre von unschätzbarem Wert für das Verständnis der in der wirklichen Atmosphäre wirksamen Vorgänge, obwohl von Beginn an klar war, daß der *„barotropen Betrachtungsweise“* Grenzen gesetzt sind.

Es war das große Verdienst von ROSSBY, in Ergänzung zu den Überlegungen von J. BJERKNES über den Einfluß von Krümmungsänderungen auf Divergenzen, auch auf die Bedeutung der Variation des Coriolisparamters für Druckänderungen hingewiesen zu haben. Wir können diesen Effekt rein qualitativ ebenfalls an dem Beispiel der Abb. 32 studieren. Betrachten wir nämlich die Gleichung für den geostrophischen Wind (VI, 13), so sehen wir, daß der Wind in $A$ und $C$, also in den mehr nördlich gelegenen Gebieten, bei demselben Potentialgradienten mit einer geringeren Geschwindigkeit wehen muß als in $B$, das weiter südlich liegt, weil der Coriolisparameter im Nenner steht. Mit anderen Worten: Die Variation des Coriolisparameters wirkt gerade entgegengesetzt wie der oben behandelte Krümmungseffekt. Da jedoch in Wirklichkeit beide zusammen wirken, können wir schon auf Grund dieser schematischen Betrachtungsweise vermuten, daß bei geeigneter Dimensionierung der Wellen stationäre Gebilde denkbar sind.

Um den Krümmungseffekt in den Bewegungsgleichungen besser studieren zu können, eliminieren wir in den Gln. (VI, 10 a) die Größe $H$ auf der rechten Seite. Wir wollen hier zunächst nur zweidimensionale Bewegungen in der isobaren Fläche betrachten, so daß der Nablaoperator $\nabla \equiv \left(\frac{\partial}{\partial x}, \frac{\partial}{\partial y}\right)$ bedeuten soll. Durch Differentiation der ersten Gleichung nach $y$ und Subtraktion von der nach $x$ differentiierten zweiten Gleichung erhalten wir mit der Abkürzung

$$\zeta = \frac{\partial v}{\partial x} - \frac{\partial u}{\partial y}, \quad \eta = \zeta + f \tag{VI, 16}$$

die Gleichung

$$\frac{\partial \eta}{\partial t} + \boldsymbol{v} \cdot \nabla \eta = -\eta \operatorname{div}_2 \boldsymbol{v}. \tag{VI, 17}$$

Wir müssen uns mit der Bedeutung der durch (VI, 16) definierten Größen $\zeta$ und $\eta$ näher beschäftigen. Die Größe $\zeta$ ist in der Mechanik und Hydrodynamik gut bekannt. Man kann nämlich leicht zeigen, daß sie gleich dem doppelten Betrag der Drehgeschwindigkeit um eine vertikale Achse in dem betreffenden Koordinatensystem ist [1].

Um die physikalische Bedeutung von $\zeta$ besser erkennen zu können, ist es zweckmäßig, folgende Beziehung zu verwenden:

$$\zeta = \frac{c}{R} + \frac{\partial c}{\partial r} \tag{VI, 18}$$

[1] Allgemein ist $\zeta$ die Vertikalkomponente des räumlichen Rotorvektors, der im $x$-, $y$-, $z$-System definitionsgemäß:

$$\operatorname{rot} \boldsymbol{v} = \boldsymbol{i}\left(\frac{\partial w}{\partial y} - \frac{\partial v}{\partial z}\right) + \boldsymbol{j}\left(\frac{\partial u}{\partial z} - \frac{\partial w}{\partial x}\right) + \boldsymbol{k}\left(\frac{\partial v}{\partial x} - \frac{\partial u}{\partial y}\right)$$

geschrieben wird, wenn $\boldsymbol{i}$, $\boldsymbol{j}$, $\boldsymbol{k}$ die Einheitsvektoren in Richtung der Koordinatenachsen sind.

Dabei ist $c$ die momentane Windgeschwindigkeit im Punkte $P$ einer Stromlinie (s. Abb. 33), $R$ der Krümmungsradius an dieser Stelle und $\partial c/\partial r$ die Windscherung im Punkte $P$, wobei $r$ die vom Krümmungszentrum nach außen gerichtete Koordinate darstellt. Die Formel (VI, 18) läßt sich durch Einführung eines Polarkoordinatensystems ohne weiteres aus (VI, 16) ableiten. Wir sehen, daß sich $\zeta$ aus zwei Termen zusammensetzt, die von der Krümmung der Stromlinien und von der horizontalen Scherung abhängen. Für *zyklonale Krümmungen* wird $\zeta$ *positiv*, für *antizyklonale negativ*. Man bezeichnet $\zeta$ als *relative Wirbelgröße*, in der englischen Literatur als relative „*Vorticity*". Die letztere Bezeichnung ist auch schon verschiedentlich in deutschsprachige Veröffentlichungen übernommen worden. Andererseits kann der Coriolisparameter $f$ als doppelte Drehgeschwindigkeit um eine vertikale Achse in der betreffenden geographischen Breite, hervorgerufen durch die Erdrotation, aufgefaßt werden. Daher wird die tatsächliche *absolute Wirbelgröße* in bezug auf eine vertikale Achse sich durch Addition der relativen zum Coriolisparameter ergeben. Man bezeichnet $\eta$ auch als *absolute Vorticity*. Die Gl. (VI, 17) heißt dementsprechend „*Wirbel- oder Vorticitygleichung*".

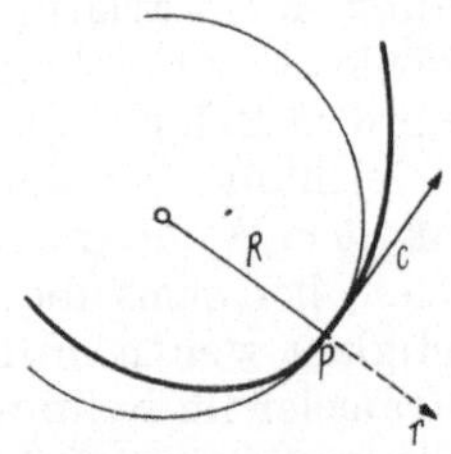


Abb. 33. Berechnung der relativen Wirbelgröße $\zeta$ im Punkte $P$ aus der Momentangeschwindigkeit $c$ und dem Krümmungsradius $R$. Stark ausgezogene Linie: Stromlinie, schwach ausgezogene Linie: Krümmungskreis, strichlierte Linie: Bahnnormale $r$ im Punkte $P$.

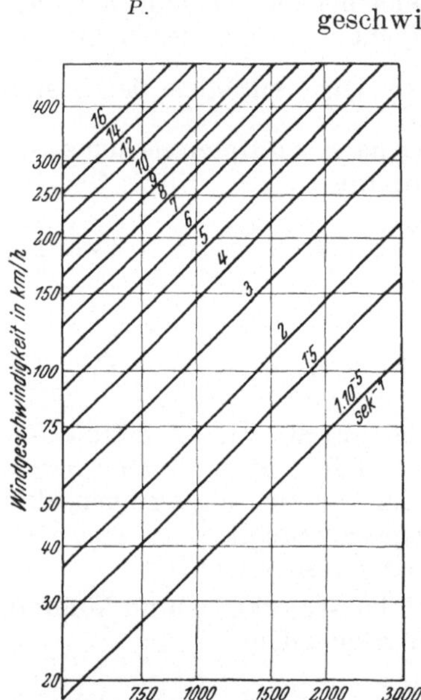


Abb. 34. Nomogramm zur Bestimmung der Größe $c/R$ für die Berechnung der relativen Wirbelgröße gemäß der Formel (VI, 18).

Die Beziehung (VI, 18) gestattet es, von der auf der Wetterkarte gegebenen Geschwindigkeitsverteilung die zugehörige „*Vorticity-Verteilung*" rasch zu bestimmen. Es ist in diesem Fall zu bedenken, daß die Stromlinien nicht mit den Isopotentialen zusammenfallen müssen. Liegen direkte Windbeobachtungen in hinreichender Anzahl vor, so lassen sich solche Stromlinien unabhängig von den Isopotentialen zeichnen. Man verwendet zur Bestimmung von $c/R$ nach Riehl [61] zweckmäßigerweise eine durchsichtige Auflage, die es erlaubt, den Krümmungsradius der betreffenden Stromlinie in einem gegebenen Punkt sofort abzulesen. Die Windscherung wird genügend genau in Einheiten pro 2,5 Grad Breite abgelesen. Zur Berechnung von $\zeta$ hat RIEHL [61] ein Nomogramm entworfen, das für verschiedene Windgeschwindigkeiten, Krümmungsradien und Windscherungen die relative Wirbelgröße liefert. Man kann aber ohne weiteres ein ähnliches selbst entwerfen (s. Abb. 34).

Liegen direkte Windmessungen nicht im erforderlichen Ausmaß vor, muß $\zeta$ *geostrophisch approximiert* werden. Wir kommen darauf später noch zu sprechen.

Wir kehren nun wieder zur Gl. (VI, 17) zurück und wollen versuchen, für besonders einfache Verhältnisse eine Lösung zu finden. Da wir nur zweidimensionale Bewegungen betrachten, ist von vornherein klar, daß es sich lediglich um ein spezialisiertes Teilproblem handelt, über dessen praktische Bedeutung später gesprochen werden wird. Wir haben vorhin betont, daß beim Zustandekommen von Druckänderungen durch Bewegungen in einer isobaren Fläche der Krümmungseffekt und der durch die Variation des Coriolisparameters bedingte Anteil einander entgegenwirken. Betrachtet man daher genügend lange, nicht zu stark gekrümmte Wellen von großer meridionaler Erstreckung, so läßt sich vermuten, daß für diese die resultierende Divergenz klein sein wird. Wir werden daher in der Gl. (VI, 17) die rechte Seite in diesem Fall genügend genau gleich Null setzen dürfen. Geschieht dies jedoch, so muß bekanntlich für die Geschwindigkeitskomponenten eine Stromfunktion existieren derart, daß

$$u = -\frac{\partial \psi}{\partial y}, \quad v = \frac{\partial \psi}{\partial x} \qquad \text{(VI, 19)}$$

wird, wodurch die Gl. (VI, 17) nur mehr eine Unbekannte, nämlich die Stromfunktion $\psi$ enthält. Da weiters

$$\zeta = \frac{\partial v}{\partial x} - \frac{\partial u}{\partial y} = \frac{\partial^2 \psi}{\partial x^2} + \frac{\partial^2 \psi}{\partial y^2} = \nabla^2 \psi \qquad \text{(VI, 20)}$$

wird und die Variation des Coriolisparameters nach ROSSBY genügend genau mit

$$f = f_0 + \beta y \qquad \text{(VI, 21)}$$

angesetzt werden kann[1], wird die absolute Wirbelgröße

$$\eta = \nabla^2 \psi + f_0 + \beta y. \qquad \text{(VI, 22)}$$

Wir erhalten daher für die Wirbelgleichung (VI, 17)

$$\frac{\partial}{\partial t} \nabla^2 \psi + \frac{\partial \psi}{\partial x} \frac{\partial}{\partial y} \nabla^2 \psi - \frac{\partial \psi}{\partial y} \frac{\partial}{\partial x} \nabla^2 \psi + \beta \frac{\partial \psi}{\partial x} = 0. \qquad \text{(VI, 23)}$$

Eine Lösung von (VI, 23) wurde von ROSSBY durch Linearisierung gefunden. Man kann jedoch auch eine allgemeinere der nichtlinearen Gleichung angeben, wie NEAMTAN [47] gezeigt hat. Sie lautet:

$$\psi = -U y + C \sin(\alpha y + \varepsilon) + A \sin k (x - c t) \sin l y. \qquad \text{(VI, 24)}$$

[1] $\beta$ wird meist als konstant vorausgesetzt. Nach (I, 25) auf S. 27 ist $\beta = \frac{2\,\Omega \cos \varphi}{E}$, mit $E$ als Erdradius.

Hierin sind $U$, $C$, $a$, $\varepsilon$, $A$, $k$, $c$ und $l$ Konstanten, doch es muß

$$\alpha = \sqrt{k^2 + l^2}, \quad c = U - \frac{\beta}{k^2 + l^2} \qquad \text{(VI, 25)}$$

sein, während $C$, $\varepsilon$ und $A$ *beliebig* gewählt werden können. Man überzeugt sich leicht durch Differentiieren, daß (VI, 24) mit (VI, 25) tatsächlich eine Lösung von (VI, 23) ist.

Die Lösung von ROSSBY [63] stellt nur einen Spezialfall der obigen Lösung dar. Die von uns in Kap. I verwendete Formel für die Verlagerung der planetarischen Wellen mit der Wellenlänge $L$ [s. (I, 24), S. 27] ergibt sich aus (VI, 25), wenn dort $l = 0$ gesetzt und für die Frequenz $k = 2\pi/L$ geschrieben wird, zu

$$c = U - \beta \frac{L^2}{4\pi^2}. \qquad \text{(I, 24)}$$

Wir haben hier eine ganz spezielle analytische Lösung der zweidimensionalen divergenzfreien Wirbelgleichung vor uns. So wertvolle Dienste die einfache Formel (I, 24) auch für qualitative Überlegungen bezüglich der Verlagerungsgeschwindigkeit gewisser Tröge oder Keile in der freien Atmosphäre leisten mag, wie wir in Kap. III gesehen haben, sie muß im Einzelfall völlig versagen, wenn der Anfangszustand stärker von einer, der Lösung (VI, 24) für $t = 0$ entsprechenden Feldverteilung der Stromfunktion abweicht, selbst dann, wenn die weitgehenden Vereinfachungen, die zur Aufstellung der Gl. (VI, 23) führten, in dem betreffenden Fall zu rechtfertigen sind. Wir haben dies übrigens bereits in Kap. III betont, indem wir auf die Schwierigkeiten hingewiesen haben, die häufig auftauchen, wenn wir die tatsächliche Wellenlänge in einem konkreten Fall bestimmen wollen. Will man daher die Brauchbarkeit von Lösungen der zweidimensionalen divergenzfreien Wirbelgleichung für Zwecke der praktischen Wettervorhersage objektiv überprüfen, so ist man gezwungen, eine Lösung zu finden, die dem tatsächlich auf der Wetterkarte gegebenen Anfangszustand Rechnung trägt. Dabei stößt man allerdings auf erhebliche Schwierigkeiten, da erstens der Anfangszustand nicht analytisch als Feldfunktion gegeben ist, sondern nur durch eine diskrete Anzahl von Beobachtungsdaten, und zweitens die Gl. (VI, 23) nichtlinear ist. Der einzig gangbare Weg ist hier die numerische Integration. Wir werden uns im nächsten Abschnitt damit beschäftigen.

Vorerst wollen wir jedoch noch untersuchen, unter welchen Voraussetzungen die Gl. (VI, 17), bzw. (VI, 23) die in der Natur vorkommenden Bewegungen mit hinreichender Genauigkeit beschreibt. Zu diesem Zwecke müssen wir die Annahmen, die zur Ableitung der Wirbelgleichung getroffen werden mußten, etwas näher betrachten. Da wir den zweidimensionalen Fall behandelt haben, gilt die Gleichung nur für Bewegungen in einer isobaren Fläche. Dies muß bei tatsächlich vorkommenden atmosphärischen Bewegungen keineswegs zutreffen. Außerdem wurde noch vorausgesetzt, daß die Strömung divergenzfrei sei.

Hier dürfte zum besseren Verständnis der Rechnungen, die zur Ableitung der ROSSBYschen Wellenlängenformel führten, eine Bemerkung am Platze sein. Haben wir eine rein zweidimensionale Bewegung und wird $\text{div}_2\, \mathfrak{v} = 0$ gesetzt, so kann nach (VI, 12 a) keine Druckänderung stattfinden. Daß wir trotzdem durch die Lösung (VI, 24) der divergenzfreien Wirbelgleichung (VI, 23) unter Umständen eine Änderung der Isopotentialverteilung, also eine Druckänderung erhalten, liegt natürlich daran, daß der Anfangszustand [$t = 0$ in (VI, 24)] bei beliebiger Wahl der Konstanten *keine* Divergenzfreiheit bedeuten muß. Mit anderen Worten: Wir suchen durch die Lösung von (VI, 23) diejenige Stromfunktion und damit diejenige Isopotentialverteilung, die so beschaffen ist, daß die gemäß dem Gradienten strömenden Luftteilchen keine Geschwindigkeitsdivergenz aufweisen. Das bedeutet aber, mit Ausnahme eines bereits zu Anfang realisierten stationären Zustandes, immer eine entsprechende Änderung des Gradienten, also der Isopotentialverteilung.

Ein großer Nachteil bei einer praktischen Überprüfung der oben durchgeführten Rechnungen ist die Tatsache, daß im allgemeinen die Windbeobachtungen nicht ausreichen, um Stromlinien zu zeichnen, was zur Bestimmung einer Stromfunktion nach (VI, 19) erforderlich wäre. Dagegen ist die Topographie der Druckfläche in den meisten Fällen durch eine hinreichende Anzahl von Beobachtungen belegt. Es ist nun eine Erfahrungstatsache, daß die mit Hilfe der Beziehung (VI, 13) berechneten geostrophischen Windkomponenten von den wirklich beobachteten nicht allzu stark abweichen. Man kann dies nur so verstehen, daß bei den für die Wetterentwicklung wichtigen Strömungsvorgängen die auftretenden substantiellen Beschleunigungen $du/dt$ und $dv/dt$ im allgemeinen klein im Verhältnis zu den entsprechenden Coriolisbeschleunigungen $fv$, bzw. $fu$ sein müssen. Andererseits ist man aber, wie wir früher gesehen haben, gezwungen, Abweichungen vom geostrophischen Wind zu fordern, will man überhaupt Druckänderungen erhalten. Doch sind die Abweichungen nach dem eben Gesagten sicherlich klein im Verhältnis zu den Windkomponenten selbst.

Diese Überlegung machte sich PHILIPPS [51] zunutze, indem er die geostrophische Gl. (VI, 13) einfach als erste Näherungslösung der Bewegungsgleichungen (VI, 10) auffaßte. Zur Gewinnung einer weiteren Näherung ersetzt man — wie bei einer Iteration — die in den Beschleunigungsgliedern auftretenden Geschwindigkeiten durch den geostrophischen Wind selbst. Dieses Verfahren kann beliebig oft wiederholt werden. Wie PHILIPPS [51] zeigen konnte, konvergiert ein solches Verfahren in vielen Fällen ziemlich rasch, so daß bereits die zweite Näherung eine für zahlreiche Fälle brauchbare Approximation liefert. Es ist selbstverständlich, daß durch eine solche *sukzessive* Approximation gewisse Bewegungen (eben diejenigen, für die das Verfahren rascher konvergiert) aus der großen Anzahl von möglichen Lösungen der Gln. (VI, 10) hervorgehoben werden. Wie CHARNEY

[13] und HINKELMANN [33] zeigen konnten, sind es aber gerade die synoptisch bedeutungsvollsten Bewegungen, die ein „*quasi-geostrophisches*“ Verhalten zeigen. Ein großer Teil vom synoptischen Standpunkt aus gesehen weniger wichtiger Vorgänge, wie Schall-, Trägheits- und Gravitationswellen, wird durch eine „*geostrophische Approximation*“ der Bewegungsgleichungen ausgeschieden. Dieses Aussieben des sogenannten „*meteorologischen Lärmes*“ *(meteorological noise)* durch eine sukzessive Approximation ist ein für die Rechnung äußerst wichtiger und vorteilhafter Umstand. Wir erinnern uns, daß wir schon einmal eine Vereinfachung an den Bewegungsgleichungen vorgenommen haben, als wir uns auf „*quasi statische*“ Vorgänge beschränkten. Wir haben jetzt erkannt, daß die synoptisch wichtigen Bewegungen, d. h. diejenigen Vorgänge, die für die Wetterentwicklung maßgebend sind, sowohl ein „*quasi statisches*“ als auch ein „*quasi geostrophisches*“ Verhalten zeigen. Damit soll allerdings nicht behauptet werden, daß die anderen Bewegungen für die Wetterentwicklung bedeutungslos sind. Sie treten nur bei der großräumigen Betrachtung gegenüber den ersteren zurück. Bei einer *vollständigen* Lösung der theoretischen Wettervorhersage werden sie ebenso wieder aufscheinen müssen, wie etwa die in unseren Rechnungen von vornherein vernachlässigten Turbulenzprozesse.

Um die geostrophische Approximation näher studieren zu können [1], wollen wir, analog zu dem bereits behandelten zweidimensionalen Fall, durch Differentiieren der ersten Gl. (VI, 10a) nach $y$, der zweiten nach $x$ und Subtraktion der ersten von der zweiten die dreidimensionale Wirbelgleichung ableiten. Sie lautet, wie man sich leicht überzeugen kann,

$$\frac{\partial \eta}{\partial t} + \boldsymbol{v} \cdot \nabla \eta = -\eta \operatorname{div}_2 \boldsymbol{v}, \qquad \text{(VI, 26)}$$

d. h. sie unterscheidet sich von der zweidimensionalen (VI, 17) nur dadurch, daß hier der Nablaoperator dreidimensional zu verstehen ist. Allerdings müßte genau genommen in (VI, 26) noch ein Term, nämlich $\frac{\partial \omega}{\partial x}\frac{\partial v}{\partial p} - \frac{\partial \omega}{\partial y}\frac{\partial u}{\partial p}$ auf der linken Seite aufscheinen. Doch läßt sich zeigen, daß derselbe in der freien Atmosphäre im allgemeinen um eine Zehnerpotenz kleiner als die anderen ist. Wir wollen uns hier damit nicht näher beschäftigen. Werden in der Gl. (VI, 26) die Windkomponenten $u$ und $v$ im Sinne der obigen Ausführungen geostrophisch approximiert, so wird nach (VI, 13) $\operatorname{div}_2 \boldsymbol{v}_g = 0$, wenn von dem Beitrag des in der Nord-Südrichtung veränderlichen Coriolisparameters abgesehen wird. Damit wird die Gl. (VI, 26)

$$\frac{\partial \eta_g}{\partial t} + u_g \frac{\partial \eta_g}{\partial x} + v_g \frac{\partial \eta_g}{\partial y} + \omega \frac{\partial \eta_g}{\partial p} = 0 \qquad \text{(VI, 27)}$$

[1] Die geostrophische Approximation der Wirbelgleichung wurde erstmalig von ERTEL [23] durchgeführt.

zu schreiben sein. Nun haben wir aber mit Hilfe der Gl. (VI, 15) früher gezeigt, daß in einer barotropen Atmosphäre der geostrophische Wind von der $p$-Koordinate unabhängig ist. Für die geostrophisch approximierte ***barotrope*** Wirbelgleichung gilt daher $\partial \eta_g / \partial p = 0$, so daß in diesem Falle (VI, 27) in

$$\frac{\partial \eta_g}{\partial t} + u_g \frac{\partial \eta_g}{\partial x} + v_g \frac{\partial \eta_g}{\partial y} = 0 \qquad \text{(VI, 28)}$$

übergeht. Das bedeutet aber nichts anderes, als daß die von uns bereits behandelte divergenzfreie zweidimensionale Wirbelgleichung die Verhältnisse in einer barotropen Atmosphäre beschreibt.

Bei einer praktischen Verwendung von Lösungen der Gl. (VI, 28), z. B. der früher abgeleiteten ROSSBY-Wellen, muß es im Falle strenger Barotropie gleichgültig sein, welche Höhenschicht herangezogen wird, da in jedem Niveau dieselben Verhältnisse vorliegen müssen. Andererseits lehrt aber die Erfahrung, daß auch bei den *„langen Wellen"* in der Atmosphäre, bei denen die Stromlinien von Niveau zu Niveau keine allzu große Änderung zeigen, die Windstärke in ganz bestimmter Weise von der Höhe abhängt. CHARNEY [14] konnte zeigen, daß es im allgemeinen ein Niveau gibt, das er als *äquivalentbarotropes Niveau* bezeichnete und das in den meisten Fällen nahe der 500 mb Fläche zu liegen kommt, wo die Gl. (VI, 28) mit Aussicht auf Erfolg angewendet werden kann. Tatsächlich wurde die numerische Integration der barotropen Wirbelgleichung für die Vorausberechnung der Strömungsverhältnisse in der 500 mb Topographie in Angriff genommen. Damit war der erste Schritt zu einer rein mathematischen Wettervorhersage getan. Wir werden uns im nächsten Abschnitt damit näher beschäftigen.

## 5. Numerische Integration der barotropen Wirbelgleichung.

Wir haben im vorangegangenen Abschnitt betont, daß eine Lösung der Wirbelgleichung nur dann für Zwecke der Wettervorhersage, d. h. zur Konstruktion einer Vorhersagekarte, brauchbar ist, wenn den Anfangsbedingungen weitgehend Rechnung getragen wird. Dies ist der Grund, warum die einfache ROSSBYsche Wellenformel (I, 24) nur dann befriedigende Resultate liefert, wenn die Stromlinien, bzw. die Isopotentialen mit hinreichender Genauigkeit das Bestehen einer zonalen Grundströmung von konstantem Betrag $U$, der harmonische Wellen überlagert sind, erkennen lassen. In vielen Fällen wird dies jedoch nicht erfüllt sein und man muß trachten, Lösungen zu finden, die diesen Verhältnissen gerecht werden. Ein möglicher Weg wäre z. B. der, zu versuchen, durch entsprechende Wahl der zur Verfügung stehenden Konstanten der allgemeineren Lösung (VI, 24) den Anfangszustand zu approximieren. Auch dadurch können natürlich nur spezielle Felder erfaßt werden, wenngleich dies einen wesentlichen Fortschritt gegenüber den einfachen harmonischen Wellen bedeuten würde, da in der Lösung (VI, 24) eine Abhängigkeit von der $y$-Komponente

(Windscherung) und eine zellulare Verteilung (Hoch- und Tiefdruckgebiete) enthalten ist.

Rossby [64] entwickelte eine andere Methode zur Ergänzung der Betrachtungen über die Verlagerung harmonischer Wellen in der barotropen Atmosphäre. Man kann nämlich die Bewegungen, die durch die divergenzfreie zweidimensionale Wirbelgleichung beschrieben werden, auch dadurch charakterisieren, daß man das Prinzip der Erhaltung der absoluten Wirbelgröße $\eta$ dafür zu Grunde legt. Die Gl. (VI, 17) besagt für $\mathrm{div}_2\, \boldsymbol{v} = 0$ nichts anderes, als daß

$$\frac{d\eta}{dt} = 0 \quad \text{oder} \quad \eta = \text{const.} \tag{VI, 29}$$

sein muß. Rossby konnte nun zeigen, daß es auch bei beliebigem Verlauf der Stromlinien möglich ist, für einzelne ausgewählte Punkte Trajektorien gemäß dem in (VI, 29) zum Ausdruck gebrachten Prinzip von der Erhaltung der Größe $\eta$ zu konstruieren. Um die Konstruktion im praktischen Wetterdienst rasch durchführen zu können, wurden eigene Diagramme entworfen (s. dazu Starr [70] und Pone [54]). Wir wollen uns jedoch hier nicht näher mit der teilweise etwas umständlichen Konstruktion von Trajektorien beschäftigen, da sie im Hinblick auf die weiter unten noch zu besprechenden neueren Methoden — insbesondere Fjörtofts graphische Integrationsmethode — überholt erscheint.

Einen wesentlichen Fortschritt auf dem Wege zu einer allgemeinen Lösung der barotropen Wirbelgleichung verdanken wir Charney und Eliassen [11]. Sie vereinfachten die geostrophisch approximierte Wirbelgleichung (VI, 28) dadurch, daß sie nur eine Abhängigkeit von $x$ voraussetzten. Eine Lösung wurde dann (ähnlich wie bei der Ableitung der Wellenformel von Rossby) durch Linearisierung gefunden, indem Störungen einer konstanten zonalen Grundströmung $U$ betrachtet wurden. Zum Unterschied von der Rossbyschen Lösung wird bei Charney und Eliassen den tatsächlich vorliegenden Anfangsbedingungen mit Hilfe der Integrationsmethode durch Greensche Funktionen Genüge geleistet. Durch eine numerische Auswertung des Integrals war es möglich, eine Prognosenformel abzuleiten, die für eine bestimmte geographische Breite die Änderungen der Höhe der 500 mb Topographie von einem Tag zum anderen aus dem Anfangszustand (im allgemeinen aus den Höhenwerten $50^0$ Länge vor und hinter dem betreffenden Punkt) zu berechnen erlaubt. Wenn die Methode auch gegenüber der einfachen Wellenformel (I, 24) den Vorteil aufweist, daß von dem wirklichen und nicht idealisierten Anfangszustand ausgegangen wird, so sind doch durch die Linearisierung und die Beschränkung auf bloße Abhängigkeit von der $x$-Komponente derart weitgehende Vereinfachungen getroffen worden, daß eine Verwendbarkeit im praktischen Vorhersagedienst in Frage gestellt erscheint. Eine Überprüfung der Formel in konkreten Fällen durch Reuter [58] konnte die Grenzen der Anwendbarkeit aufzeigen.

Es bedeutete daher einen Markstein in der Entwicklung der theoretischen Wettervorhersage, als am Institute for Advanced Study in Princeton, U. S. A., im Jahre 1950 von CHARNEY, FJÖRTOFT und v. NEUMANN [12] erstmalig unter Verwendung schnell arbeitender Elektronenrechenmaschinen eine numerische Integration der vollständigen, nichtlinearen barotropen Wirbelgleichung für mehrere Fälle der 500 mb Topographie durchgeführt wurde. In den letzten Jahren konnte dann die Rechentechnik weiter verbessert werden, so daß es gelang, die bei dem Problem vorliegende numerische Rechenarbeit in der erstaunlich kurzen Zeit von 15 bis 30 Minuten zu bewältigen [1].

Zur numerischen Integration der Gl. (VI, 28) wird zunächst mit Hilfe der geostrophischen Beziehung (VI, 13) die Wirbelgröße approximiert. Man erhält dafür:

$$\zeta_g = \frac{1}{f}\left(\frac{\partial^2 H}{\partial x^2} + \frac{\partial^2 H}{\partial y^2}\right) = \frac{1}{f} \nabla^2 H, \qquad \text{(VI, 30)}$$

wenn die Abhängigkeit des Coriolisparameters $f$ von der $y$-Richtung hier vernachlässigt wird, was in den meisten Fällen erlaubt sein dürfte. Führen wir (VI, 30) in die geostrophisch approximierte barotrope Wirbelgleichung (VI, 28) ein, so erhalten wir

$$\nabla^2 \frac{\partial H}{\partial t} = J\left(\frac{1}{f} \nabla^2 H + f,\ H\right). \qquad \text{(VI, 31)}$$

Hierbei ist auf der rechten Seite zur vereinfachten Schreibweise der sogenannte Jakobi-Operator $J$ verwendet worden. Er bedeutet definitionsgemäß

$$J(\eta_g, H) \equiv \frac{\partial(\eta_g, H)}{\partial(x, y)} \equiv \frac{\partial \eta_g}{\partial x}\frac{\partial H}{\partial y} - \frac{\partial H}{\partial x}\frac{\partial \eta_g}{\partial y}. \qquad \text{(VI, 32)}$$

Die Gl. (VI, 31) kann als Bestimmungsgleichung für die zeitliche Änderung der Größe $H$ ($\partial H/\partial t$) aufgefaßt werden. Ist die rechte Seite als Funktion von $x$ und $y$ bekannt, so stellt (VI, 31) eine POISSONsche Gleichung dar. Der Anfangszustand ist allerdings nicht als analytische Funktion, sondern nur durch eine diskrete Anzahl von Punkten gegeben. Die im Jakobi-Operator auftauchenden Differentialquotienten sind daher durch entsprechende Differenzenquotienten zu ersetzen. Die Integration der POISSONschen Gleichung erfolgt dann numerisch, wie wir weiter unten zeigen werden. Vorerst müssen wir aber noch einige Worte über die Randbedingungen verlieren. Die Randbedingungen an der Erdoberfläche werden hier nicht berücksichtigt, da wir uns nur mit zweidimensionalen Strömungen in beträchtlicher Höhe abgeben. Weil wir aber nur einen Ausschnitt der Strömungsverhältnisse der ganzen Hemisphäre betrachten, müssen die Randbedingungen an der horizontalen Begrenzung dieses Flächenstückes beachtet werden. Wie CHARNEY [14] zeigen konnte, pflanzen sich „Randstörungen" im

[1] Dabei ist die für das Zeichnen der Wetterkarte und Ablesen der für die Rechnung benötigten Zahlenwerte von der analysierten Karte aufgewendete Zeit allerdings nicht eingerechnet.

wesentlichen mit der an der Begrenzung vorhandenen Windgeschwindigkeit gegen das Innere fort. Man wird daher genötigt sein, für die Rechnungen ein ziemlich großes Flächenstück heranzuziehen, um nicht durch unkontrollierbare Einflüsse von *„außen her“* die Rechnung zu stören und das Ergebnis zu verfälschen. Es gilt hier dasselbe, was in der synoptischen Praxis seit langem bekannt ist, nämlich, daß für Vorhersagen von einem Tag zum anderen unbedingt Wetterkarten vom Umfang ganz Europas inklusive des Nordatlantiks herangezogen werden müssen.

Zur Bestimmung des Jakobi-Operators werden die $H$-Werte der analysierten 500 mb Topographie an äquidistanten Punkten eines Gitternetzes, das am besten in Form einer durchsichtigen Auflage über die Karte gelegt wird, abgelesen. Die Wahl der Gitterkonstanten, d. h. der Entfernung eines Gitterpunktes von dem benachbarten, und des endlichen Zeitintervalls $\Delta t$ darf nicht voneinander unabhängig erfolgen. Man wird auf alle Fälle diese Größen klein im Verhältnis zu der räumlichen und zeitlichen Veränderlichkeit der Bewegungsvorgänge ansetzen. Aber das allein genügt nicht, da unter Umständen kleinräumige periodische Vorgänge durch ungünstige Wahl der räumlichen und zeitlichen Differenzen scheinbar stark vergrößert werden können, wodurch das Rechenergebnis erheblich verfälscht werden kann. Um solche Effekte zu verhindern, muß das für die numerische Auswertung des Jakobi-Operators gewählte räumliche Intervall in einem bestimmten Verhältnis zu dem zeitlichen stehen. Diesbezügliche theoretische Untersuchungen wurden von CHARNEY, FJÖRTOFT und v. NEUMANN [12] angestellt.

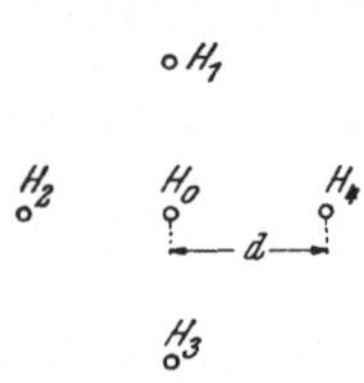

Abb. 35. Wahl der Gitterpunkte für die numerische Integration.

Es ist notwendig, falls die $H$-Werte an äquidistanten Gitterpunkten abgelesen werden, die durch die Kartenprojektion bedingte Verzerrung zu berücksichtigen. Dies geschieht in der Weise, daß ein sogenannter Projektionsfaktor $m$ eingeführt wird. Ist $d$ die Distanz der Gitterpunkte auf der Karte, so ist die wirkliche Entfernung durch $d/m$ gegeben. Für eine polare stereographische Projektion hat $m$ den Wert[1]

$$m = \frac{2}{1 + \sin\varphi}. \qquad \text{(VI, 33)}$$

In der Abb. 35 sind vier Gitterpunkte im gegenseitigen Abstand $d$ gezeichnet. Der (zweidimensionale) Operator $\nabla^2$ lautet bei Darstellung durch endliche Differenzen an der Stelle $H_0$:

$$\nabla^2 H_0 \sim \frac{H_1 + H_2 + H_3 + H_4 - 4H_0}{d^2}, \qquad \text{(VI, 34)}$$

wie man sich leicht überzeugen kann. Die so erhaltenen numerischen

[1] Dabei ist der Radius des dem Äquator auf der Karte entsprechenden Kreises als Einheit gewählt.

Werte des Operators (VI, 34) werden durch den für die betreffende geographische Breite gültigen Coriolisparameter $f$ dividiert, um nach (VI, 30) die relative Wirbelgröße zu erhalten. Addition von $f$ zu $\zeta_g$ ergibt schließlich die absolute Wirbelgröße $\eta_g$. Ist diese Rechnung für jeden Gitterpunkt durchgeführt worden, so muß als nächster Schritt der Jakobi-Operator (VI, 32) numerisch angenähert werden. Alle diese Arbeiten werden bereits von der Rechenmaschine geleistet.

Ist auf diese Weise für jeden Gitterpunkt die rechte Seite der Gl. (VI, 31) gegeben, kann die eigentliche numerische Integration der POISSONschen Gleichung beginnen. Dabei wird wieder die Beziehung (VI, 34) verwendet. Man erhält dann so viele gewöhnliche lineare Gleichungen mit ebensovielen Unbekannten, als Gitterpunkte vorhanden sind (ausgenommen allerdings die Punkte an der Begrenzung). Die Lösung erfordert eine ungeheure Rechenarbeit, obwohl man sich zur Abkürzung des Verfahrens der sogenannten *Relaxationsmethode* bedient, bei der man durch Einführen von Versuchslösungen und allmähliche Verringerung der Fehler zwischen Versuchslösung und wirklicher Lösung relativ rasch zum Ziele kommt. Ist auf diese Weise eine Lösung gewonnen worden, so bedeutet dies, daß wir die zeitliche Änderung der Größe $H$ an allen Gitterpunkten kennen. Auf Grund der oben erwähnten Untersuchungen wird man im allgemeinen das zeitliche Intervall nicht größer als zwei Stunden ansetzen dürfen, so daß für eine 24stündige Vorausberechnung die ganze Rechenarbeit zwölfmal zu wiederholen ist.

Die eben geschilderte Methode der numerischen Integration hat den Nachteil, daß sie nur unter Einsatz äußerst kostspieliger, schnell arbeitender Elektronenrechenmaschinen für Zwecke der praktischen Wettervorhersage Bedeutung erlangen kann, da sonst die rein rechnerische Arbeit unmöglich in der für die Prognose zur Verfügung stehenden Zeit durchgeführt werden könnte. Nun steht aber derzeit praktisch keinem Wetterdienst der Welt eine solche Maschine zur Verfügung. Aus diesen Erwägungen heraus hat FJÖRTOFT [29] in jüngster Zeit eine Integrationsmethode entwickelt, die beinahe ebenso genau ist und bei einiger Übung von einem Mann in 3 bis 4 Stunden ohne Schwierigkeit ausgeführt werden kann. Hierbei wird ein Verfahren der sogenannten *räumlichen Mittelung* der Stromlinien (Isopotentialen) entwickelt, das auch für die Anwendung der Bewegungssteuerung zur Konstruktion der Bodenvorhersagekarte geeignet erscheint. Dadurch gewinnt die Methode von FJÖRTOFT ganz allgemein an Bedeutung. Wir wollen sie daher im folgenden etwas näher besprechen.

Wird die geostrophisch approximierte relative Wirbelgröße mit Hilfe der Beziehung (VI, 34) durch endliche Differenzen dargestellt, so läßt sie sich in der Form

$$\zeta_g = \frac{1}{f} \nabla^2 H = \frac{4m^2}{f d^2} (\overline{H} - H) \qquad \text{(VI, 35)}$$

schreiben, wenn

$$\overline{H} = \frac{H_1 + H_2 + H_3 + H_4}{4} \qquad \text{(VI, 36)}$$

den aus den vier benachbarten Gitterpunkten gemittelten Wert darstellt und $m$ der Projektionsfaktor nach (VI, 33) ist. Um das Grundsätzliche der Integrationsmethode von FJÖRTOFT zu verstehen, wollen wir für den Augenblick von der Breitenabhängigkeit des Coriolisparameters und des Projektionsfaktors absehen. Dann kann die Wirbelgleichung (VI, 28) mit (VI, 35) in der Form

$$\frac{\partial \hat{\eta}}{\partial t} = -\boldsymbol{v}_g \cdot \nabla \hat{\eta} \qquad \text{(VI, 37)}$$

geschrieben werden, wenn

$$\hat{\eta} \equiv \overline{H} - H \qquad \text{(VI, 38)}$$

ist. Die numerische Lösung von (VI, 37) kann für genügend kurze Zeitintervalle in zwei Schritten erfolgen, nämlich: *1.* Verlagerung der Linien $\hat{\eta}$ = const. für das Zeitintervall $\Delta t$ und Bestimmung von $\Delta \hat{\eta}$ in der Zeit $\Delta t$ durch Vergleich mit der ursprünglichen Verteilung. *2.* Lösung der Gleichung $\overline{\Delta H} - \Delta H = \Delta \hat{\eta}$, wodurch die Änderung der Stromlinien (Isopotentialen) als Folge der Wirbeländerung erhalten wird.

Bei dem ersten hier angeführten Schritt handelt es sich um einen der Bewegungssteuerung vollkommen analogen Vorgang. Dort wurde mit einer für den Vorhersagezeitraum als konstant vorausgesetzten Höhenströmung das Bodenisallobarenfeld verlagert, hier sollen die Linien gleicher absoluter Wirbelgröße mit der in demselben Niveau herrschenden Strömung verschoben werden. Natürlich ist in beiden Fällen die Beantwortung der Frage entscheidend, ob es gestattet ist, für den betreffenden Zeitraum das Geschwindigkeitsfeld als unveränderlich anzusehen. Wir haben bei der Besprechung der Bewegungssteuerung erwähnt, daß eine *„räumliche Mittelung"* der steuernden Isohypsen angezeigt erscheint, selbst wenn die Gesamtverteilung der Strömung im steuernden Niveau nur wenig zeitlichen Änderungen unterliegt. Hier werden wir nach ähnlichen Gesichtspunkten handeln müssen. Aus den Ergebnissen der numerischen Integration mit Hilfe von Rechenmaschinen, die wir oben besprochen haben, läßt sich der Schluß ziehen, daß eine Verlagerung der Linien $\hat{\eta}$ = const. mit dem momentanen Geschwindigkeitsfeld höchstens für ein Zeitintervall von 2 bis 3 Stunden möglich sein dürfte. Dann hätte man die Änderung der Stromlinien entsprechend der neuen Situation zu berechnen, wodurch sich ein neues Geschwindigkeitsfeld ergeben würde. Damit müßte dann die ganze Rechnung nochmals erfolgen und das Verfahren wäre äußerst mühselig und zeitraubend und würde gegenüber der maschinellen Berechnung keinen Vorteil aufweisen. Der Gedanke von FJÖRTOFT beruht nun auf folgender Überlegung: Wir betrachten anstelle des geostrophischen Windfeldes $\boldsymbol{v}_g$ ein mittleres Geschwindigkeitsfeld $\overline{\boldsymbol{v}_g}$, das zu der mittleren

Isopotentialverteilung $\overline{H}$ gehört. Dann muß aber

$$v_g \cdot \nabla \hat{\eta} = \overline{v}_g \cdot \nabla \hat{\eta} \qquad \text{(VI, 39)}$$

sein, weil

$$\overline{H} = (\overline{H} - H) + H$$

geschrieben und somit $\overline{v}_g$ in zwei Komponenten aufgespaltet werden kann, so daß

$$\overline{v}_g = v'_g + v_g$$

ist. Da jedoch $v_g'$ ein Windvektor ist, der parallel zu den Linien $\hat{\eta} = \overline{H} - H = \text{const.}$ verläuft, liefert er keinen Beitrag zur Advektion der Größe $\hat{\eta}$, d. h. $v_g' \cdot \nabla \hat{\eta} = 0$.

Nun ist man aber zweifellos berechtigt anzunehmen, daß sich das gemittelte Geschwindigkeitsfeld bedeutend langsamer verändert, so daß eine Verlagerung der Linien $\hat{\eta} = \text{const.}$ für eine wesentlich größere Zeitspanne erlaubt ist. Nach FJÖRTOFT ist eine Verlagerung mit dem *mittleren* Geschwindigkeitsvektor für 24 Stunden möglich, wenn die räumliche Mittelung über eine Distanz von 12 Längengraden bei 60 Grad nördl. Breite vorgenommen wird, was für die Größe $d$ in (VI, 34), bzw. (VI, 35) eine Strecke von ungefähr 600 km ergibt.

Bei den bisherigen Überlegungen haben wir von der Breitenabhängigkeit der Größen $f$ und $m$ in (VI, 35) abgesehen. Wird diese mitberücksichtigt, so kann dies nach FJÖRTOFT derart geschehen, daß anstelle des Mittelfeldes $\overline{H}$ ein Feld

$$H^* = \overline{H} + G(\varphi) \qquad \text{(VI, 40)}$$

eingeführt wird. In vollkommener Analogie zu den früheren Überlegungen erhalten wir dann für die Wirbelgleichung (VI, 37) und die Beziehung (VI, 39) hier

$$\frac{\partial \xi}{\partial t} = -v_g \cdot \nabla \xi = -v_g^* \cdot \nabla \xi \qquad \text{(VI, 41)}$$

mit

$$\xi \equiv \overline{H} + G(\varphi) - H\,. \qquad \text{(VI, 42)}$$

$v_g^*$ ist dabei der zu der $H^*$-Verteilung gehörende geostrophische Windvektor. Die Funktion $G(\varphi)$ ergibt sich zu

$$G(\varphi) \equiv \int \frac{\Omega^2 d^2 \sin\varphi \cos\varphi}{g\, m^2}\, d\varphi\,.^{1} \qquad \text{(VI, 43)}$$

Hierin ist im Falle einer polaren stereographischen Projektion für $m$ der in (VI, 33) angegebene Wert einzusetzen. Es ist angezeigt, die Funktion $G(\varphi)$ für die verwendete Kartenprojektion ein für allemal zu berechnen und für die verschiedenen Werte von $\varphi$ zu tabellieren.

Die praktische Durchführung der FJÖRTOFTschen Integrationsmethode geschieht in folgenden Schritten:

---

[1] Wird $H$ in geodynamischen Metern gemessen, ist in $G(\varphi)$ für $g = 10$, bei geopotentiellen Metern $g = 9{,}8$ zu setzen. $\Omega = 7{,}29 . 10^{-5}$ sek $^{-1}$.

1. Zeichnen der 500 mb Topographie ($H$-Feld) in zwei identischen Kopien, die übereinander auf einen Leuchttisch gelegt werden.

2. Verschiebung der oberen Karte in der Ost-Westrichtung um die Entfernung $2d$ ($d = 12^0$ Länge bei $60^0$ Breite) und graphische Addition zu der darunterliegenden nichtverschobenen auf eine darübergelegte dritte, blanke, nur um $d$ verschobene Karte. Dabei wird nur jede zweite Isohypse gezeichnet.

3. Wiederholung des Vorganges 2. nach einer Verschiebung in der Nord-Südrichtung.

4. Graphische Addition der durch den Vorgang 2. und 3. erhaltenen Karten, wodurch das $\overline{H}$-Feld erhalten wird.

5. Korrektion der $\overline{H}$-Werte durch die (tabellierte) Funktion $G(\varphi)$, wodurch das $H^*$-Feld erhalten wird.

6. Graphische Subtraktion der ursprünglichen Topographie ($H$-Feld) von dem $H^*$-Feld. Dies liefert das $\xi$-Feld.

7. Verlagerung der Linien $\xi = \text{const.}$ mit dem aus dem $H^*$-Feld unter Verwendung der geostrophischen Windskala sich ergebenden $\boldsymbol{v}_g{}^*$ für 24 Stunden.

8. Graphische Subtraktion der durch 7. gewonnenen neuen $\xi$-Verteilung von der ursprünglichen liefert $\Delta\xi$.

9. Lösung der Gleichung

$$\overline{\Delta H} - \Delta H = \Delta\xi.$$

Der letzte Schritt erfolgt auf folgende Weise: Man kann die Identität

$$\Delta H \equiv -(\overline{\Delta H} - \Delta H) - (\overline{\overline{\Delta H}} - \overline{\Delta H}) - \dots = -\Delta\xi - \overline{\Delta\xi} - \overline{\overline{\Delta\xi}} - \dots$$

hinschreiben, was aussagt, daß durch eine fortgesetzte Mittelung der $\Delta\xi$-Verteilung die Änderung der Isohypsen der Topographie angenähert berechnet werden kann. Aus Konvergenzuntersuchungen dieser Reihe kam FJÖRTOFT zu dem Schluß, daß folgende Näherungen in den meisten Fällen brauchbar sind:

$$\Delta H = -\Delta\xi - 2\,\overline{\Delta\xi} \tag{VI, 44}$$

und

$$\Delta H = -\Delta\xi - 2\overline{\Delta\xi} - 4\overline{\overline{\Delta\xi}}. \tag{VI, 45}$$

Die für (VI, 44), bzw. (VI, 45) notwendigen Mittelungen des $\Delta\xi$-Feldes werden in der oben geschilderten Weise durchgeführt.

Wie man sieht, kann durch bloße graphische Additionen und Subtraktionen eine Integration der barotropen Wirbelgleichung durchgeführt werden. Der zeitliche Aufwand steht dabei in keinem Verhältnis zu der ungeheuren Rechenarbeit, die bei der numerischen Integration mit Hilfe der Rechenmaschinen zu leisten ist. Trotzdem konnte FJÖRTOFT zeigen, daß die Genauigkeit seiner Methode beinahe diejenige der anderen erreicht[1].

---

[1] Es muß allerdings darauf geachtet werden, daß die graphischen Additionen, bzw. Subtraktionen sehr sorgfältig durchgeführt werden, da sonst unkontrollierbare Fehlerquellen auftreten.

Es ist von Interesse, zu erwähnen, daß das durch den hier geschilderten Mittelungsprozeß gewonnene geostrophische Windfeld $\boldsymbol{v}_g^*$ gegenüber dem momentanen Windfeld $\boldsymbol{v}_g$ im allgemeinen eine Reduzierung der Windstärke um 40 bis 50% aufweist. Dies spricht in gewissem Sinne für die in der Regel (3/III) zum Ausdruck gebrachte Erfahrungstatsache, daß bei der Bewegungssteuerung nur 50 bis 60% der Höhenwindstärke zu verwenden sind.

Wir haben in diesem Abschnitt gesehen, daß es gelungen ist, die geostrophisch approximierte barotrope Wirbelgleichung in einer für die praktische Wetterprognose geeigneten Weise zu lösen. Eine Verbesserung der Ergebnisse könnte dadurch erzielt werden, daß man im Sinne der PHILIPPSschen sukzessiven Approximation die Wirbelgröße in der allgemeinen Wirbelgleichung durch entsprechende Näherungen der horizontalen Windkomponenten genauer als bloß geostrophisch approximiert. Allerdings würde dadurch die Rechenarbeit nicht unerheblich vermehrt werden. Eine diesbezügliche Untersuchung über die Genauigkeit verschiedener Näherungen der horizontalen Windkomponenten wurde von HOLLMANN und REUTER [36] durchgeführt.

## 6. Sutcliffes Entwicklungstheorie.

Wenn auch die im vorangegangenen Abschnitt behandelte Vorausberechnung der Änderungen der Höhenströmung mit Hilfe der barotropen Wirbelgleichung einen bedeutenden Schritt nach vorwärts auf dem Wege zu einer mathematischen Wettervorhersage darstellt und im praktischen Wetterdienst bereits eine nicht zu unterschätzende Rolle spielt, so darf man sich doch nicht darüber hinwegtäuschen, daß dabei unter Umständen für die Prognose wichtige Vorgänge nicht erfaßt werden können. Dies kommt daher, daß die für die Wetterentwicklung wichtigen Prozesse vielfach baroklin sind. Wir sind durch die barotrope Betrachtungsweise nicht weiter gelangt als bei der Konstruktion von Bodenvorhersagen durch Anwendung der einfachen Bewegungssteuerung. Wir haben aber dort gesehen, daß gerade die Erfassung der Intensitätsänderungen der Drucksteig-, bzw. -fallgebiete unter Umständen von ausschlaggebender Bedeutung sein kann. Solche Entwicklungen können in einer barotropen Atmosphäre jedoch nicht stattfinden, wie schon früher erwähnt wurde. Man ist daher in jüngster Zeit dazu übergegangen, „*barokline Modelle*“ der Atmosphäre zu schaffen, die eine Verbesserung der barotropen Rechnungen ohne allzu große zusätzliche Schwierigkeiten bringen sollen. Dabei wird durch die Einführung von verschiedenen Parametern versucht, die bei vorhandener Neigung der Flächen gleicher Dichte zu denen gleichen Druckes stattfindende Winddrehung mit der Höhe angenähert zu berücksichtigen. Allerdings sind die Ergebnisse derartiger Untersuchungen noch nicht für Zwecke der praktischen Wettervorhersage geeignet, so daß wir uns hier nicht näher damit beschäftigen wollen [1].

---

[1] S. dazu ELIASSEN [21] und EADY [20].

Dagegen ist eine theoretische Betrachtung von SUTCLIFFE [71] über die in einer baroklinen Atmosphäre stattfindenden Entwicklungen für die Anwendung in der synoptischen Praxis äußerst bedeutungsvoll. Die Ausführungen in diesem Abschnitt sollen daher der Theorie von SUTCLIFFE gewidmet sein.

Im dritten Abschnitt dieses Kapitels haben wir bewiesen, daß die Bodendruckänderung von der Geschwindigkeitsdivergenz auf den darüberliegenden isobaren Flächen abhängt [s. die Gl. (VI, 12 a)]. Betrachten wir eine vertikale Luftsäule über einer Frontalzone, in der es zu einer zyklonalen Entwicklung kommt, so läßt sich dieser Entwicklungsprozeß schematisch in folgender Weise veranschaulichen (Abb. 36). Am Boden bei $H_0$ herrscht horizontale Bewegung und Konvergenz. Dadurch wird die Luft zum Aufsteigen gezwungen, was für die darüberliegenden $p$-Flächen eine Abnahme der Konvergenz bedeutet. Bei $H_1$ erreicht die aufsteigende Bewegung ihr Maximum, die (horizontale) Konvergenz ist null. In größerer Höhe kehren sich nun die Verhältnisse um. Das Aufsteigen wird langsamer, die Divergenz nimmt zu. In der oberen Troposphäre ist dann das Niveau des maximalen „*Auspumpens*" ($H_2$ in Abb. 36). Darüber schließlich findet Absinken statt, so daß an der Grenze der Atmosphäre bei $H_3$ wieder Konvergenz herrscht[1].

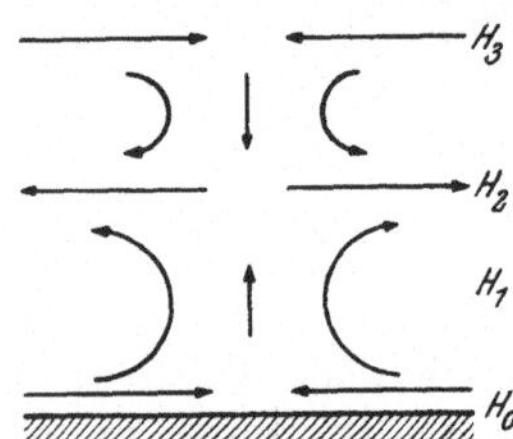

Abb. 36. Zirkulationsschema innerhalb einer vertikalen Luftsäule bei zyklonaler Entwicklung.

Lassen wir dieses Schema gelten, so ist offenbar für eine Vertiefung erforderlich, daß das „*Auspumpen*" in $H_2$ größer ist als das Einströmen in $H_0$ und $H_3$. Bei antizyklonaler Entwicklung (Auffüllung) liegen umgekehrte Verhältnisse vor. Wegen der in $H_3$ herrschenden geringen Luftdichte werden die Verhältnisse in den Niveaus $H_0$ und $H_2$ den Ausschlag geben. SUTCLIFFE postuliert nun folgendes: Ist die Differenz

$$D \equiv (\mathrm{div}_2\, \boldsymbol{v})_{H_2} - (\mathrm{div}_2\, \boldsymbol{v})_{H_0} \qquad \text{(VI, 46)}$$

*größer* als *Null*, so tritt *zyklonale Entwicklung*, also Vertiefung, ein. Ist sie *kleiner* als *Null*, so bedeutet dies *antizyklonale Entwicklung*, also Auffüllung. Dieser Schluß ist nicht ganz beweiskräftig, da in der Differenz (VI, 46) der Divergenzen nicht zum Ausdruck kommt, ob der divergente oder der konvergente Anteil überwiegt. Doch hat die Erfahrung gelehrt, daß die Bestimmung der Größe $D$ für die Erkennung von Entwicklungsprozessen wertvolle Dienste leistet. Für das Niveau $H_0$ wird dabei die Bodenkarte (Topographie der 1000 mb Fläche) gewählt. Für das obere Niveau $H_2$ kann nach SUTCLIFFE schon die 500 mb Fläche herangezogen werden, doch es dürfte sich empfehlen, die 300 mb Topographie zu verwenden, da nach den Ausführun-

[1] S. zu diesen Überlegungen die Zyklonentheorie von PALMÉN in CHROMOW [15].

gen des vorangegangenen Abschnittes die 500 mb Fläche in vielen Fällen mit der divergenzfreien Schicht $H_1$ zusammenfällt.

Zur Bestimmung der Divergenzen in den beiden Niveaus wird nach SUTCLIFFE die Wirbelgleichung

$$\frac{\partial \eta}{\partial t} + \boldsymbol{v} \cdot \nabla \eta = -\eta \operatorname{div}_2 \boldsymbol{v} \qquad \text{(VI, 26)}$$

$$\eta = \zeta + f$$

herangezogen. Wir vernachlässigen in (VI, 26) auf der linken Seite den Term $\omega \frac{\partial \eta}{\partial p}$, da wir die Divergenz auf denjenigen isobaren Flächen berechnen wollen, bei denen die Vertikalbewegung gering ist. Weiters wird auf der rechten Seite von (VI, 26) in $\eta$ die relative Wirbelgröße $\zeta$ gegenüber dem Coriolisparameter $f$ vernachlässigt. Auf die Berechtigung dieser Vereinfachungen kann hier nicht näher eingegangen werden. Daß dadurch eine Einschränkung der Allgemeinheit vorgenommen wird, ist offensichtlich[1]. Wir erhalten nun anstelle von (VI, 26) die *zweidimensionale* Gleichung

$$\frac{\partial \eta}{\partial t} + \boldsymbol{v} \cdot \nabla \eta = -f \operatorname{div}_2 \boldsymbol{v}. \qquad \text{(VI, 47)}$$

Nunmehr approximieren wir $\eta$ geostrophisch. Bei der Divergenz auf der rechten Seite ist dies nicht statthaft, da diese — wie wir früher gesehen haben — verschwinden würde. Für die Wirbelgröße erhalten wir nach (VI, 30)

$$\frac{\partial \eta_g}{\partial t} = \frac{\partial \zeta_g}{\partial t} = \frac{1}{f} \nabla^2 \frac{\partial H}{\partial t}.$$

Bilden wir nun die Differenz $D$ nach (VI, 46), so erhalten wir

$$D \equiv -\frac{1}{f}\left(\boldsymbol{v} \cdot \nabla \eta - \boldsymbol{v}_0 \cdot \nabla \eta_0 + \frac{1}{f} \nabla^2 \frac{\partial H'}{\partial t}\right), \qquad \text{(VI, 48)}$$

wenn die entsprechenden Größen am oberen Niveau hier ohne Suffix geschrieben werden. In (VI, 48) bedeutet $H' = H - H_0$ die Höhe der relativen Topographie der oberen Fläche über der unteren.

Die Größe $D$, deren Vorzeichen nach dem oben Gesagten für das Auftreten von Entwicklungen entscheidend sein soll, hängt somit von drei Termen ab, nämlich von der Advektion der absoluten Wirbelgröße $\eta$ im oberen und im unteren Niveau *und* von der lokalen Änderung der relativen Topographie, d. h. der mittleren virtuellen Temperatur der Luftsäule zwischen den beiden Niveaus. Wir haben in Kap. V bei der Konstruktion von Vorhersagekarten auf S. 88 erwähnt, daß Änderungen der mittleren Isothermen durch Advektion, Vertikalbewegungen und nichtadiabatische Prozesse hervorgerufen werden können. Der durch Advektion bedingte Anteil dürfte zwar nicht immer

[1] Da $f = 2\,\Omega \sin \varphi = 14{,}6 \cdot 10^{-5} \sin \varphi$ [sek$^{-1}$] ist, wird $\zeta$ in mittleren und hohen Breiten nur bei starker Krümmung und großen Windgeschwindigkeiten von derselben Größenordnung sein (s. dazu die Abb. 34).

der ausschlaggebende sein, doch er ist der am leichtesten abzuschätzende.

Gemäß den Überlegungen auf S. 89 kann für die Verlagerung der relativen Isohypsen die Bodenströmung herangezogen werden. Wir werden also

$$\frac{\partial H'}{\partial t} = -\boldsymbol{v}_0 \cdot \nabla H' = -\left(u_0 \frac{\partial H'}{\partial x} + v_0 \frac{\partial H'}{\partial y}\right) \qquad \text{(VI, 49)}$$

setzen können. Führen wir in (VI, 49) die Komponenten des thermischen Windes $\boldsymbol{v}' = \boldsymbol{v} - \boldsymbol{v}_0$ ein, so daß

$$u' = -\frac{1}{f}\frac{\partial H'}{\partial y}, \qquad v' = \frac{1}{f}\frac{\partial H'}{\partial x} \qquad \text{(VI, 50)}$$

wird, so läßt sich für den in (VI, 48) aufscheinenden Differentialausdruck

$$-\frac{1}{f}\nabla^2 \frac{\partial H'}{\partial t} \sim \nabla^2 (u_0 v' - v_0 u') \qquad \text{(VI, 51)}$$

schreiben.

Mit SUTCLIFFE formen wir nunmehr die rechte Seite von (VI, 51) folgendermaßen um:

$$\left(\frac{\partial^2}{\partial x^2} + \frac{\partial^2}{\partial y^2}\right)(u_0 v' - v_0 u') \sim \left(u_0 \frac{\partial}{\partial x} + v_0 \frac{\partial}{\partial y}\right)\zeta' + \left(u_0 \frac{\partial}{\partial y} - v_0 \frac{\partial}{\partial x}\right)\operatorname{div}_2 \boldsymbol{v}'$$
$$-\left(u' \frac{\partial}{\partial x} + v' \frac{\partial}{\partial y}\right)\zeta_0 - \left(u' \frac{\partial}{\partial y} - v' \frac{\partial}{\partial x}\right)\operatorname{div}_2 \boldsymbol{v}_0 . \qquad \text{(VI, 52)}$$

Dabei sind Glieder höherer Ordnung $\left(\text{von der Form } \frac{\partial u_0}{\partial x} \cdot \frac{\partial v_0}{\partial x}\right)$ vernachlässigt. Da wir bei unserer Ableitung die geostrophische Approximation verwendet haben, ist in (VI, 52) die Divergenz von $\boldsymbol{v}'$ und $\boldsymbol{v}_0$ zu vernachlässigen. Damit erhalten wir schließlich anstelle von (VI, 51)

$$-\frac{1}{f}\nabla^2 \frac{\partial H'}{\partial t} \sim \boldsymbol{v}_0 . \nabla \zeta' - \boldsymbol{v}' . \nabla \zeta_0 . \qquad \text{(VI, 53)}$$

Dies, in (VI, 48) eingesetzt, liefert

$$D = -\frac{1}{f}\left[\boldsymbol{v}' . \nabla (\zeta + \zeta_0 + f)\right], \qquad \text{(VI, 54)}$$

wenn man bedenkt, daß $\boldsymbol{v}' = \boldsymbol{v} - \boldsymbol{v}_0$ und $\zeta' = \zeta - \zeta_0$ ist. Wegen der letzteren Beziehung kann (VI, 54) auch

$$D = -\frac{1}{f}\left[\boldsymbol{v}' . \nabla (2\zeta_0 + \zeta' + f)\right] \qquad \text{(VI, 55)}$$

geschrieben werden. Formel (VI, 54), bzw. (VI, 55) stellt das Entwicklungskriterium dar. Es besagt:

*Ist die rechte Seite von (VI, 54), bzw. (VI, 55) positiv (negativ), so findet zyklonale (antizyklonale) Entwicklung statt.*

Für die praktische Anwendung des Kriteriums (VI, 55), ist es zweckmäßig, dasselbe in einer etwas anderen Form, nämlich

$$D = -\frac{1}{f}\left[c' \cdot \frac{\partial}{\partial s}(2\zeta_0 + \zeta' + f)\right] \qquad \text{(VI, 55 a)}$$

zu schreiben, wobei unter $c'$ hier der Absolutbetrag des thermischen Windvektors zu verstehen ist und $\partial/\partial s$ die Differentiation in Richtung dieses Vektors, d. h. in Richtung der relativen Isohypsen bedeutet[1]. Aus dem Beitrag der einzelnen Terme auf der rechten Seite von (VI, 55 a) lassen sich (zumindest qualitativ) aus dem Verlauf der relativen Isohypsen und der Verteilung der Wirbelgrößen $\zeta_0$ und $\zeta'$ Schlüsse auf mögliche Entwicklungen ziehen. Wir wollen dies in den folgenden Regeln zum Ausdruck bringen.

**Regel (1/VI):** Unter sonst gleichen Umständen ist die Entwicklung der Größe des thermischen Windes proportional.

**Regel (2/VI):** Entwicklung findet statt, wenn die relative Wirbelgröße des Bodendruckfeldes (1000 mb Fläche), $\zeta_0$, ein Gefälle in Richtung des thermischen Windes aufweist.

Da $\zeta_0$ auf der Achse eines Troges meist ein Maximum hat, ist $\frac{\partial \zeta_0}{\partial s}$ auf der *Vorderseite negativ*, auf der *Rückseite positiv*. Durchsetzt daher der thermische Wind einen solchen Trog ohne wesentliche Eigenkrümmung, so muß zyklonale Entwicklung auf der Vorderseite, antizyklonale auf der Rückseite eintreten. Das bedeutet aber, daß sich die Bodendruckwellen in Richtung des thermischen Windes bewegen. Man nennt diesen Mechanismus auch die *„thermische Steuerung"*. Wir haben darauf bereits auf S. 59 hingewiesen.

**Regel (3/VI):** Entwicklung tritt auch dort ein, wo das Wirbelfeld der relativen Isohypsen, das $\zeta'$-Feld, in der Richtung des thermischen Windes variiert.

**Regel (4/VI):** Da der Coriolisparameter $f$ nur in der meridionalen Richtung variiert, wirkt die meridionale Komponente des thermischen Windes zyklogenetisch, wenn sie zum Äquator gerichtet ist und umgekehrt.

[1] Allgemein gilt für eine Funktion $g = g\,(x, y)$ und den Geschwindigkeitsvektor $v$

$$v \cdot \nabla g = u\,\frac{\partial g}{\partial x} + v\,\frac{\partial g}{\partial y} = \frac{dx}{dt}\frac{\partial g}{\partial x} + \frac{dy}{dt}\frac{\partial g}{\partial y} = \frac{ds}{dt}\left(\frac{\partial g}{\partial x}\frac{dx}{ds} + \frac{\partial g}{\partial y}\frac{dy}{ds}\right) = c \cdot \frac{\partial g}{\partial s}\,.$$

## 7. Beispiel einer Vorhersage der Höhenkarte mit Hilfe der barotropen Wirbelgleichung und des Sutcliffeschen Entwicklungskriteriums.

Zum besseren Verständnis der in den vorangegangenen Abschnitten behandelten Theorien wollen wir an einem praktischen Beispiel die FJÖRTOFTsche Integrationsmethode der barotropen Wirbelgleichung durchführen. Dabei werden wir auch die Grenzen der barotropen Betrachtungsweise kennenlernen und versuchen, barokline Entwicklungen mit Hilfe des SUTCLIFFEschen Kriteriums abzuschätzen. Selbstverständlich kann die volle Bedeutung der in diesem Kapitel dargelegten theoretischen Methoden nicht an einem einzigen Beispiel erschöpfend gezeigt werden. Solange die theoretischen Methoden auf „Modellvorstellungen" der Atmosphäre zurückgreifen müssen, kann die Brauchbarkeit für den täglichen Prognosendienst nur durch Erfahrung bei den verschiedensten Wetterlagen festgestellt werden. Da jedoch die entsprechenden Untersuchungen erst jungen Datums sind, fehlt noch ein solches Erfahrungswissen. Andererseits ist es aber gerade die Aufgabe der praktischen Synoptik, den Theoretikern die für ihre weitere Forschung unerläßlichen Unterlagen aus der Praxis zu liefern, um die Richtung zu weisen, in welche die theoretischen Untersuchungen fortschreiten müssen. Hier ist noch ein großes Gebiet für die zukünftige Forschung offen.

Wir greifen auf die bereits in der Abb. 11 (auf S. 47) gezeigte Wetterlage vom 25. I. 1950 zurück. Hier interessiert uns nur ein Ausschnitt der dort für die ganze nördliche Hemisphäre wiedergegebenen Topographie der 500 mb Fläche, nämlich der in Abb. 37 vergrößert gezeichnete Teil der Höhenkarte über dem Nordatlantik und über Europa. Die entsprechende Bodenkarte mit der aus der Frontenlage erkenntlichen Luftmassenverteilung ist aus Abb. 38 zu entnehmen[1]. Über Zentraleuropa herrscht eine antizyklonale Wetterlage. Der Kern des über dem östlichen Mitteleuropa liegenden Hochdruckgebietes ist auch in der 500 mb Fläche zu erkennen und dort gegenüber der Bodenkarte nur wenig verschoben. In gewissem Sinne handelt es sich hier um eine Wetterlage, die zu der in Kap. V (Abschn. 3) behandelten gerade im Gegensatz steht. Hatten wir dort den Fall einer (zyklonalen) Trogsteuerung über Europa, so kann die hier wiedergegebene Situation als Antizyklonalsteuerung über demselben Gebiet bezeichnet werden. Die von der mächtigen Tiefdruckstörung im Raume Island-Grönland ausgehenden Druckwellen werden im Sinne des Uhrzeigers um die europäische Antizyklone herum über Nordeuropa nach Rußland gesteuert.

Wir wollen jedoch hier nicht vom Steuerungsprinzip Gebrauch machen, sondern versuchen, ob eine Voraussage der Änderungen der 500 mb Topographie von einem Tag zum anderen durch eine Lösung

[1] Von den in der Abb. 38 zusätzlich strichliert eingezeichneten relativen Isohypsen 500/1000 mb sehen wir vorerst ab.

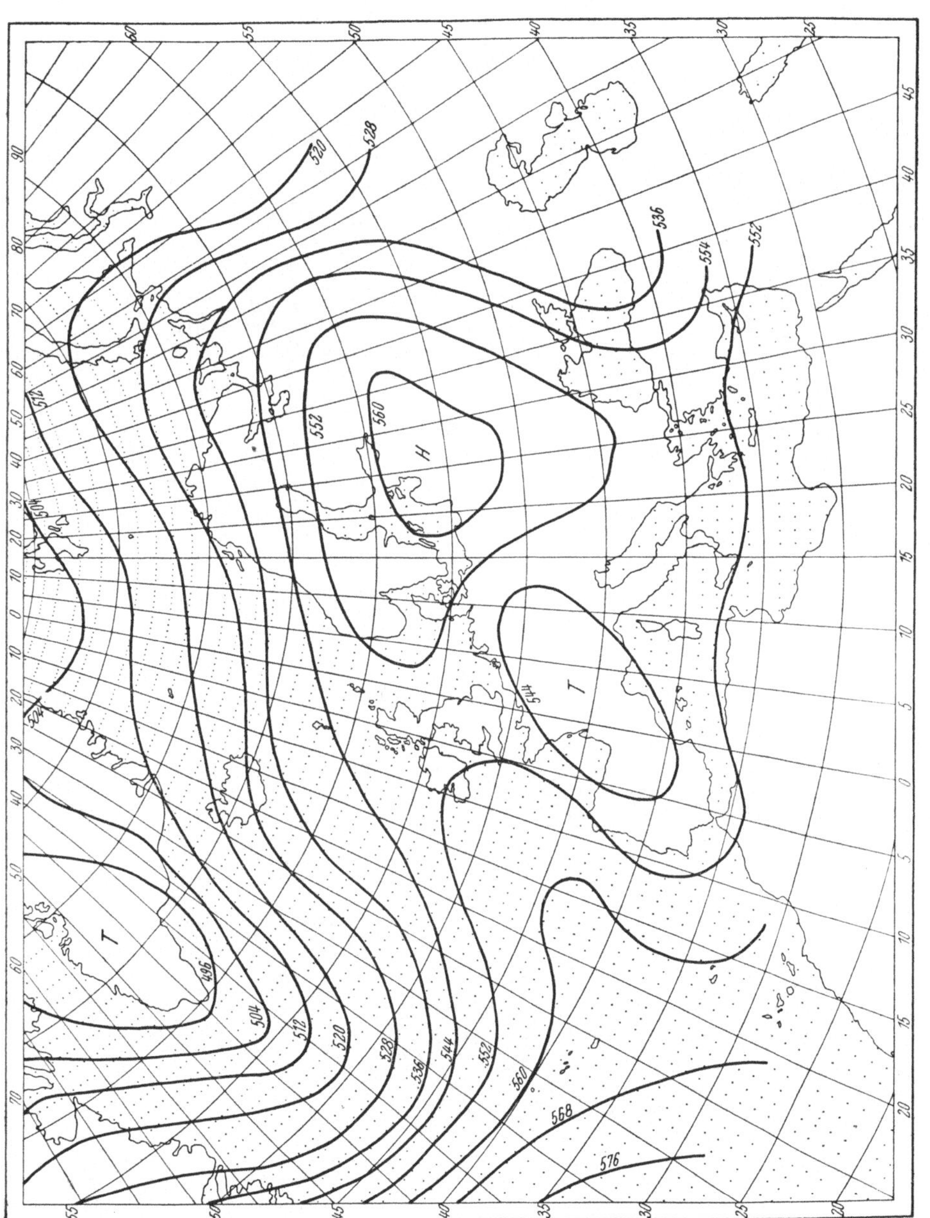

Abb. 37. Absolute Topographie der 500 mb Fläche vom 25. I. 1950, 3 Uhr G.M.T. (H-Verteilung).

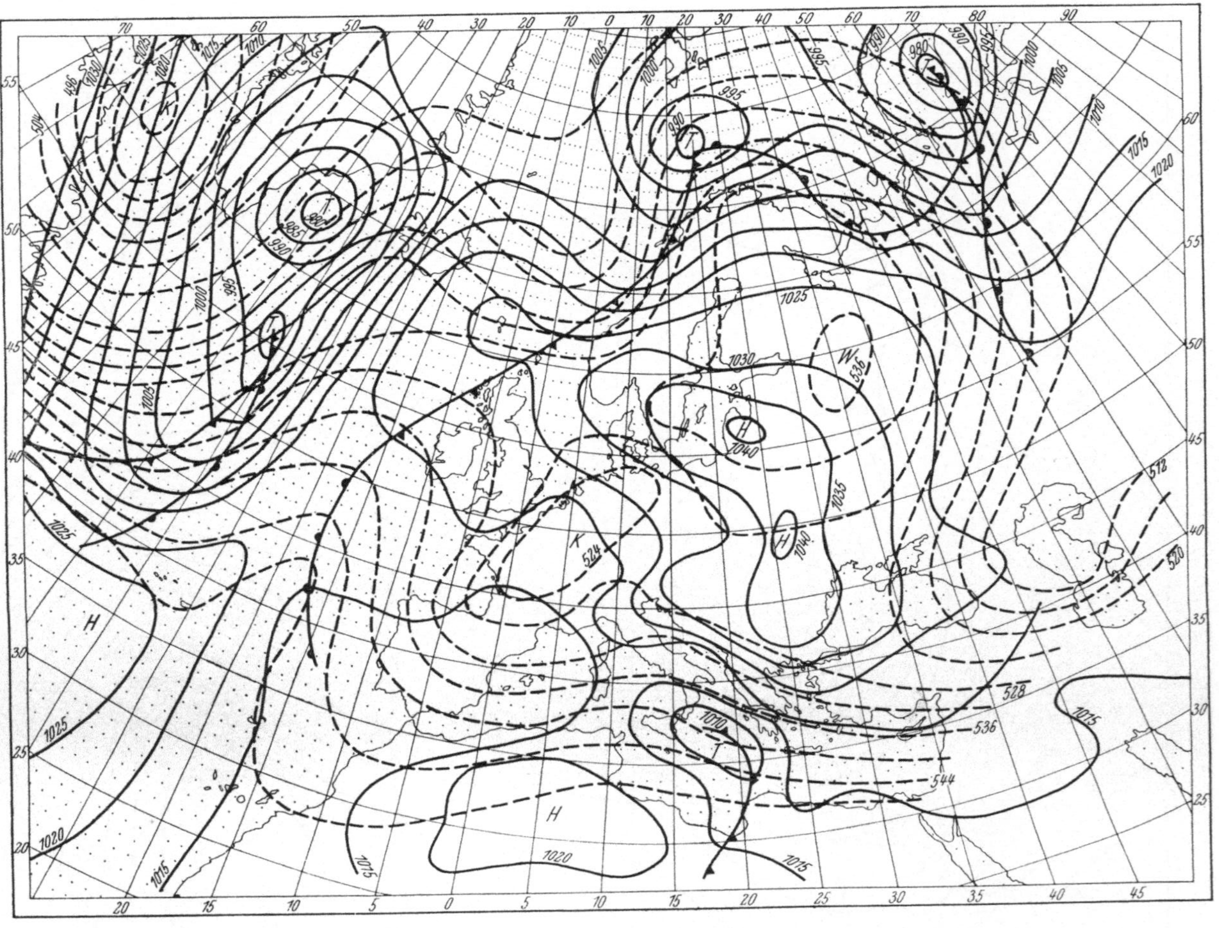

Abb. 38. Bodendruckverteilung und Frontenlage (ausgezogen) vom 25. I. 1950, 0 Uhr G.M.T. Linien gleicher relativer Topographie 500/1000 mb von 3 Uhr G.M.T. (strichliert).

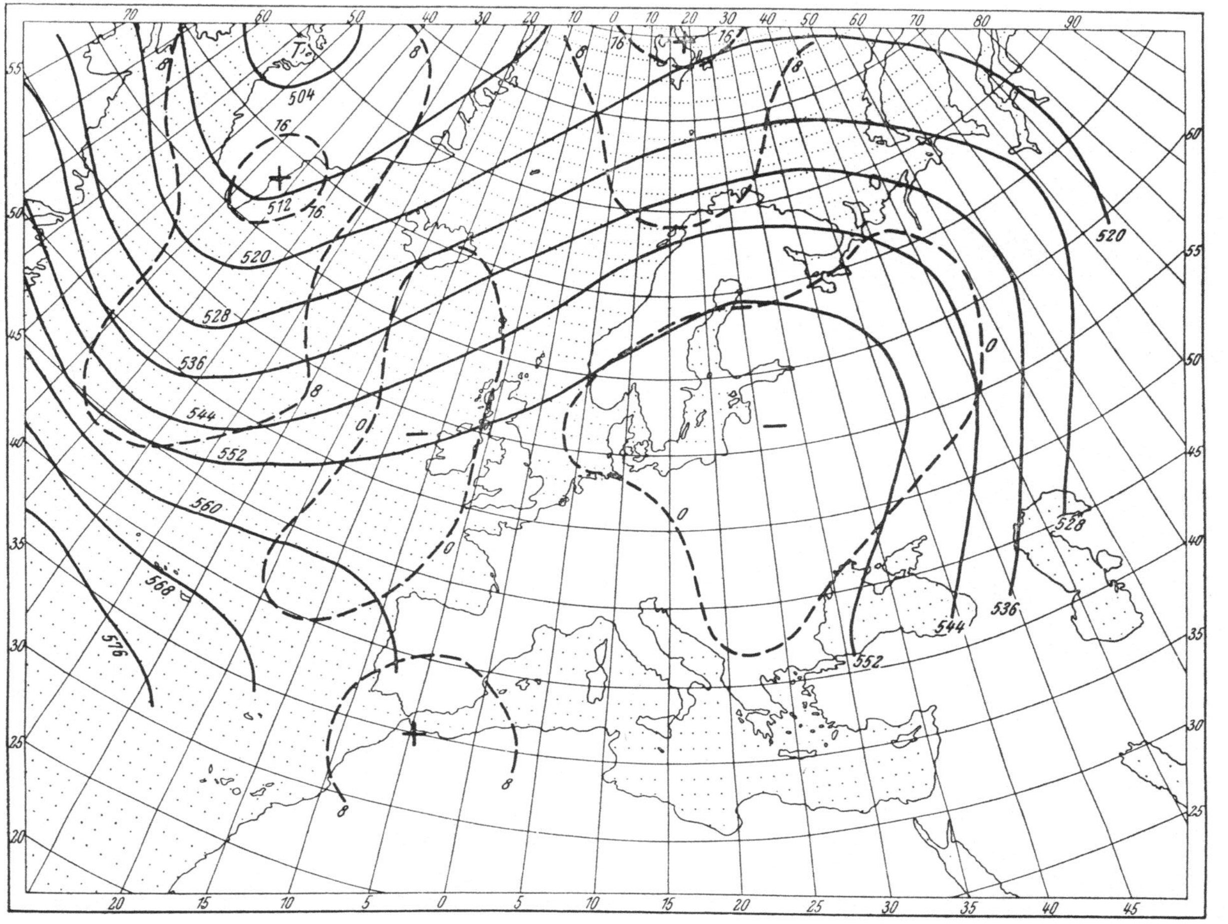


Abb. 39. Räumlich gemittelte Isohypsen der 500 mb Topographie ($H^*$-Verteilung) vom 25. I. 1950 (ausgezogen). Linien $\xi = H^* - H =$ konstant (strichliert).

der barotropen Wirbelgleichung möglich ist. Zu diesem Zwecke bilden wir gemäß der FJÖRTOFTschen Methode (S. 124) zunächst durch graphische Additionen die gemittelte Isohypsenverteilung $H^*$. Sie ist in Abb. 39 gezeigt. Vergleichen wir den Verlauf dieser (räumlich) gemittelten Isohypsen mit denjenigen der ursprünglichen Topographie, so fällt sofort, neben der offensichtlichen „Ausgeglichenheit", d. h. der Verringerung der Amplituden der langen Wellen, die in Abschn. 5 erwähnte Tatsache auf, daß der zu der gemittelten Verteilung gehörende Windvektor gegenüber dem ursprünglichen Gradientwind auf nahezu 50% seines Absolutbetrages reduziert ist. In der Abb. 39 sind überdies noch die Linien $\xi = H^* - H = \text{const.}$ strichliert eingezeichnet. Durch ihren Verlauf wird im wesentlichen die Verteilung der relativen Wirbelgröße der ursprünglichen Topographie ersichtlich. Die größten positiven Werte von $\xi$ sind an Stellen starker zyklonaler Krümmung zu finden. Geringe negative Beträge ergeben sich im Bereich der antizyklonalen Gebilde.

Zur numerischen Integration der barotropen Wirbelgleichung müssen die Linien $\xi = \text{const.}$ mit dem aus der $H^*$-Verteilung folgenden Windvektor verlagert werden. Zur Überprüfung der Brauchbarkeit bzw. Genauigkeit einer solchen Methode ist es zweckmäßig, von der am nächsten Tag tatsächlich beobachteten 500 mb Fläche (Abb. 40) durch den gleichen Mittelungsprozeß ebenfalls die Linien $\xi = \text{const.}$ zu zeichnen. Dies ist in Abb. 41 geschehen. Ist diese Verteilung durch einfache Verlagerung aus der ursprünglichen zu erhalten, so liefert die Lösung der barotropen Wirbelgleichung eine genaue Vorhersage der Änderungen der 500 mb Topographie selbst.

Wir wollen zunächst einmal die tatsächlich eingetretenen Änderungen durch Vergleich der Abb. 40 mit der Abb. 37 näher betrachten. Dabei fallen folgende Tatsachen auf: 1. Die Trogachse über dem Atlantik hat sich nicht wesentlich verlagert, der Trog selbst stark vertieft. 2. Das Hoch über dem östlichen Mitteleuropa hat seine Lage und Intensität beibehalten. 3. Auffallende Änderungen in der Form der Isohypsen sind über Nordeuropa zu finden. Die auf der Karte vom 25. I. 1950 leicht zyklonal gekrümmten Linien im Raume Island-Spitzbergen wurden von ausgesprochen antizyklonal geformten Isohypsen abgelöst, wodurch der Eindruck eines in dieser Richtung wirksamen Vorstoßes des mitteleuropäischen Hochs erweckt wird. Andererseits ist im Raume Nordfinnland—Nordrußland gerade das Umgekehrte eingetreten. Dort wurden die ursprünglich antizyklonal gekrümmten Linien in zyklonale verwandelt, so daß der am 25. I. 1950 in diesem Gebiet vorhandene Hochdruckausläufer am nächsten Tag verschwunden ist. Die eben geschilderten Änderungen im Verlauf der Isohypsen müssen auch in den dazugehörenden Verteilungen der relativen Wirbelgröße zum Ausdruck kommen. Vergleichen wir also die Abb. 41 mit der Abb. 39, so zeigt sich tatsächlich, daß die zu dem Trog über dem Atlantik gehörende $\xi$-Verteilung *keine* wesentliche Verlagerung in west-östlicher Richtung aufzuweisen hat, wie es der (gemittelten)

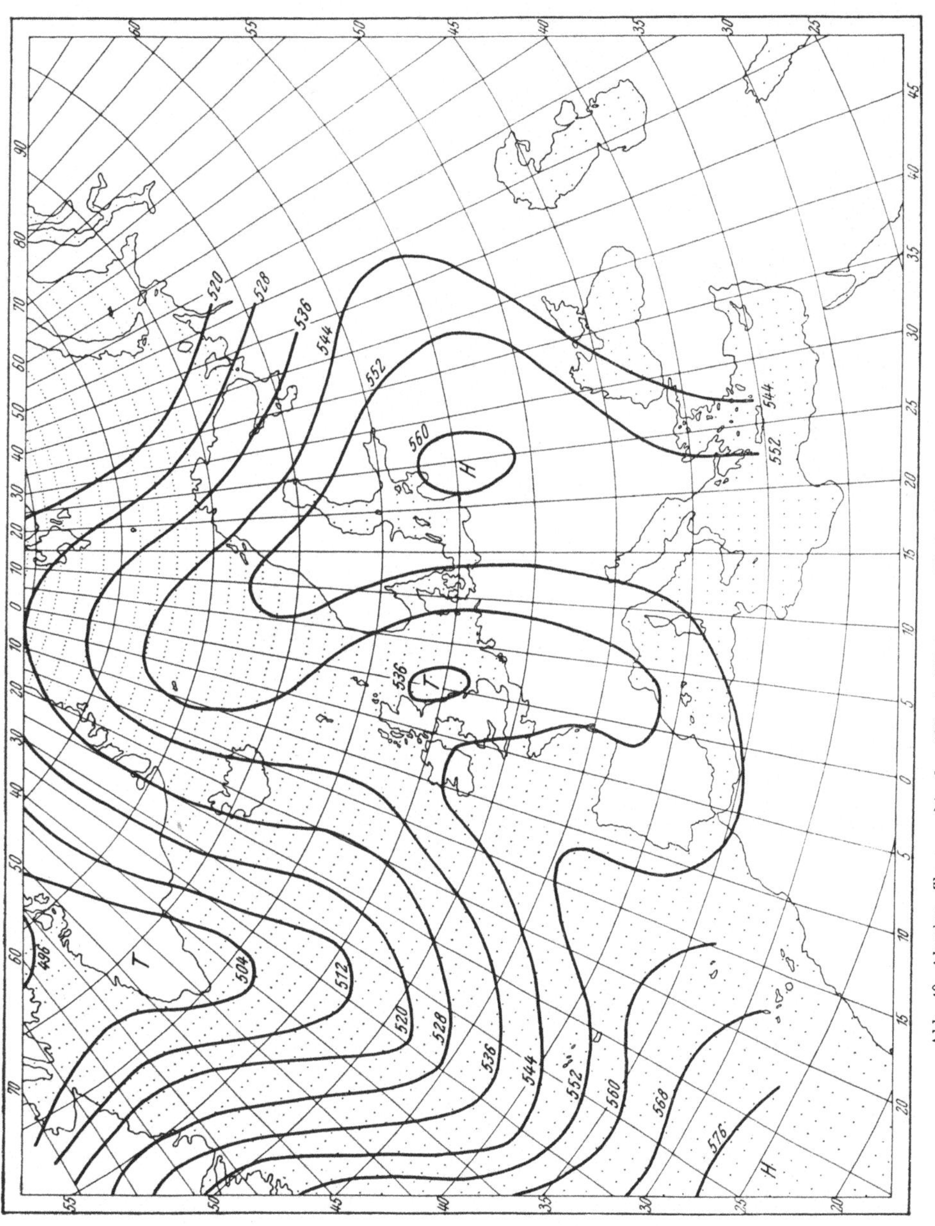


Abb. 40. Absolute Topographie der 500 mb Fläche vom 26. I. 1950, 3 Uhr G.M.T. (H-Verteilung).

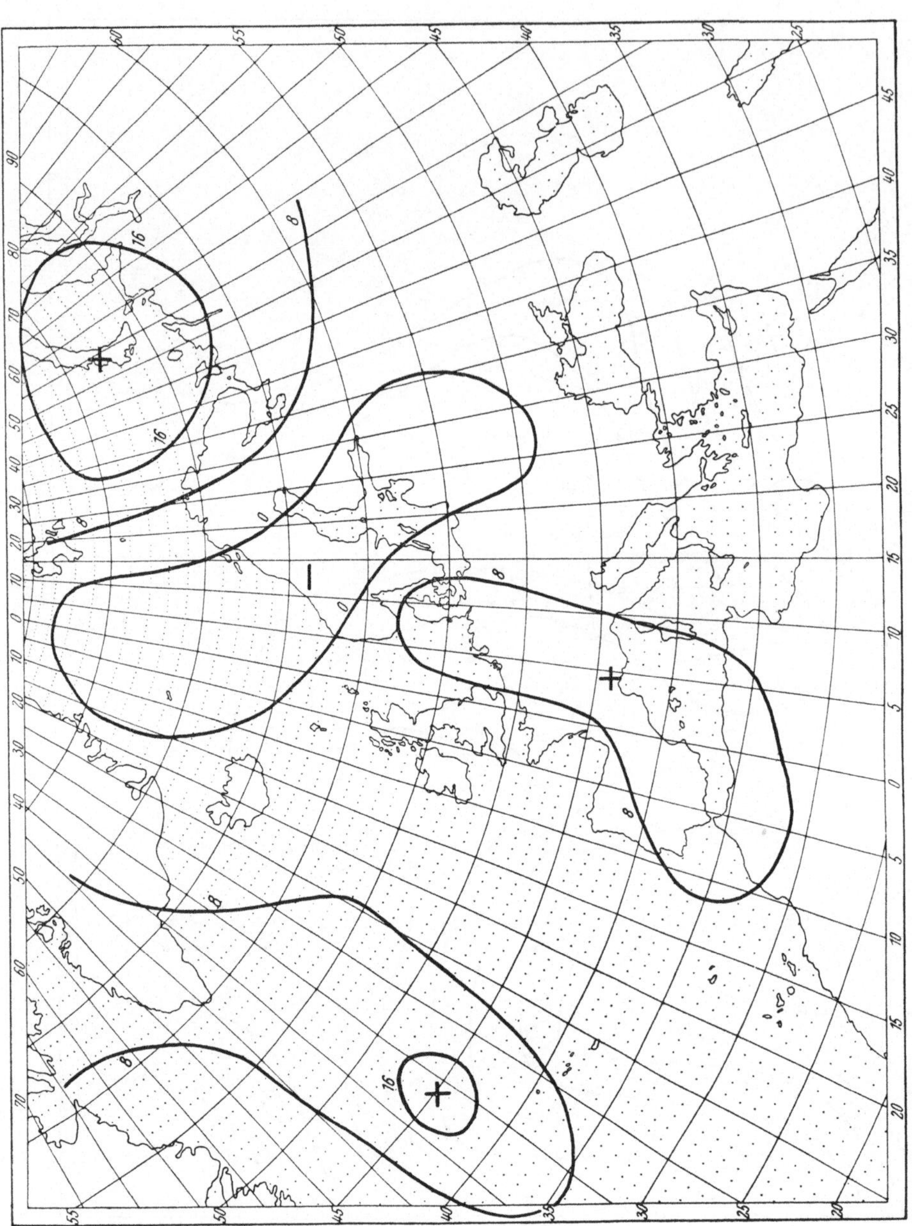

Abb. 41. Linien $\xi = H^* - H$ = konstant für die absolute Topographie vom 26. I. 1950.

Höhenströmung entsprechen würde. Die oben erwähnte Vertiefung des Troges kommt in einer Verschiebung des Maximums der positiven $\xi$-Werte nach Süden zum Ausdruck. Es handelt sich hier bei der Amplitudenerhöhung des Troges (ohne Verlagerung) offensichtlich um einen durch die barotrope Betrachtungsweise *nicht* erklärbaren Vorgang. Wie steht es aber mit den früher erwähnten Änderungen der Isohypsenform über Nordwest- und Nordosteuropa? Hier liegen die Verhältnisse anders. Durch Vergleich der beiden Abb. 41 und 39 wird sofort klar, daß (wenigstens größenordnungsmäßig) die eingetretenen Änderungen barotrop zu erklären sind, da durch eine entsprechende Verlagerung der Linien $\xi$ = const. die neue Verteilung aus der ursprünglichen zu erhalten ist.

Während also in einigen Teilen der Wetterkarte durch Lösung der barotropen Wirbelgleichung befriedigende Ergebnisse erreicht werden können, versagt diese Methode bei der über dem Atlantik stattgefundenen Vertiefung des Troges vollkommen. Es handelt sich hier mithin um einen wesentlich baroklinen Vorgang. Wir wollen nunmehr versuchen, ob diese Entwicklung mit Hilfe des SUTCLIFFEschen Kriteriums zu erkennen, bzw. vorauszusagen wäre.

Dazu betrachten wir die in der Abb. 38 zu den Bodenisobaren strichliert dazugezeichneten relativen Isohypsen 500/1000 mb. Gemäß den auf S. 129 angegebenen Regeln müssen wir dort die stärksten Entwicklungen erwarten, wo die Wirbelgröße der Bodenisobaren und diejenige der relativen Isohypsen ein Gefälle in Richtung des thermischen Windes aufweist [1]. Eine Verlagerung eines Troges findet gemäß der thermischen Steuerung dann statt, wenn die relativen Isohypsen die Trogachse nahezu normal durchsetzen. Tatsächlich ist dies bei dem Tiefdruckgebiet über dem Atlantik nicht der Fall. Während nämlich auf der Rückseite der thermische Wind eine Komponente in Richtung des (dort positiven) Wirbelgefälles aufweist, verlaufen die relativen Isohypsen auf der Vorderseite weitgehend in süd-nördlicher Richtung, was einer nahezu normalen Lage zu dem dort vorhandenen Wirbelgefälle entspricht. Allerdings zeigt sich im südlichsten und nördlichsten Teil des Tiefdrucktroges wieder eine etwas größere Komponente in Richtung des Wirbelgefälles. Mit anderen Worten: Das Entwicklungskriterium von SUTCLIFFE spricht im Falle des Atlantiktiefs tatsächlich für geringe Ostwärtsverlagerung und eine gewisse Vertiefung (Amplitudenerhöhung). Wir können dies auch in der

[1] Falls der Leser noch keinen „Blick“ für die zu den Isobaren, bzw. Isohypsen gehörende Wirbelverteilung hat, empfiehlt es sich, zu Übungszwecken öfters eine Konstruktion derselben gemäß den früher angegebenen Richtlinien durchzuführen. Mit einiger Erfahrung läßt sich dann das SUTCLIFFEsche Entwicklungskriterium auf die gegenseitige Lage der *Bodenisobaren* und der *relativen Isohypsen* anwenden. Allerdings ist zu bedenken, daß das Wirbelfeld nicht nur durch Krümmungen, sondern auch durch Scherungen zustande kommt.

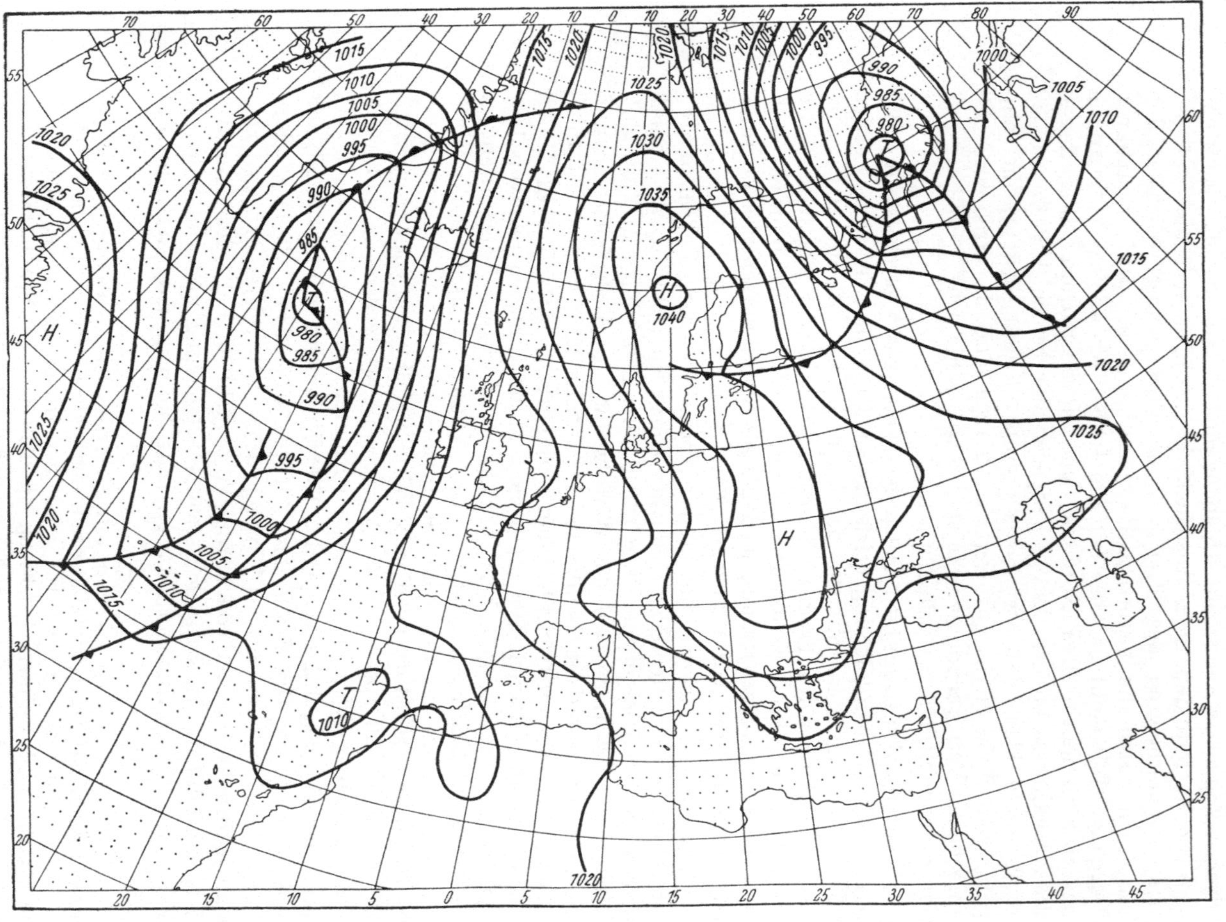


Abb. 42. Bodendruckverteilung und Frontenlage vom 26. I. 1950, 0 Uhr G.M.T.

Bodenkarte vom 26. I. 1950, die in der Abb. 42 wiedergegeben ist, bestätigt finden. Es ist verständlich, daß bei einem solchen Vertiefungsprozeß ohne wesentliche Verlagerung auch die Höhenkarte beeinflußt wird, wodurch eine Erklärung für das Versagen der barotropen Vorhersage der 500 mb Topographie über dem Atlantik möglich ist. Andererseits erkennen wir gerade aus den eben angestellten Überlegungen, wie kompliziert die Vorgänge innerhalb der Atmosphäre sind, so daß wir zugeben müssen, derzeit noch nicht in die Lage versetzt zu sein, eine in jeder Hinsicht befriedigende Erklärung dafür bereit zu haben.

# VII. Vorhersage des tatsächlichen Wetters.

## 1. Einleitung.

Das Problem der Wetterprognose ist durch die Konstruktion von Vorhersagekarten noch nicht gelöst. Selbst wenn es gelingt, die Boden- und Höhendruckverteilung sowie die Lage der Fronten, d. h. die Abgrenzungen der Luftmassen, mit den in den vorangegangenen Kapiteln beschriebenen Methoden mit großer Genauigkeit vorauszusagen, kann die Wettervorhersage ein Versager sein. Dies kommt daher, daß die Beziehungen zwischen eigentlichen Wettererscheinungen und Druckverteilung nicht immer eindeutig sein müssen. Trotzdem bleibt die Konstruktion von Vorhersagekarten der wichtigste Schritt bei der Prognose, da die synoptische Meteorologie in jahrzehntelanger Arbeit durch eingehende Untersuchungen den Zusammenhang zwischen Druckverteilung und Wetterablauf weitgehend klären konnte. Dabei wurde vor allem das Wetter im Bereich der ausgezeichneten Druckgebilde wie Hoch- und Tiefdruckgebiete, Tröge oder Keile beschrieben. Man gelangte dadurch zu mehr oder weniger „*typischen*“ Wetterlagen, die über den engen Kreis der Fachmeteorologen hinaus zu feststehenden Begriffen wurden, wie etwa *Hochdruckwetter*, *Vorderseiten-* oder *Rückseitenwetter* (bezogen auf ein Tiefdruckgebiet) und dergleichen mehr. Man lernte auch, mit dem Namen Kaltfront und Warmfront eine Reihe typischer Wettererscheinungen zu verbinden. Es würde den Rahmen dieses Buches überschreiten, wollten wir im einzelnen auf derartige Untersuchungen eingehen, zumal diese eine äußerst umfangreiche Literatur aufweisen [1]. Es handelt sich bei diesen Arbeiten mehr um eine beschreibende Meteorologie, die nicht immer auf die eigentlichen physikalischen Ursachen der Wettererscheinungen eingehen kann.

In diesem Kapitel wollen wir uns darauf beschränken, einige der wichtigsten objektiven Methoden anzuführen, die geeignet sind, mit Hilfe der Vorhersagekarte einzelne meteorologische Elemente, wie Wind, Temperatur, Bewölkung und Niederschlag vorauszusagen.

## 2. Voraussage der Windrichtung und -geschwindigkeit.

Da der Windvektor in eindeutiger Beziehung zur Druckverteilung steht, ist dieser Teil der Wetterprognose am engsten mit der Vorhersagekarte verbunden. Man muß allerdings vermeiden, anstelle der Windrichtung die Richtung der konstruierten Bodenisobaren voraus-

---

[1] Der Leser sei diesbezüglich u. a. auf folgende Lehrbücher verwiesen: A. DEFANT [16], CHROMOW [15], SCHERHAG [67].

zusagen. Da die Abweichung vom Gradientwind von der Bodenreibung abhängt und diese von Ort zu Ort stark variiert, kann eine allgemein gültige Regel für die Voraussage der Windrichtung nicht gegeben werden. Es ist angezeigt und sehr nützlich, eine statistische Untersuchung über den Zusammenhang zwischen Windrichtung und -stärke einerseits und über Verlauf sowie gegenseitigen Abstand der Isobaren andererseits für den betreffenden Prognosenbezirk durchzuführen, da dadurch die Windprognose wesentlich erleichtert wird. Solche Untersuchungen sind vor allem im Bergland erforderlich. Für die Windprognose muß überdies die Ausbildung von Land- und Seewinden, sowie von Berg- und Talwinden in Betracht gezogen werden, wobei auch auf den Tagesgang dieser lokalen Zirkulation Rücksicht zu nehmen ist. Für Beurteilung der Windstärke ist die vertikale Schichtung der Atmosphäre vielfach ausschlaggebend. Bei nicht stabiler Schichtung erreicht der Wind (vor allem über See) häufig den geostrophischen Wert, während bei ausgesprochen stabiler Schichtung weniger als 50% dieses Betrages beobachtet werden können. Ähnliches gilt für die Böigkeit des Windes.

## 3. Voraussage der Temperatur.

Die Temperatur ist neben dem Wind das meteorologische Element, das am engsten mit der Vorhersagekarte verknüpft ist. Es ist selbstverständlich, daß zwischen Temperaturänderungen, die durch Advektion verschiedener Luftmassen hervorgerufen werden, und solchen, die durch örtliche Einflüsse, speziell durch die tägliche Erwärmung und nächtliche Abkühlung der Erdoberfläche bedingt sind, unterschieden werden muß. Die advektiven Änderungen können meistens mit hinreichender Genauigkeit durch die Lage der Fronten auf der Vorhersagekarte erfaßt werden. Allerdings ist immer darauf zu achten, daß die Luftmassen auf ihrem Weg bis zum Vorhersageort unter Umständen einer weitgehenden Transformation unterliegen können. Obwohl dieser Effekt oft von großer Bedeutung für die Temperaturprognose ist, läßt sich die Intensität solcher Transformationen vielfach nur sehr schwer abschätzen. Besonderes Augenmerk ist in dieser Hinsicht der unterschiedlichen Erwärmung bzw. Abkühlung über Wasser und Land zu schenken. Beispielsweise kann subtropische Warmluft über dem Meer in den untersten Schichten der Atmosphäre so abgekühlt werden, daß eine wesentlich kühlere Luftmasse vorgetäuscht wird. Die Entscheidung ist in einem solchen Falle durch Heranziehen von Messungen aus der freien Atmosphäre zu treffen, die den wahren Charakter der Luftmasse erkennen lassen. In so einem Fall kann eine fehlerhafte Temperaturprognose vermieden werden, da sich beim Übertreten auf das Festland auch die untersten (modifizierten) Luftschichten wieder rasch erwärmen.

Natürlich kann auch der umgekehrte Fall eintreten, wenn arktische Kaltluft über eine relativ warme See strömt. Allerdings ist in einem solchen Fall die Transformation von geringerem Ausmaß, da durch größere Turbulenz innerhalb der Kaltluftmasse und damit verbundene starke vertikale Durchmischung ungleich mächtigere Schichten an der Modifikation teilnehmen als bei einer Warmluftmasse.

Immer ist es wichtig, die Länge des Weges über See für die Abschätzung des Ausmaßes der Transformation in Betracht zu ziehen. Ist beispielsweise im Winter die Strecke, die die Kaltluft über dem Meer zurücklegt, nur kurz und ist das Festland mit einer Schneedecke bedeckt, so ist kaum mit einer Transformation zu rechnen, da eine eventuelle geringfügige Erwärmung der unteren Schichten beim Übertreten auf das Land sofort rückgängig gemacht wird.

Im allgemeinen gelingt es bei häufigem Luftmassenwechsel und größeren Windgeschwindigkeiten lediglich, eine grobe Abschätzung der zu erwartenden *Temperaturänderungen* zu geben, ohne daß es möglich sein wird, den Temperaturbetrag selbst richtig vorauszusagen. Anders liegen jedoch die Verhältnisse, wenn eine bestimmte Luftmasse eine Zeitlang über dem Vorhersagegebiet verweilt. Dann sind wir in der Lage, die durch die tägliche Einstrahlung und nächtliche Abkühlung hervorgerufenen Änderungen wesentlich genauer zu erfassen. Es gelingt dann, mit Hilfe einiger theoretischer Überlegungen eine Prognose der Tageshöchsttemperatur bzw. der nächtlichen Tiefsttemperatur zu geben. Wir werden uns damit im folgenden näher befassen. Allerdings ist dabei zu bedenken, daß die durch Wärmetransport vom Boden her verursachten Temperaturänderungen bei gleichen Einstrahlungs- bzw. Ausstrahlungsbedingungen von der Beschaffenheit des Untergrundes abhängen, so daß allgemeingültige Vorhersageregeln nicht immer aufzustellen sind.

**Berechnung der Maximumtemperatur.** Mit Hilfe eines am Morgen durchgeführten Radiosondenaufstieges bestimmen wir zunächst das sogenannte *Cumulus-Kondensationsniveau.* Dieses wird als diejenige Höhe definiert, bis zu welcher vom Boden erhitzte Luft adiabatisch aufsteigen muß, um vollständig mit Wasserdampf gesättigt zu sein. Seine Bestimmung erfolgt mit Hilfe der im Adiabatenpapier eingezeichneten Linien gleicher spezifischer Feuchte. Der Schnittpunkt der dem Feuchtigkeitszustand der Luft in Bodennähe entsprechenden Linie mit der Zustandskurve ergibt das Cumulus-Kondensationsniveau. Geht man von dieser Höhe entlang einer Trockenadiabate wieder zum Ausgangsniveau zurück, so läßt sich die Temperatur ablesen, die durch Erwärmung am Boden erreicht werden muß, um das Aufsteigen der Luft bis zum Sättigungsstadium zu bewirken. Man bezeichnet diese Temperatur auch als *Auslösetemperatur.* Wird sie im Laufe des Tages erreicht, so tritt Bewölkung durch thermische Konvektion auf. Es kommt in der Höhe des Kondensationsniveaus zur Ausbildung von Quellwolken [1]. Diese Auslösetemperatur ist in vielen Fällen eine obere

---

[1] Natürlich hängt die Mächtigkeit der Wolken auch von der Schichtung der Atmosphäre *über* dem Kondensationsniveau ab.

Grenze für die zu erwartende Tageshöchsttemperatur, deshalb, weil eine Erwärmung nach Erreichen der Auslösetemperatur sich rasch auf eine mächtige vertikale Luftsäule verteilt und daher nur mehr zum geringen Anteil der bodennahen Luftschicht zugute kommt.

Allerdings wird in vielen Fällen die Maximumtemperatur kleiner als die Auslösetemperatur sein, wenn die Erwärmung der Erdoberfläche durch die Sonneneinstrahlung nicht genügend groß ist. Dies kann seine Ursache in einer zu geringen überhaupt verfügbaren Einstrahlung (Winter) oder aber in einer Beeinträchtigung derselben durch Bewölkung haben. In einem solchen Falle kommt es auch nicht zu der oben erwähnten Ausbildung von Thermikwolken. Wir sehen daher, daß die Prognose der Maximumtemperatur eng mit der Vorhersage von Thermikwolken verknüpft ist.

Eine Methode zu einer rohen Abschätzung der Maximumtemperatur wird von SCHERHAG [67] vorgeschlagen. Der zu erwartende Betrag der Tageshöchsttemperatur $T_m$ ergibt sich darnach aus der Höhe $r$ der relativen Topographie 500/1000 mb (gemessen in dynamischen Dekametern) gemäß folgender Formel:

$$T_m = \frac{r - 500}{2} + \frac{1}{10}\left(\frac{r - 500}{2}\right). \qquad \text{(VII, 1)}$$

Nach SCHERHAG [67] konnte die Beziehung (VII, 1) mit einer Trefferwahrscheinlichkeit von 70% verifiziert werden.

Eine andere Methode ist die folgende: Auch hiefür ist ein Radiosondenaufstieg in der Nähe des Vorhersagegebietes am Morgen erforderlich. Außerdem benötigt man Angaben über denjenigen Teil der Sonneneinstrahlung, der für die Erwärmung der unteren Atmosphäre im Zeitintervall zwischen dem Sondenaufstieg und der Maximumtemperatur verfügbar ist. Die Erfahrung hat gezeigt, daß an einem bestimmten Platz die Tageshöchsttemperatur (im Durchschnitt) jeweils eine gewisse Zeit nach der Sonnenkulmination eintritt, allerdings nicht unabhängig von Bewölkungsgrad und Jahreszeit. Beispielsweise kann in Wien im Sommer an klaren Tagen die Maximumtemperatur fast genau drei Stunden nach dem Sonnenhöchststand beobachtet werden. Um aus der durch theoretische Überlegungen und Messungen bei verschiedenen Bewölkungsverhältnissen bekannten, die Erdoberfläche erreichenden Gesamtstrahlung den für die Temperaturerhöhung der unteren Atmosphäre in Frage kommenden Energiebetrag $Q$ zu bestimmen, können verschiedene Wege eingeschlagen werden. Man kann z. B. entsprechende Überlegungen über die Strahlungs- und Wärmebilanz an der Erdoberfläche und in den untersten Atmosphärenschichten anstellen [1].

Zweckmäßiger ist es jedoch, die Größe $Q$ mit Hilfe eines Polarimeters einfach aus Radiosondenaufstiegen ähnlicher Wetterlagen graphisch zu ermitteln. Dies ist möglich, weil die Flächen auf

[1] S. dazu auch NEIBURGER [48].

Adiabatenpapieren proportional der Energie sind. Außerdem ist diese Methode von Vorteil, da wir für die Prognose der Maximumtemperatur

Tabelle 2. *Zehntägige Mittel der zur Erwärmung der untersten Luftschichten an heiteren Tagen zwischen Sonnenaufgang und dem Zeitpunkt der Maximumtemperatur benötigten Wärmemenge in cal/cm². Gültig für Wien.*

| Monate / Tage | März | April | Mai | Juni | Juli | August | Sept. | Okt. |
|---|---|---|---|---|---|---|---|---|
| 1.—10. | 89 | 119 | 148 | 177 | 189 | 160 | 116 | 82 |
| 11.—20. | 99 | 128 | 157 | 186 | 184 | 148 | 104 | 73 |
| 21.—30./31. | 109 | 138 | 167 | 191 | 177 | 131 | 89 | 63 |

Im Diagrammpapier von STÜVE entspricht einem „Kästchen" ein Betrag von 2.42 cal/cm².

die Größe Q, ausgedrückt durch den Betrag eines Flächenstückes auf dem von uns verwendeten Adiabatenpapier, benötigen. Es ist daher für die hier geschilderte Methode nützlich, eine Statistik über den Betrag der Fläche auf dem Adiabatenpapier zwischen dem Morgenaufstieg und der Zustandskurve zur Zeit der Maximumtemperatur (gegeben durch die Trockenadiabate durch die Maximumtemperatur) aufzustellen, und zwar gesondert für die verschiedenen Jahreszeiten und für klare und bewölkte Tage. Das Ergebnis solcher Untersuchungen kann in Form einer Tabelle zusammengestellt werden. Eine diesbezügliche Arbeit wurde für Wien von KNIZEK [38] durchgeführt (s. Tab. 2).

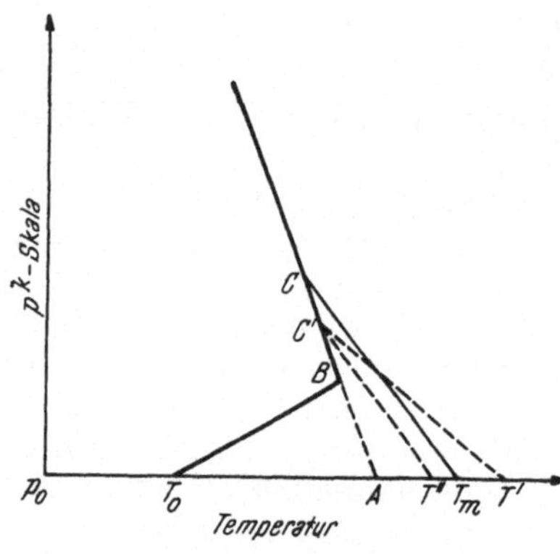


Abb. 43. Bestimmung der Maximumtemperatur auf dem Adiabatenpapier von *Stüve*. Erläuterung s. Text.

Ist der Betrag von $Q$ für den betreffenden Tag hinreichend genau bekannt, so ergibt sich die Maximumtemperatur sofort durch folgende Überlegungen. In Abb. 43 möge der Radiosondenaufstieg in Form der ausgezogenen Linie $T_0BC$ eingezeichnet sein. Man erkennt die wohlausgeprägte Temperaturinversion in Bodennähe. $T_0$ ist die Morgentemperatur am Boden (bei dem Luftdruck $p_0$). $T_m$ sei die (allerdings zunächst noch nicht bekannte) Maximumtemperatur und die Gerade $T_mC$ möge die Trockenadiabate durch $T_m$ darstellen. Der Flächeninhalt des Viereckes $T_0T_mC\,B$ muß gleich der bekannten Größe $Q$ sein. Bedeutet $p_b$ und $p_c$ den Luftdruck in den Punkten $B$ und $C$ und schreiben wir für die Strecke $\overline{T_0A} = \triangle T_1$, für $\overline{AT_m} = \triangle T_2$, so wird

$\triangle T = \overline{T_0 T_m} = \triangle T_1 + \triangle T_2$. Der Betrag von $Q$ läßt sich mithin in zwei Teile $Q_1$ und $Q_2$ aufspalten, so daß $Q_1$ gleich der Fläche des Dreieckes $T_0AB$, also

$$2\,Q_1 = \triangle T_1\,(p_b - p_0)$$

ist, wenn $p_0$ der Luftdruck am Boden ist. Unsere Aufgabe ist es nun, das Dreieck $AT_mC$ in einer solchen Weise zu konstruieren, daß seine Fläche gleich $Q_2 = Q - Q_1$ wird. Dies geschieht rasch mit Hilfe einer Näherungsmethode. Ist $T'$ ein geschätzter Wert der Maximumtemperatur, so gelangen wir zu dem Punkt $C'$ mit dem dazugehörenden Druck $p_{c'}$ mit Hilfe der Beziehung $p_{c'} - p_0 = 2Q_2/\overline{AT'}$, wie es für die wirkliche Maximumtemperatur gelten müßte. Gehen wir von $C'$ entlang der Trockenadiabate (strichlierte Linie in der Abb. 43) zum Bodenniveau herunter, so erhalten wir den Temperaturwert $T''$. In den meisten Fällen ist das Mittel aus dem geschätzten Wert $T'$ und dem so erhaltenen Betrag $T''$, also $T''' = {}^1/_2\,(T' + T'')$, bereits eine hinreichende Approximation der gesuchten Maximumtemperatur. Doch die Näherungsmethode kann ohne weiteres nochmals wiederholt werden.

**Berechnung der Minimumtemperatur.** Über die Bedeutung der Vorhersage von nächtlichen Tiefsttemperaturen und der damit verbundenen Nachtfrostprognose für die Landwirtschaft brauchen hier keine Worte verloren zu werden. Es wurde eine große Anzahl von empirischen Formeln für diese Zwecke aufgestellt. Der Nachteil solcher Formeln ist jedoch der, daß sie gute Resultate für eine bestimmte Gegend ergeben können, an anderer Stelle jedoch meistens völlig versagen. Wir wollen uns hier mit einer mehr theoretischen Methode beschäftigen, die von Reuter [57] entwickelt wurde. Die Bedingungen, die die nächtliche Abkühlung begünstigen, sind durch die Erfahrung gut bekannt. Sie sind klarer Himmel, Windstille, niedriger Wasserdampfdruck in der Luft und geringe Wärmeleitfähigkeit und spezifische Wärme des Untergrundes. Bei einer mathematischen Behandlung des Problems der Vorausberechnung des nächtlichen Temperaturminimums müssen alle diese Faktoren berücksichtigt werden. Eine vollständige Lösung würde dadurch, falls sie überhaupt gegeben werden kann, so kompliziert werden, daß sie für praktische Zwecke kaum brauchbar wäre. Es sind daher gewisse Vereinfachungen notwendig. Man hat natürlich speziell bei der Nachtfrostprognose zu bedenken, daß unter Umständen eine Temperaturdifferenz von mehreren Graden zwischen der Lufttemperatur, die meistens etwa 2 Meter über dem Boden gemessen wird, und der Temperatur der Erdoberfläche vorhanden sein kann. Der für die Landwirtschaft maßgebende Bodenfrost kann daher schon eintreten, wenn die Lufttemperatur noch einige Grade über dem Gefrierpunkt ist. Wie Reuter [56] theoretisch zeigen konnte, kann bei gewisser (auch nachts vorhandener) vertikaler Luftdurchmischung mit einer nahezu konstanten Temperaturdifferenz

Bodenoberfläche-Luft (in 2 m Höhe) gerechnet werden. Zu demselben Ergebnis gelangte DIRMHIRN [18] auf Grund direkter Messungen der erwähnten Temperaturdifferenz. Dadurch läßt sich (für praktische Zwecke genügend genau) die Temperaturprognose an der Erdoberfläche mit derjenigen der Luft in 2 m Höhe verknüpfen.

Aus theoretischen Überlegungen über den Wärmetransport im Boden und in der Luft ergibt sich unter der Voraussetzung einer während der ganzen Nacht konstanten *effektiven* Ausstrahlung der Erdoberfläche $E_w$ für den Temperaturabfall $\triangle T$ die Formel:

$$\triangle T = \frac{2}{\sqrt{\pi}} \frac{E_w + \beta k + (\gamma - \gamma_t)\, c_p A}{\sqrt{k \varrho c} + c_p \sqrt{A \varrho_L}} \sqrt{L}\,. \qquad \text{(VII, 2)}$$

Dabei ist $\beta$ der Temperaturgradient im Erdboden zu Beginn des Abkühlungsprozesses (Sonnenuntergang), $\gamma$ derjenige in der Atmosphäre, $\gamma_t$ der trockenadiabatische Temperaturgradient (ein Grad Temperaturabnahme pro 100 m Erhöhung). Ferner ist in Formel (VII, 2) unter $A$ der als konstant vorausgesetzte Koeffizient der turbulenten Wärmeleitung (Austauschkoeffizient) zu verstehen. $c_p$ und $\varrho_L$ sind die spezifische Wärme (bei konstantem Druck) und Dichte der Luft, $k$, $\varrho$ und $c$ die Wärmeleitfähigkeit, Dichte und spezifische Wärme des Bodens. Schließlich ist $L$ die entsprechend gegebene Länge des Abkühlungsvorganges (Nachtlänge). In der Formel (VII, 2) sind Temperaturänderungen durch Advektion und solche durch Freiwerden oder Binden von latenter Wärme (Verdunstung, Kondensation) nicht berücksichtigt. Treten in einem konkreten Fall solche Vorgänge in Erscheinung, so sind sie zusätzlich zu der hier gegebenen Abkühlung durch Ausstrahlung und (vertikale) Wärmeleitung in Betracht zu ziehen. In den meisten Fällen wird allerdings der hier behandelte Abkühlungsprozeß den Ausschlag geben. Bezüglich der Ableitung von Formel (VII, 2) muß auf die Originalarbeit von REUTER [57] verwiesen werden. Trotz der weitgehenden Vereinfachungen, die bei der theoretischen Ableitung notwendig sind, hat sich die Formel in der Praxis vor allem bei der Nachtfrostprognose im Frühjahr sehr bewährt.

In der Formel (VII, 2) kommt die Abhängigkeit der nächtlichen Abkühlung von der betreffenden Örtlichkeit, vor allem durch den Term im Nenner, zum Ausdruck. Im Zähler ist $\beta k + (\gamma - \gamma_t) c_p A$ in den meisten Fällen gegenüber $E_w$ zu vernachlässigen. Anstelle des schwer meßbaren Austauschkoeffizienten $A$ läßt sich die horizontale Windgeschwindigkeit $v$ einführen. Geschieht dies, so ergibt sich statt (VII, 2) die vereinfachte Formel:

$$\triangle T = f(v)\,.\,E_w\,.\sqrt{L}\,. \qquad \text{(VII, 2a)}$$

Die Funktion $f(v)$ ist von der Bodenbeschaffenheit des Ortes, für den die Temperaturprognose erstellt werden soll, abhängig. Sie wird am besten empirisch bestimmt, indem man dazu den tatsächlich beobachteten Betrag der Abkühlung bei bekannter Nachtlänge und effektiver Ausstrahlung verwendet.

Zur Bestimmung der effektiven Ausstrahlung, d. h. des langwelligen Strahlungsverlustes einer horizontalen schwarzen Fläche bei gegebenen atmosphärischen Verhältnissen sind verschiedene Diagramme konstruiert worden. Man muß dabei von der theoretisch vor-

Tabelle 3. *Schwarzstrahlung* ($\sigma T^4$) in *mcal/cm² Minute.*

| °C | 0 | 1 | 2 | 3 | 4 | 5 | 6 | 7 | 8 | 9 | 10 |
|---|---|---|---|---|---|---|---|---|---|---|---|
| — 50 | 205 | 201 | 198 | 194 | 190 | 187 | 184 | 180 | 177 | 174 | 171 |
| — 40 | 244 | 240 | 236 | 232 | 228 | 224 | 220 | 216 | 212 | 209 | 205 |
| — 30 | 288 | 284 | 279 | 275 | 270 | 266 | 262 | 257 | 253 | 248 | 244 |
| — 20 | 339 | 334 | 329 | 324 | 318 | 313 | 308 | 303 | 298 | 293 | 288 |
| — 10 | 396 | 390 | 384 | 379 | 373 | 367 | 361 | 355 | 350 | 344 | 339 |
| — 0 | 460 | 453 | 447 | 440 | 434 | 427 | 420 | 414 | 408 | 402 | 396 |
| + 0 | 460 | 467 | 479 | 480 | 488 | 494 | 502 | 509 | 516 | 523 | 530 |
| 10 | 530 | 539 | 546 | 554 | 562 | 570 | 578 | 585 | 594 | 602 | 610 |
| 20 | 610 | 619 | 627 | 635 | 644 | 653 | 662 | 671 | 681 | 689 | 698 |
| 30 | 698 | 708 | 717 | 727 | 735 | 744 | 754 | 764 | 774 | 784 | 794 |
| 40 | 794 | 805 | 816 | 826 | 836 | 847 | 858 | 868 | 880 | 890 | 902 |
| 50 | 902 | 913 | 924 | 936 | 947 | 958 | 971 | 982 | 994 | 1006 | 1018 |

gegebenen „*Schwarzstrahlung*“ $S$, die nach dem bekannten Gesetz von STEFAN und BOLTZMANN gleich $8{,}26 \cdot 10^{-11}\, T^4$ cal/cm² Min. mit $T$ als absoluter Temperatur zu setzen ist, den mit der Temperatur und dem Feuchtigkeitsgehalt der unteren Atmosphärenschichten variierenden Betrag der sogenannten „*atmosphärischen Gegenstrahlung*“ $G$ abziehen. In Tab. 3 ist die Schwarzstrahlung in mcal pro cm² und Minute für den in der Meteorologie interessierenden Temperaturbereich angegeben. Die Gegenstrahlung läßt sich für die Praxis genügend genau mit Hilfe der Lufttemperatur und -feuchte in 2 m über dem Boden berechnen, obwohl für genauere Untersuchungen eigene Strahlungsdiagramme zur Verfügung stehen, die es gestatten, mit Hilfe eines Radiosondenaufstieges in jeder beliebigen Höhe die langwelligen Strahlungsströme auf Grund der bekannten Absorptionskonstanten des Wasserdampfes und der Kohlensäure festzustellen[1]. In der Abb. 44 ist ein Diagramm wiedergegeben, das auf Grund neuerer Messungen von BOLZ und FRITZ [7] konstruiert worden ist und das erlaubt, die Gegenstrahlung bei wolkenlosem Himmel $G_0$ für eine gegebene Luft-

[1] S. dazu die Arbeiten von MÖLLER [44] und ELSASSER [22].

temperatur und bei gegebenem Dampfdruck sofort abzulesen. Ist Bewölkung vorhanden, so ist zusätzlich die Abb. 45 zu verwenden, aus der gemäß der vorhandenen Bewölkungsart und der beobachteten Bewölkungsmenge in Zehntel der Gesamtbedeckung ein Faktor $C$ zu entnehmen ist, der die Verstärkung der Gegenstrahlung durch die Bewölkung angibt, so daß dann die tatsächliche Gegenstrahlung $G_w = C \cdot G_0$ wird. Die von uns hier benötigte effektive Ausstrahlung ist durch $E_w = S - G_w$ gegeben.

Bei der Bestimmung von $E_w$ für Zwecke der Prognose des nächtlichen Temperaturabfalles ist zu bedenken, daß wir zur Ableitung der Formel (VII, 2) bzw. (VII, 2 a) eine Konstanz dieser Größe für die Dauer des Abkühlungsvorganges (Länge der Nacht) vorausgesetzt haben. Zur Berechnung von $G_0$ entsprechend den obigen Ausführungen stehen nur die Temperatur- und Feuchtewerte zu Sonnenuntergang zur Verfügung. Bei der Beurteilung des Einflusses von Bewölkung auf die Gegenstrahlung — also bei der Berechnung von $G_w$ — soll aber die auf Grund synoptischer Erwägungen für die Nacht prognostizierte Bewölkung im Mittel berücksichtigt werden. Mit anderen Worten: Die von uns für die Prognosenformel (VII, 2 a) benötigte effektive Ausstrahlung $E_w$ muß sich nicht unbedingt mit dem Betrag dieser Größe zu Sonnenuntergang decken. Ist $E_w$ bestimmt, so ergibt sich mit Hilfe eines Diagrammes, das in Abb. 46 wiedergegeben ist und für die Bodenverhältnisse von Wien konstruiert wurde, der Betrag der zu erwartenden Abkühlung auf folgende Weise: Man sucht auf der rechten Seite der Abb. 46 für die voraussichtliche Windstärke in Kilometer pro Stunde und die effektive Ausstrahlung $E_w$ die entsprechende, von rechts oben nach links unten schräg verlaufende Gerade und liest im linken Teil der Abbildung bei der betreffenden Abkühlungsdauer in Stunden (Nachtlänge) die Größe $\Delta T$ in Celsiusgraden ab. Das Diagramm gilt für Windgeschwindigkeiten in etwa 30 m über dem Erdboden und ist unter der Annahme konstruiert worden, daß die Funktion $f(v)$ in (VII, 2 a) sich genügend genau durch eine $e$-Potenz darstellen läßt. Die Erfahrung hat gezeigt, daß

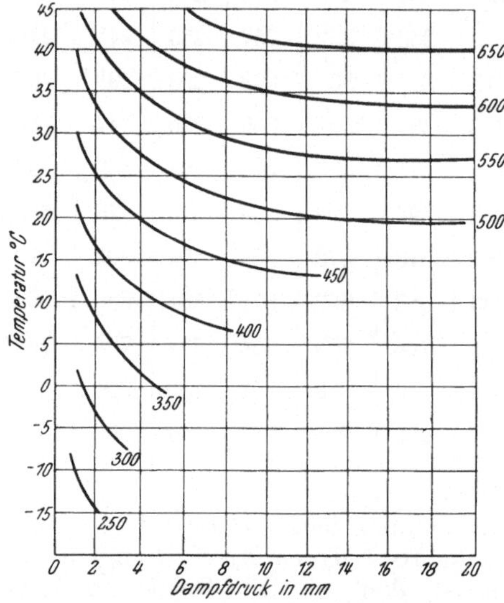


Abb. 44. Diagramm zur Berechnung der atmosphärischen Gegenstrahlung $G_0$ in mcal/cm² Min. bei wolkenlosem Himmel aus Lufttemperatur und Wasserdampfdruck nach *Bolz* und *Fritz*.

dies tatsächlich weitgehend erfüllt ist. Für Windstärken über 10 Stundenkilometer gelten in der Abb. 46 die äußeren Skalen.

Ähnlich wie die Vorhersage der Maximumtemperatur eng mit der Prognose von Thermikwolken verbunden ist, hängt die Minimumvorhersage mit derjenigen von Strahlungsnebel zusammen. Dieser tritt dann auf, wenn die Abkühlung groß genug ist, um den Taupunkt zu erreichen oder etwas zu unterschreiten, so daß Kondensation stattfindet. Andererseits wird der aus der Lufttemperatur und Luftfeuchte bei Sonnenuntergang sich ergebende Taupunkt eine Art untere Grenze für die zu erwartende Abkühlung darstellen, da bei Ausbildung von Bodennebel die weitere Ausstrahlung verhindert wird.

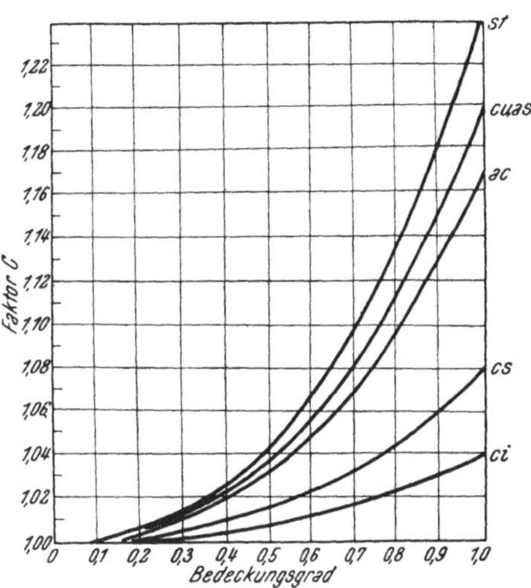


Abb. 45. Bestimmung der Verstärkung der atmosphärischen Gegenstrahlung bei bewölktem Himmel. $G_w = C \cdot G_o$. Nach *Bolz* und *Fritz*.

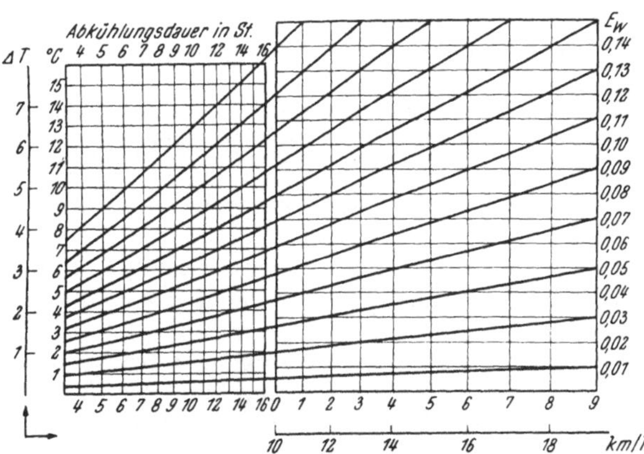


Abb. 46. Diagramm zur Berechnung des nächtlichen Temperaturabfalles $\Delta T$ aus der effektiven Ausstrahlung $E_w$ [cal/cm² Min.] und der mittleren Windgeschwindigkeit $v$ [km/h] bei verschiedener Abkühlungsdauer für die Bodenverhältnisse von Wien.

## 4. Voraussage der Bewölkung.

Es ist bedeutend schwieriger, die Bewölkung vorauszusagen als den Wind oder die Temperatur. Dies hat seinen Grund vornehmlich darin, daß keine eindeutige Beziehung zwischen der Druckverteilung und der Bewölkung besteht. Die Bewölkung kann bei ein und derselben Druckverteilung großen Schwankungen unterliegen. Sie stellt auch keine konservative Eigenschaft einer bestimmten Luftmasse dar, wie zu einem gewissen Grad die Temperatur und der Taupunkt. Bei gleicher Druckverteilung kann überdies die Tages- und Jahreszeit eine große Rolle für das Auftreten von Bewölkung spielen. Dies gilt insbesondere für die antizyklonalen Wetterlagen (Hochdruckwetter), die die Ausbildung von Strahlungsnebel einerseits und diejenige von Thermikwolken andererseits begünstigen, wobei nach dem im vorigen Abschnitt Gesagten der jahreszeitlich verschiedene Betrag der nächtlichen Abkühlung und der täglichen Erwärmung des Erdbodens zu berücksichtigen ist. In einem solchen Falle kann die Wettervorhersage eine ausgesprochene Fehlprognose sein, obwohl die Druck- und Luftmassenverteilung richtig vorausgesagt wurden. Mit anderen Worten: Die Kenntnis der für den Vorhersagezeitraum zu erwartenden Druckverteilung ist notwendig, aber nicht hinreichend für eine Bewölkungsprognose.

Wesentlich ist, daß wir die vertikalen Bewegungsvorgänge erfassen, da diese bei der Wolkenbildung eine entscheidende Rolle spielen. Aber gerade das ist eine äußerst schwierige Aufgabe. Natürlich leistet hierbei die Vorhersagekarte der Boden- und Höhendruckverteilung eine wertvolle Hilfe, doch kann eine gewisse Unsicherheit nicht vermieden werden. Beispielsweise wird eine zyklonale Krümmung der Bodenisobaren auf Konvergenz und damit aufsteigende Luftbewegung hindeuten. Eindeutig ist jedoch der Zusammenhang keineswegs. Die vertikale Luftbewegung kann auch durch Gebirge verursacht oder stark beeinflußt werden, so daß die orographischen Verhältnisse des Prognosenbezirkes auch bei der Voraussage der Bewölkung Berücksichtigung finden müssen.

Eine große Hilfe leisten mitunter die Regeln (9/III) bis (14/III), die wir bei Besprechung der Fickerschen Theorie der zusammengesetzten Depressionen auf S. 62 angeführt haben. Überhaupt sind die Vorgänge in höheren Schichten der Troposphäre bei der Bewölkungsprognose unbedingt zu beachten, da gerade durch einen „oberen“ Druckanstieg oder Druckfall die für das Auflösen, bzw. Zustandekommen von Wolken notwendigen vertikalen Bewegungen verursacht sein können.

Natürlich sind ganz bestimmte Bewölkungsarten eng mit den Luftmassengrenzen verknüpft. Daher muß die Lage der Warm- und Kaltfronten auf der Vorhersagekarte und deren voraussichtliche Verlagerung innerhalb des Vorhersagezeitraumes beachtet werden. Über die im Bereich der Fronten auftretenden typischen Wolkenformen brauchen wir hier keine Worte zu verlieren. Es ist jedoch angezeigt, darauf hinzuweisen, daß für das Auftreten von „präfrontaler“ Bewölkung die Lage der Höhenwindrichtung zur Frontenlinie bedeutungsvoll ist. Ist der Winkel zwischen dem Höhenwindvektor und der Front nahezu 90 Grad, müssen jedenfalls wesentlich mehr Wolken schon weit vor der eigentlichen Bodenfront erwartet werden, als wenn der Höhenwind nahezu parallel zur Front weht. Im letzteren Fall kann es vorkommen, daß erst *nach* dem Durchgang der eigentlichen Front stärkere Bewölkung auftritt. Diese Überlegungen gelten natürlich in erster Linie für die Kaltfront, obwohl auch das präfrontale Aufgleiten vor einer Warmfront durch die Höhenwindrichtung weitgehend beeinflußt werden kann. In diesem Zusammenhang muß in gebirgigen Gegenden auch auf eventuell auftretende Föhneffekte geachtet werden.

Schließlich darf bei der Prognose nicht auf den täglichen Gang der Bewölkung vergessen werden. Dieser ist wesentlich von der betreffenden Luftmasse abhängig. So kann das Minimum der Bewölkung in kontinentalen Luftmassen meist abends oder nachts, in maritimen dagegen um die Mittagszeit erwartet werden. Das Auflösen von Wolken am Abend kann auch eine Folge von direkter Strahlungsabkühlung gewisser Luftschichten sein, ohne besondere Absinkbewegungen. Strahlungseffekte sind unter Umständen auch für das Auftreten von Stratuswolken an Inversionen am Morgen verantwortlich.

Bei den in Kap. III auf S. 52 besprochenen „Kaltlufttropfen“, die zu längere Zeit anhaltenden Schlechtwetterlagen mit reichlicher Bewölkung führen können, ist zu beachten, daß in den meisten in langsamer Bewegung befindlichen Kaltlufttropfen das Bewölkungs- und Niederschlagsfeld auf der Rückseite (Ostseite) zu finden ist, während die Vorderseite (Westseite) vielfach wolkenarmes, unter Umständen sogar wolkenloses Wetter aufweisen kann. Dies ist besonders bemerkenswert, da es in gewissem Gegensatz zu den Wettererscheinungen der Bodenzyklonen steht, wo auf der Vorderseite aufsteigende, auf der Rückseite absinkende Bewegungskomponenten vorhanden sind.

Wie man rein theoretisch aus der Bodendruckverteilung bei Annahme einer Bodenreibung auf Vertikalbewegungen schließen kann, hat schon Exner [25] gezeigt. Doch läßt sich dieses Problem nur mit Hilfe der Bewegungsvorgänge in allen Höhenschichten lösen. Neuerdings hat man versucht, die in höheren Niveaus auftretenden Divergenzen und Konvergenzen mit Hilfe der Wirbelgleichung, ähnlich den Überlegungen von Sutcliffe bei dessen Entwicklungstheorie, zu bestimmen, um dadurch eine Aussage über die Vertikalbewegungen zu erlangen. Für Zwecke der praktischen Wettervorhersage, insbesondere der Bewölkungsprognose, sind diese Untersuchungen derzeit noch kaum verwendbar.

## 5. Voraussage des Niederschlages.

Die Prognose des Niederschlages ist womöglich noch schwieriger als diejenige der Bewölkung. Andererseits bildet gerade die Vorhersage des Niederschlages einen wesentlichen Bestandteil jeder Wetterprognose. Häufig wird gerade ein Versagen bei der Vorhersage des Niederschlages bedeutend schärfer kritisiert als bei den anderen meteorologischen Elementen. Deswegen muß der Prognostiker den atmosphärischen Vorgängen, die Anlaß zu Niederschlägen geben können, ganz besondere Beachtung schenken. In dieser Hinsicht kommt der Lage der Fronten auf der Vorhersagekarte große Bedeutung zu. Leider ist jedoch wieder der Zusammenhang zwischen Frontenlage und auftretenden Niederschlägen nicht eindeutig. Verlagern sich Fronten über größere Strecken, so verlieren sie häufig an Aktivität, d. h. sie schwächen sich ab und verursachen unter Umständen noch Bewölkungszunahme, aber keinen Niederschlag. Hier ist nicht nur die Vertikalbewegung an sich maßgebend — wie bei dem Auftreten von Bewölkung —, sondern auch deren Stärke, was natürlich noch schwerer vorauszusagen ist. Bei der Niederschlagsprognose spielt daher die persönliche Erfahrung noch eine große Rolle.

Niederschlag kann natürlich auch ohne Fronten auftreten, wo immer vertikale Bewegung und Bewölkung vorhanden ist. Auch hier ist der Einfluß von Gebirgen mit zusätzlicher aufsteigender oder absinkender Luftbewegung (Stau- und Leewirkung) in Rechnung zu stellen.

Keineswegs dürfen bei der Voraussage von Niederschlag die Verhältnisse in höheren Niveaus vergessen werden. Die Lage der „Höhentröge" ist genau so wichtig wie die Lage der Bodenfronten. Folgt beispielsweise einer Bodenkaltfront ein Höhentrog nach, so kann das kurzfristige postfrontale Aufklaren hinter der Bodenfront den Prognostiker leicht dazu verleiten, keine weiteren Niederschläge mehr vorherzusagen. In einem solchen Fall setzt gerade mit Eintreffen des Höhentroges über dem Vorhersagegebiet die stärkste Schauertätigkeit ein.

Ähnlich den Wolkenfeldern werden auch die Niederschlagsgebiete mit der Höhenströmung verlagert. Es ist daher zweckmäßig, die Wanderung solcher Niederschlagsgebiete auf aufeinanderfolgenden Karten zu beobachten und ihre Bahn mit derjenigen der entsprechenden Druckänderungsgebiete zu vergleichen.

Andauernde Regen- oder Schneefälle treten häufig im Zusammenhang mit Höhentiefs auf. Auf die Besonderheiten dieser Druckgebilde wurde schon am Ende des vorangegangenen Abschnittes hingewiesen.

Es ist verständlich, daß die Regeln von FICKER, genau wie bei der Wolkenprognose auch bei der Niederschlagsvorhersage im Gebirge mit Erfolg verwendet werden können.

In der kalten Jahreszeit kommt es mitunter zu andauerndem Schneefall in der Nachbarschaft von großen Antizyklonen. Die Vorhersage dieser Art von Niederschlag ist äußerst schwierig. Ein solcher Schneefall ist verbunden mit der Ausbildung flacher Schichtwolken. Anzeichen dafür können unter Umständen in kleinen zyklonalen Einbuchtungen der Isobaren des Bodendruckfeldes in den äußeren Teilen der großen Antizyklonen gefunden werden.

Der tägliche Gang des Niederschlages ist nicht notwendigerweise gleich demjenigen der Bewölkung. Die Intensität von Dauerregen oder -schnee ist gewöhnlich bei Nacht größer, und zwar sowohl über Land als auch über See.

## 6. Prüfung der Güte einer Vorhersage.

Jede Vorhersage sollte auf ihre Treffsicherheit in objektiver Weise geprüft werden. Tatsächlich ist auch eine ganze Reihe von Methoden zu diesem Zwecke ersonnen worden. Wir wollen uns hier nicht näher damit beschäftigen. Erwähnenswert ist in dieser Hinsicht jedoch die Tatsache, daß infolge einer Erhaltungstendenz des Wetters eine Trefferwahrscheinlichkeit von etwa 66% bei der Wetterprognose erreicht werden kann, wenn das jeweils herrschende Wetter für den folgenden Tag vorausgesagt wird. Daher kann eine Prognose nur dann Anerkennung finden, wenn sie eine größere Treffsicherheit aufweist. Bei kurzfristigen Vorhersagen mit Hilfe der Methoden, die wir in diesem Buch behandelt haben, d. h. also bei Prognosen 24 bis 36 Stunden im voraus, wird man mit einem Durchschnitt von etwa 80% Treffern rechnen können. Natürlich richtet sich dies darnach, welcher Maßstab bei der Beurteilung der Güte einer Vorhersage zu Grunde gelegt wird. Wegen der eben erwähnten Erhaltungstendenz des Wetters sollen bei einer Prüfung der Vorhersagemethoden nur Voraussagen von Wetteränderungen in Betracht gezogen werden. Auch von den größten Wetterdiensten, die durch das Zeichnen von Wetterkarten in mehreren Niveaus zu allen synoptischen Terminen eine größtmögliche Auswertung des Beobachtungsmaterials durchführen, können derzeit gänzliche Versager nicht vermieden werden.

Eine Verbesserung der Wetterprognose kann nur von einer weiteren Vertiefung unserer Kenntnisse über die physikalischen Vorgänge in der Atmosphäre erwartet werden, wobei die Theorie voraussichtlich einen weitaus größeren Beitrag als bisher leisten wird.

## Literaturverzeichnis.

[1] BERGERON, T.: Über die dreidimensional verknüpfende Wetteranalyse. Geof. Publ. **5**, No. 6 (1928).
— s. BJERKNES, V. [6].
[2] BIDER, M.: Prüfung der Ficker-Regeln in der Schweiz. Verh. Schweizer Naturf. Ges. Schaffhausen (1943).
[3] BJERKNES, J. und H. SOLBERG: Life cycle of cyclones and polarfront theory of atmospheric circulation. Geof. Publ. **III**, No. 1 (1922).
[4] BJERKNES, J.: Theorie der außertropischen Zyklonenbildung. Met. Z. **54**, 462—466 (1937).
— s. BJERKNES, V. [6].
[5] BJERKNES, V.: Dynamische Meteorologie und Hydrographie. Braunschweig 1912.
[6] — und Mitarbeiter: Physikalische Hydrodynamik mit Anwendung auf die dynamische Meteorologie. Berlin: Springer, 1933.
[7] BOLZ, H. M. und H. FRITZ: Tabellen und Diagramme zur Berechnung der Gegenstrahlung und Ausstrahlung. Zeitschr. f. Met. **4**, 314—317 (1950).
[8] BRUNT, D.: Physical and Dynamical Meteorology. Cambridge: University Press, 1944.
[9] BUSCHNER, W.: Untersuchungen über Verlagerung, Aufbau und Dynamik zweier winterlicher Kaltlufttropfen. Ber. Dtsch. Wetterdienst d. U. S.-Zone, No. 23 (1951).
[10] BYERS, H.: General Meteorology. New York and London: McGraw Hill Book Comp., 1944.
[11] CHARNEY, J. and A. ELIASSEN: A numerical method for predicting the perturbations of the middle latitude westerlies. Tellus **I**, **2**, 38—54 (1949).
[12] CHARNEY, J., FJÖRTOFT, R. und J. v. NEUMANN: Numerical integration of the barotropic vorticity equation. Tellus **II**, 237—254 (1950).
[13] CHARNEY, J.: On the scale of atmospheric motion. Geof. Publ. **17**, 17 ff. (1948).
[14] — On a physical basis for numerical prediction of large-scale motions in the atmosphere. J. Meteor. **6**, 371—385 (1949).
[15] CHROMOW, S. P.: Einführung in die synoptische Wetteranalyse. Wien: Springer, 1940.
[16] DEFANT, A.: Wetter und Wettervorhersage (Synoptische Meteorologie). 2. Aufl. Leipzig und Wien: Franz Deuticke, 1926.
[17] — Primäre und sekundäre, freie und erzwungene Druckwellen in der Atmosphäre. Wiener Sitz.-Ber. **135**, 357—374 (1926).
[18] DIRMHIRN, I.: Registrierungen d. Temperatur d. Bodenoberfläche an der Z.-A. f. Met. u. Geodynamik in Wien. Anh. Jhb. d. Z.-A. **87** (1950).
[19] DUNN, G. E.: Short-range weather forecasting. Compendium of Meteorology. Am. Met. Soc. 747—765 (1951).
[20] EADY, E. T.: Note on weather computing and the so-called $2^1/_2$ dimensional model. Tellus **IV**, 3, 157—167 (1952).
ELIASSEN, A.: s. CHARNEY [11].

[21] ELIASSEN, A.: Simplified model of the atmosphere designed for the purpose of numerical weather prediction. Tellus **IV**, 3, 147—156 (1952).

[22] ELSASSER, W.: Heat transfer by infrared radiation in the atmosphere. Harv. Met. Stud. **6** (1942).

[23] ERTEL, H.: Über neue atmosphärische Bewegungsgleichungen und eine Differentialgleichung des Luftdruckfeldes. Met. Z. **58**, 75 (1941).

[24] — Winddivergenz auf isobaren Flächen und Luftdruckänderung. Met. Z. **60**, 188 (1943).

[25] EXNER, F. M.: Dynamische Meteorologie. 2. Aufl. Wien: Springer, 1925.

[26] FICKER, H.: Der Einfluß der Alpen auf die Fallgebiete des Luftdruckes und die Entstehung von Depressionen über dem Mittelmeer. Met. Z. **37**, 350 (1920).

[27] — Beziehungen zwischen Änderungen des Luftdruckes und der Temperatur in den unteren Schichten der Troposphäre (Zusammensetzung der Depressionen). Wiener Sitz. Ber. **129**, 763—810 (1920).

[28] — Der Sturm in Norddeutschland am 4. Juli 1928. Sitz. Ber. d. Preuß. Akad. Wiss. **XX—XXII**, 290—326 (1929).

FJÖRTOFT, R.: s. CHARNEY [12].

[29] — On a numerical method of integrating the barotropic vorticity equation. Tellus **IV**, 179—194 (1952).

[30] GODSKE, C. L.: Zur Theorie der Bildung außertropischer Zyklonen. Met. Z. **53** (1936).

[31] GROSSMANN, L.: Wie steht es um unsere Wettervorhersage? Ann. d. Hydrogr. mar. Met. (1912).

[32] HANN-SÜRING: Lehrbuch der Meteorologie. 5. Aufl. Leipzig: W. Keller, 1939.

[33] HINKELMANN, K.: Über den Mechanismus des meteorologischen Lärms. Tellus **III**, 4, 285—296 (1951).

[34] — und Mitarbeiter: Physikalisch-mathematische Grundlagen der numerischen Integration in einer baroklinen Atmosphäre. Ber. Dtsch. Wetterdienst d. U. S. Zone, Weickmann-Heft, **38**, 416—427 (1952).

[35] HOLLMANN, G.: Zur Dynamik stationärer atmosphärischer Druckfelder. Abh. Met. Dienst D. D. R. No. 12 (1952).

[36] — und H. REUTER: Über die Genauigkeit verschiedener Approximationen d. horizontalen Windkomponenten. Tellus **V**, 403—412 (1953).

[37] KLEINSCHMIDT, E. jun.: Über Aufbau und Entstehung von Zyklonen. Meteor. Rdsch. **3**, 54 (1950).

[38] KNIZEK, F.: Die Vorhersage der Maximumtemperatur an heiteren Tagen mit Hilfe von Wärmebilanzuntersuchungen der Erdoberfläche und der unteren Luftschichten. Dissertation Wien (1952).

[39] KÖPPEN, W.: Über den Einfluß der Temperaturverteilung auf die oberen Luftströmungen u. auf die Fortpflanzung d. barometrischen Minima. Ann. d. Hydr. mar. Met. **10**, 657 (1882).

[40] KOSCHMIEDER, H.: Dynamische Meteorologie. 2. Aufl. Leipzig: Akad. Verl. Ges., 1941.

[41] LINKE, F.: Meteorologisches Taschenbuch. Leipzig: Akad. Verl. Ges., 1939.

[42] MARGULES, M.: Über Temperaturschichtung in stationär bewegter und ruhender Luft. Met. Z., Hann-Band, 243—254 (1906).

[43] MÖLLER, F.: Gibt es nur stratosphärische Steuerung? Met. Z. **55**, 197—205 (1938).

[44] — Das Strahlungsdiagramm. R. f. W. D., Berlin: Springer, 1943.

[45] MÜGGE, R.: Synoptische Betrachtungen. Met. Z. **48**, 1—11 (1931).
— Über das Wesen der Steuerung. Met. Z. **55**, 197—205 (1938).
[46] NAMIAS, J.: The index cycle and its role in the general circulation. J. Meteor. **7**, 130 (1950).
[47] NEAMTAN, S. M.: The motion of harmonic waves in the atmosphere. J. Meteor. **3**, 53—56 (1946).
[48] NEIBURGER, M.: Insolation and the prediction of maximum temperatures. Bull. Am. Met. Soc. **22**, 95—102 (1941).
NEUMANN, J.: s. CHARNEY [12].
[49] PALMÉN, E.: Zur Theorie d. Zyklonenbahnen. Soc. Sc. Fenn. Comn. Phys. Math. **II**, 3, Helsingfors (1923).
[50] — On the origin and structure of high level cyclones south of the maximum westerlies. Tellus **I**, 1, 22—31 (1949).
[51] PHILIPPS, H.: Die Abweichung vom geostrophischen Wind. Met. Z. **56**, 460—483 (1939).
[52] PETTERSSEN, S.: Weather Analysis and Forecasting. New-York and London: McGraw Hill Book Comp., 1940.
[53] POGADE, G.: Zyklolyse und Zyklogenese an nordamerikanischen Kaltfronten. Ann. Hydr. mar. Met. **66**, 32—35 (1938).
[54] PONE, R.: Un abaque a points alignes pour le trace rapide des trajectoires a tourbillon constant. Notice d'instr. techniques. Französischer Wetterdienst.
[55] REFSDAL, A.: Zur Thermodynamik der Atmosphäre. Geof. Publ. **9**, No. 12 (1932).
[56] REUTER, H.: Die Modifikation einer Luftmasse durch die nächtliche Abkühlung der Erdoberfläche. Arch. Met. Geophys. u. Bioklim. **A I**, 252—263 (1948).
[57] — Forecasting Minimum Temperatures. Tellus **III**, 3, 141—147 (1951).
[58] — Zur numerischen Methode der Vorhersage von Änderungen der 500 mb-Fläche nach Charney und Eliassen. Arch. Met. Geophys. u. Bioklim. **A IV**, 122—127 (1951).
— s. HOLLMANN [36].
[59] REX, D.: Blocking action in the middle troposphere and its effect upon regional climate. Tellus **II**, 3, 196—211 (1950).
[60] RICHARDSON, L.: Weather prediction by numerical processes. Cambridge: University Press. 1922.
[61] RIEHL, H. und Mitarbeiter: Forecasting in middle latitudes. Meteor. Monographs, Am. Met. Soc., **I**, 5 (1952).
[62] RODEWALD, M.: Die Entstehungsbedingungen der tropischen Orkane. Met. Z. **53**, 197—211 (1932).
— Das Dreimasseneck als zyklogenetischer Ort. Met. Z. **54**, 469 (1937).
[63] ROSSBY, C. G.: Relation between variations in the intensity of the zonal circulation of the atmosphere and the displacement of semipermanent centers of action. Journ. Mar. Res. **II**, 1, 38—55 (1939).
[64] — Planetary flow-patterns in the atmosphere. Quart. J. **LXVI**, 68—87 (1940).
[65] — On the distribution of angular velocity in gaseous envelopes under the influence of large scale horizontal mixing processes. Bull. Am. Met. Soc. **28**, No. 2, 53—68 (1947).
[66] — On the nature of the general circulation of the lower atmosphere. In G. P. KUIPER: "The Atmospheres of the Earth and the Planets." University of Chicago Press, 1949.

[67] SCHERHAG, R.: Wetteranalyse und Wetterprognose. Berlin: Springer, 1948.
[68] SCHINZE, G. und R. SIEGEL: Die luftmassenmäßige Arbeitsweise. Wiss. Abh. d. R. f. W., Sonderband, 1943.
[69] SCHMAUSS, A.: Polarfront—Äquatorialfront. Met. Z. **38**, 156—157 (1921).
SIEGEL, R.: s. SCHINZE [68].
SOLBERG, H.: s. BJERKNES, V. [6] und BJERKNES, J. [3].
[70] STARR, V.: Basic Principles of Weather Forecasting. New-York and London: Harper and Brothers, 1942.
SÜRING, R.: s. HANN [32].
[71] SUTCLIFFE, R. C.: A contribution to the problem of development. Quart. J. **73**, 370—383 (1947).
[72] TRABERT, W.: Die langdauernde Föhnperiode im Oktober 1907 und die Luftdruckverteilung bei Föhn. Met. Z. **25**, 1 (1908).
[73] WEICKMANN, L.: Über aerologische Diagrammpapiere, Int. Met. Org. (Aerol. Kom.), Denkschrift (1938).

# Namenverzeichnis.

# Sachverzeichnis.